东方建筑遗产

保国寺古建筑博物馆

·2009年卷·

文物出版社

封面设计　朱秦岭
责任印制　陈　杰
责任编辑　李　飏

图书在版编目（CIP）数据

东方建筑遗产·2009年卷/保国寺古建筑博物馆编.－北京：文物出版社，2009.12
ISBN 978-7-5010-2898-6

Ⅰ.①东… Ⅱ.①保… Ⅲ.①建筑－文化遗产－保护－东方国家－文集 Ⅳ.①TU-87

中国版本图书馆CIP数据核字（2009）第211369号

东方建筑遗产·2009年卷
保国寺古建筑博物馆　编
文物出版社出版发行
（北京市东直门内北小街2号楼）
http://www.wenwu.com
E-mail:web@wenwu.com
北京文博利奥印刷有限公司制版
文物出版社印刷厂印刷
新华书店经销
787×1092　1/16　印张：14
2009年12月第1版　2009年12月第1次印刷
ISBN 978-7-5010-2898-6　定价：118.00元

《东方建筑遗产》

目　录

壹 【遗产论坛】

· 历史建筑的系统属性
——文化遗产保护哲学思想的一点小探索＊肖金亮.................3
· 3S技术在历史文化名城保护中的运用初探
——以新疆库车保护研究为例＊贺艳　李三妹.................11
·《关于乡土建筑遗产的宪章》与历史村镇保护＊杨新平.................27
· 芜湖古城历史文化遗产的再认识＊杨达.................37
· 浅淡古建筑木结构材质状况勘查技术＊陈允适.................45

贰 【建筑文化】

· 五台山地区传统石作考析＊张昕　陈捷.................57
· 宁波明代民居建筑鉴析＊林浩.................71
· 宁波古城墙铭文砖浅释＊娄学军　李本侹.................83
· 宁波传统民居建筑特征初探＊施小蓓.................91

叁 【保国寺研究】

· 论保国寺北宋大殿的特点与价值＊余如龙.................103
· 保国寺人物纪事琐考＊徐建成.................111
· 保国寺观音殿与宁波民居之比较＊沈惠耀.................117
· 浅析保国寺古建筑群虫害的防治＊符映红.................129

肆 【建筑美学】

· 宁波祠堂建筑的代表——浅议秦氏支祠建筑特色及艺术内涵＊张　波...137

· 说说宁波的古典园林 * 周东旭 143

伍 【历史村镇】

· 走进朱街阁——朱家角古镇的历史建筑探析 * 雷冬霞　李涢 151
· 浙东丘陵盆地地区民居初探——以宁海县前童镇为例 * 孙慧芳 163
· 浙东古村建筑与村落文化 * 杨古城 173

陆 【中外建筑】

· 南宋江南禅寺布局的形式与特点 * 张十庆 183

柒 【奇构巧筑】

· 湘中地区传统民居中的挑檐做法分析
——以双峰县石壁堂及诸民居为例 * 舒晟岚 197
· 山西省奇构梁架（一）——左权关帝庙戏台 * 滑辰龙 207

【征稿启示】 215

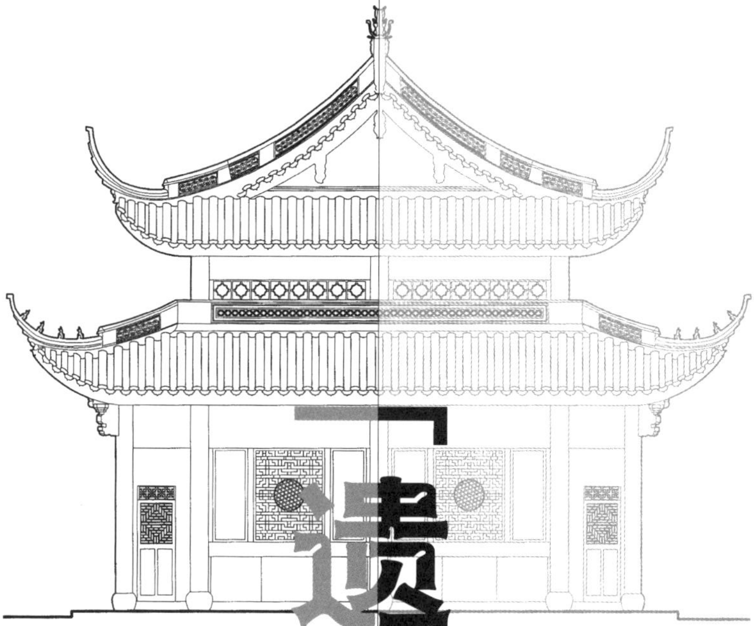

「遗产论坛」

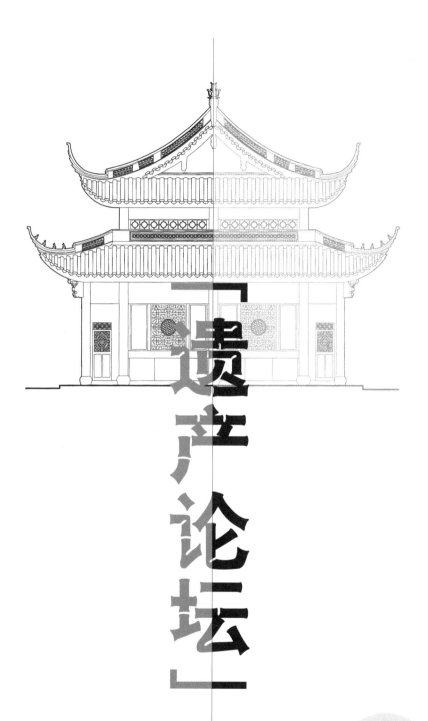

壹

【历史建筑的系统属性】

——文化遗产保护哲学思想的一点小探索

肖金亮 · 北京清华城市规划设计研究院

在行文之前，先要对“历史建筑”进行一下名词解释。目前在中国涉及文化和文物的名词繁多，其中有一些是从上世纪五六十年代流传下来的约定俗成的习惯用语；有一些是近年来随着新的问题的出现而诞生的一些新创词汇；还有一些是引入、翻译国际公约、共识文件对旧有词汇赋予新涵义而产生的新词汇。一般来讲，可以用来指代有一定价值的具有一定历史的建筑的词语，有古建筑、文物古迹、历史建筑、文物建筑、文化遗产、城市遗产，等等。本文所要写到的内容就是围绕着此类建筑的思考，为行文方便，专以“历史建筑”代之，英文名词对应“historic buildings”。

之所以选用“历史建筑”这个词，一来强调其必须具有物质载体，不能脱离物质而论文化；二来“历史”两个字的解释比较灵活，不一定非常古远，既可以涵盖唐宋明清的“古建筑”，也可以涵盖优秀近现代建筑，甚至具有历史意义的21世纪建筑也可纳入进来；三来避免了“文物”这个具有法定意义的词汇，将那些已经成为和尚未成为文物保护单位的建筑都一体讨论。

讨论历史建筑的系统属性，其实就是用系统论的观点对历史建筑的性质和构成进行分析。而之所以要做这样的分析研究，是因为历史建筑的各种价值都是由其组成元素所承载的，也就是所谓的“物质载体”。内界和外界的影响因素直接作用的对象就是这些物质载体，使之缺损或丧失，进而造成历史建筑价值的缺损或丧失，产生各种缺陷。对历史建筑的构成有了条理清晰的认知，有利于在进行价值评估和梳理影响因素与缺陷之间的对应关系的时候更加全面和准确。

一　历史建筑是一种开放的复杂巨系统

系统论（System Theory）的思想是20世纪30年代提出的一种研究复杂系统的一般规律的学科，用以替代以笛卡尔思想为基础的机械决定论。

奥地利理论生物学家L. Von贝塔朗菲是研究系统论的著名学者之一。系统论的核心思想是系统的整体观念，强调任何系统都是一个有机整体，它不是各个部分的机械组合和简单相加；系统中的各要素不是孤立存在的，它们都处于一定的位置上，起着特定的作用，它们相互之间相互关联，构成一个不可分割的整体；将要素从系统中分离出来，将失去要素的作用；我们在研究和处理某对象的时候，将其当作一个系统；系统是普遍存在的，大至宇宙，小到原子，都是系统，整个世界就是系统的集合。所谓的“系统”，指的是由若干相互联系、相互依赖、相互制约、相互作用的要素（包括事物和过程）以一定的结构形式根据目的构成的具有某种功能的有机整体[一]。

所谓的“巨系统”指的是组成系统的要素繁多；“复杂”指的是各要素之间的关系多种多样；“开放”指系统并非封闭的，而是不断地与外间发生着各种各样的联系，使得系统内的要素不断发生变化，要素之间的关系也呈现出各种形态。

从以上的描述不难看出，历史建筑就是一种开放的复杂巨系统。建筑本身就是一个系统，而增加了时间流逝、人类活动的影响、感情的寄托和依附，历史建筑内部的复杂性更是达到了空前的程度。对历史建筑的认知、分析和研究，不能简单地等同于对物质形态的认知、分析和研究，必须将内部各要素、要素的相互关联当作一个整体来考察和考虑。

历史建筑这个系统显然具有如下性质：

（一）整体性

历史建筑的整体性表现为，它不是构件、材料、功能、历史、人、人类活动等要素的简单集合，而是这些要素主动或被动地按照一定的逻辑统一在一起，协调存在，最后形成了整个系统的功能，这个功能就是历史建筑的价值。

保护工作的关注点从仅仅保护单体建筑或建筑群拓展到保护历史地段、历史城镇、历史线路、文化区域，正是因为随着保护工作的开展，人们对历史建筑系统的内在关联性有了越来越清晰的认知，从历史文化名城保护工作中强调宏观的“人地关系”，到文物保护规划中将建筑环境的山形水系一体纳入遗产构成，都能够最大程度地保护历史建筑的整体性。

历史建筑的系统整体性表现为两种情况：

（1）整体大于组成要素之和；

（2）整体小于组成要素之和。

前者较好理解。雕梁画栋，户牖之美，高高翘起的翼角，优雅的反宇屋面，神奇的传说，逝去的历史，这些都是历史建筑的组成要素，每一个都可以拿出来单独品味，而当它们组成一个系统之后，或成为建筑史上珍惜的例证，或成为古代建筑技术的杰出代表，或成为古老文明的物质见证，所具有的价值超出了每个要素价值之和。

后者虽然初看起来不易理解，但历史建筑与现代建筑的区别恰在于此。历史建筑受到自然环境和人类活动或长或短的影响，形成了各种类型的残损。当残损的程度没有特别严重地干扰要素相互间的运转，历史建筑的整体性所受的影响不大；而当残损严重地影响了部分要素的协调运转，要素都不同程度地产生缺陷，这些缺陷累加起来就会使系统受到更大的伤害。比如，保国寺大雄宝殿的诸多木构件有的发生霉变，有的腐朽，有的歪闪，单看起来问题似乎不大，但是对于整个结构体系，可能存在潜在的应力集中点，使整个系统处于一个比较危险的受力情况之中。

整体小于组成要素之和不仅仅存在于历史建筑的现状之中，也存在于保护工作中。比如，中国古代建筑的彩画部分最初的和最主要的功能是保护里面的木材，使其与空气脱离开，降低其发生残损的速度。如果一座历史建筑的外檐彩画残缺、褪色、剥裂，如果只看局部则将老彩画砍掉重画是对构件延年益寿的最好方法。但如果这些老彩画十分珍贵，是某一历史时段彩画艺术留存下来为数不多的实例，或反映了某种特殊的技艺，对建筑史有巨大的推动作用，即便已经丧失对木构件的保护功效，也不能简单地按照上面做法处理，否则就会形成单独构件修复良好、整体价值损失巨大的惨痛结果，也即整体小于要素之和。

（二）层次性

历史建筑作为一个相互作用的诸要素的总体，可以分解为一系列的子系统，并存在一定的层次结构。

划分子系统和层次的标准不是唯一的，可以根据考察和研究的需要进行不同的分解：

按照物质性可以分为物质子系统、非物质子系统，前者如木质部分、石质部分、灰浆部分、砖体部分等，后者如使用者、活动、习俗、传说等。

按照功能可以分为结构子系统（柱、梁、枋等）、围护子系统（门、窗、瓦面等）、陈设子系统（碧纱橱、仙楼、桌椅、屏风等）等。传统的“八大作”的建筑分工可以看作是建筑系统层次性的实践反映。

按照规模可以分为单体建筑、建筑群、建筑群组等。

在今天通常的保护工作框架下，历史建筑的层次性与保护工作的流程、工作规范、技术手段、保护实施者是有着对应关系的。比如城镇、村落对应的是历史文化名城／镇／村的保护体系，单独的建筑群和单体对应的就是单体的保护工作。

以保国寺为例，对于建筑群格局、山水关系、历史视廊、文化信息的保护由保护规划解决，由具有规划资质的单位编制；对大雄宝殿进行科技监测和预防性保护则由保护勘察设计的单位承担；具体的地质勘探、震动监

[一] 目前，国内外学者对系统的定义还没有统一的说法，其中比较有代表性的有：

1.韦氏大词典，系统被解释为：有组织的和被组织化了的整体；结合着整体所形成的各种概念和原理的综合；由有规则、相互作用、相互依赖的诸要素形成的集合等等。

2.奥地利生物学家、一般系统论的创始人贝塔朗菲把系统定义为：相互作用的诸要素的综合体。

3.中国著名科学家、系统工程的倡导者钱学森认为：系统是由相互作用和相互依赖的若干组成部分结合的具有特定功能的有机整体，而且这个系统本身又是它所从属的一个更大系统的组成部分。

测、木材检测等又由更加专业的单位和人员操作。

系统的复杂性决定了想要考察和保护各要素，必须先认识清楚目前所要解决的主要问题、当前是工作的哪一阶段，才好有的放矢，将同一个层次的要素提取出来作为主要的考察目标，逐级深入，最终达到整体的保护目的。

（三）相关性

历史建筑系统的组成要素并不是孤立工作的，它们之间存在着确定性的关系。一方面，历史建筑的物质载体与价值存在复杂的关联；另一方面，历史建筑的残损与影响因素也存在复杂的关联；第三方面，价值与现状残损之间也有着关联。

最直观可见的，历史建筑的构件通过复杂的关系组成一个结构体，相互的关系有着一定的规律，这个规律往往就是中国古代建筑卓立于世界建筑之林的特点所在。比如保国寺大雄宝殿斗拱后昂直接入柱，形成了复杂而又有规律的空间结构。

历史建筑的残损是保护工作所主要面对的问题，自然环境对建筑、材料的影响是综合的，这直接决定了残损与影响因素的相关性异常复杂。比如河南登封观星台北立面有一凹槽，槽内砖表面凝结了白华，经化验分析其成分为硝酸盐，盖因为观星台南部有一火电厂，造成了该区域空气中富含氮离子，氮离子与青砖表面发生反应生成了硝酸盐。但值得注意的是台体其他各面并没有白华生成，即便同为北立面的凹槽外墙也没有硝酸盐凝结。通过对台体周边微环境的监测与分析，北面凹槽内通风不畅是白华的促成原因。以保国寺大殿为例，殿内空气相对湿度很高，在寒冷季节可以直接在石材表面和地面析出水分。地面上和柱础上的水分渗入柱根截面，顺着木材内部的孔隙和导管向上，增加木构件内部的含水率。由此可见历史建筑组成要素之间的相关性是多么的复杂，在勘察和保护中需要具备很高的敏锐度和多学科知识紧密配合才能抽丝剥茧地窥探到深层原因。

（四）目的性

在系统论的理论中，系统的“目的”是指人们根据实践的需要而确定的。具体到历史建筑这个系统中，其“目的”就是保护和展现历史建筑的“价值”。

历史建筑的目的通过各种具体的目标实现，如要实现“艺术价值”通过保留彩画与壁画等具体手段，要实现“历史价值”通过保留历史构件、传统做法等具体手段。系统的多个目标之间有时相互矛盾，如审美要求与“可识别”和“历史沧桑感”要求发生冲突时，为求得最满意的效果，要寻求平衡或折衷方案，而如何平衡就是考验保护工作者想象力和功底的关键了。

（五）适应性

适应性是指对“环境”的适应性。这里所谓的“环境”指的是存在于历史建筑系统以外事物的总称，区别于属于历史建筑组成部分的室内环境、室外环境、人文环境等，为了避免产生歧义，对于系统之外的以加引号的形式进行表述。

系统与“环境”互相融入其中，系统必须适应“环境”的变化，能够与“环境”保持最佳适应状态的系统才是健康运行的系统，不能适应“环境”变化的系统是难以生存的。

对于历史建筑这个系统而言，“环境”包括了自然环境和人文环境。自然环境对历史建筑的影响是便于理解的，历史建筑已经、正在且必将持续地受到自然环境的侵蚀，当我们的保护手段和保护理念找不到更好的保护措施时，只能任由历史建筑被动地适应自然环境。比如我们不可能将所有露天摆放的金石碑刻统统移入室内，一些重要的石窟、佛塔无法移动，或者如汉阙等出于历史真实性的原则不得移动的。

如果说历史建筑对自然环境的适应是必然的和无法避免的，那么它对人文环境的适应从理论上来说是可以避免的，但在历史发生的情况中和保护实践中却常常相反。这里所说的“人文环境”指的是社会的、人文的、经济的需求，比如城市生活对于文物保护单位、历史街区的功能要求和经济要求，社会经济发展对历史建筑周边环境的建设要求，使用者改善人居环境质量的要求。归纳起来，保护工作中对人文环境的适应性就是通常所说的“可操作性”。在《莫高窟保护和管理总体保护规划》[一]中，就对各种可能影响保护效果的前置条件和有利机会进行评估，辅助决定采取什么样的保护策略。对历史建筑的保护必需照顾到“环境”的需求，适应“环境”的发展要求，这样才能避免与大的社会生活发生冲突，人为地给保护工作设置阻力。不得不承认的是，尽管近年来文化遗产保护的观念日益深入人心，但与社会发展建设比较起来仍然属于弱势群体，在遵守文物保护原则和理念的前提下使用多种规划的、技术的措施适应外部人文环境的要求是一个重要的策略。从系统论的角度讲，现在所产生的保护工作与现实生活的很多冲突和矛盾，归根结底就在于系统与“环境”没有相互适应，如果长此以往，历史建筑这个系统将萎缩甚至崩溃。

但这并不是说要无原则地向外部的一切要求妥协。比如人民群众希望能够开放展示的要求，虽然游客人流对文物安全具有潜在的威胁，但它对于宣扬和传承文化遗产的价值、提升文化认同感有着巨大的作用，因此是需要主动适应的；实际上，让文化遗产能够“造福于民”（单霁翔，2008）也是目前保护工作的一个趋势；至于说开放过程中可能存在的不安全因素，可以通过缜密的设计和管理予以消除，或者通过计算文物的安全承载值来控制游人容量。

但是如同保国寺所面临的慈江拓宽的问题，则不能简单地妥协。慈江的存在、慈江的空间感、岸边风光都是保国寺整个山水格局的重要组成元素，

[一] 来自《莫高窟保护和管理总体保护规划》，由中国敦煌研究院、美国盖蒂保护研究所、澳大利亚遗产委员会联合编制。这是《准则》指导下的第一个实践项目。图表引自叶扬，《中国文物古迹保护准则研究》[硕士学位论文]，北京，清华大学，2005年，第94页。

是其遗产构成不可分割的部分。水利部门试图将江宽 20 ～ 30 米拓至 60 ～ 70 米，将岸线改成直线型的混凝土驳岸，固然有其泄洪流量方面的考虑，但这种“环境”要求严重破坏了保国寺的遗产形态。面对这种情况，保国寺这个历史建筑的“适应”不应以完全接受水利部门方案的形态出现，而应该通过另辟支流、泄洪道南移等方式进行协调。

二 使用系统论的思想对历史建筑的构成进行尝试性分析

如上节所述，历史建筑这个系统的要素具有层次性，按照不同的目的可以进行不同的划分。根据保护工作的一般需要，如已有的管理等级、工作领域分级、学科划分方式等。笔者认为下面这种划分方式是比较有效的，即将历史建筑的构成要素按照两种结构进行分析，一种是纵向的层级式结构，小体量、小规模的历史建筑逐级组合更大一级的历史建筑；一种是横向结构，即每级历史建筑自身的组成元素，这些元素不仅仅包括物质上组成本级历史建筑的部分，还包括赋予在本级历史建筑身上的非物质元素。

（一）纵向层级式构成

组件：顾名思义，组成历史建筑的最基本单元，因为没有整体性，所以它本身不构成历史建筑。如一根木柱、一攒斗拱等。

建筑：最小的历史建筑，既包括完整或较完整的建筑，也包括毁坏较大的建筑，并包括遗址。如北京故宫太和殿、圆明园海晏堂遗址。某些现存的构筑物、但是历史上作为建筑群的一个单独组成部分、具有一定的建筑功能的，也视作该级成员，如汉阙。

建筑群：由若干建筑组成的、具有统一功能和名称的群体。如北京故宫、河南登封太室阙与中岳庙、保国寺等。在本结构体系里，日常交流中仅仅因为若干建筑空间位置比较接近、实则没有内在联系就统称之建筑群的，不被视为“建筑群”，而视为“建筑群组”或“聚集地”。

建筑群组：少量建筑群（包含部分单体建筑），因为空间关系接近，历史上有一定的关联（不要求这种关联的强弱），就构成了一个建筑群组。建筑群组可以有内在整体性，也可以仅仅是空间距离比较近；建筑群组可能形成某种规模效应。如历史地段、历史街区、山地寺庙分布集中的地方等。

聚集地／城市：大量建筑组群、建筑群、单体建筑集中分布、并占据很大的空间范围的，构成聚集地或城市。聚集地和城市的区别，前者特指非城市区域内的，如五台山、峨眉山，后者即一座城市的全部或局部，如平遥、北京。聚集地／城市与建筑群组的区别是，前者的规模效应极其强烈，在历史发展和人们生活中，已经形成了专属称谓和专属意向；而后者的规模效应较弱，即便有一定的整体性，也因为规模较小而没有形成专属意向，如五台山南麓寺庙群即为建筑群组，而五台山则为聚集地；北京什刹海西侧的庆王府、涛贝勒府、恭王府、辅仁大学旧址、郭沫若故居为建筑群组，北京旧城为聚集地／城市。

区域：一个或几个聚集地／城市，也可以同时包括若干单独分布的建筑群组、建筑群、单体建筑，形成一个大范围的历史建筑分布空间，就构成了“区域”级的历史建筑。其范围一般能够达到一个或几个县市行政区划范围。如新疆阿克苏地区由库车、沙雅、新和等县市构成的龟兹历史建筑分布区域。

（二）横向构成

各级历史建筑的构成因素见表 1。

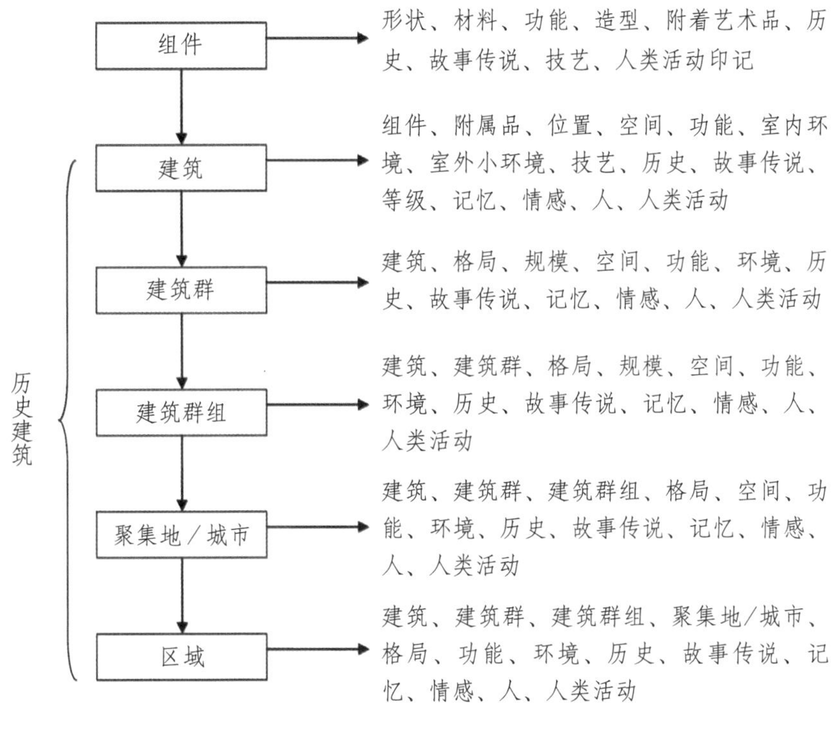

表1　历史建筑的构成

以下是必要的说明：

构件：附着艺术品包括彩画、雕刻等，人类活动印记包括建造时的题记、文人墨客的题记。

建筑：组成“建筑”一级历史建筑的因素中，组件指的是构成建筑的各构件和组成部分。除此之外，附属品包括反映历史信息和室内空间艺术的陈设、装饰装修等。室内环境指建筑物内部反映历史生活状态的声、光、热等环境因素，比如在如同故宫慈宁宫一样的大进深、室内分隔复杂的建筑里，室内光线昏暗，只能使用人工照明，表明古代的使用者在此起居的环境状态，同样历史建筑历史的一部分。室外小环境指的是建筑物近周边的外部环境。记忆与情感表示历史建筑对现代利益相关者的意义。“功能”指建筑的使用功能，但需要强调的是当建筑从“实用型”向“保护型”转变之后，开始按照保护的观念予以进行的利用和开发，不被视为历史建筑的组成部分。“人”指历史建筑的所有者或使用者，可能是原始使用者或其后代，也可能是经过屡次历史变迁后的新所有者或使用者，特别要注意的是历史建筑管理者、租用者、占用者不被包括在内，必须是生活在其中且不可被剥离出去的人，才可算作历史建筑的一部分；如负责看护管理历史建筑的文管所，占用历史建筑的工作单位，他们可以被视为影响因素，但不被视为历史建筑的组成部分；而居住在自家祖宅的原住户，香火未断的寺庙中的僧人，都是历史建筑的组成部分，同时也是其影响因素。人类活动，这里指的是在功能允许下所开展的活动，主要指的是历史建筑中的非物质文化遗产成分，如依附建筑开展的仪式、交流、传承等。

其余各级的组成因素大体与“建筑”一级相同，只是随着级别的提高，其格局、规模、环境越来越大，人的群体越来越大，人类活动越来越复杂。这里面需要说明的是，在建筑群、建筑群组级别中的格局、规模、空间和环境，承载的多为历史建筑的艺术价值，而聚集地/城市和区域级别的格局和环境，展现的多是人地关系的变迁和社会经济发展情况，承载的多为历史价值和科学价值。

有关历史建筑及其保护的问题是极其复杂的，想要全面而清晰地一次性将问题讲清楚几乎是不可能完成的任务，必须先划定讨论的范围再有针对性地探讨。对历史建筑的认知和保护最重要的是理念上和技术上的钻研与实践，而哲学上的思考同样也是有益的，它既是实践的总结与提升，能够整理我们的思路，同时也可以反过来促进下一步的行动，让我们的实践更加有条理性。

在国家文物局提出的《文化遗产保护领域科学和技术研究课题指南（2007～2010年）》中专有一项“中国文化遗产保护哲学思想研究方向”。以上两节内容，是笔者对历史建筑系统性的一点思考，姑且算作哲学思想方向的小小探索，还比较粗浅，也不成章法，还望各方大家海涵。之所以鼓足勇气发表出来，是希望抛砖引玉，获得与学者专家们多多交流的机会。敬请斧正。

参考文献

[一] 单霁翔：《从“文物保护”走向“文化遗产保护”》，天津大学出版社，2008年版。

[二] 国际古迹遗址理事会、北京清华城市规划设计研究院文化遗产保护研究所：《中国文物古迹保护准则案例阐释》，2005年版。

[三] [美]冯·贝塔郎菲（Von Bertalanffy L.）著，林康义、魏宏森译：《一般系统论：基础、发展和应用》，北京，清华大学出版社，1987年版。

[四] 钱学森、于景元、戴汝为：《一个科学新领域——开放的复杂巨系统及其方法论》，《自然杂志》，1990年第1期。

[五] 许国志：《系统科学》，上海科技教育出版社，2000年版。

【3S技术在历史文化名城保护中的运用初探】

——以新疆库车保护研究为例

贺艳 · 北京清华城市规划设计研究院

李三妹 · 国家卫星气象中心

一　引言

（一）　历史文化名城保护的发展趋势

历史文化名城兼有“文化遗产”和“城市”的双重属性，是人类历史活动的集成载体，即具有历史范畴的复杂空间巨系统。在不同的历史阶段内，由于城市所处的自然环境条件（如气候、水文、植被、自然灾害等）和社会环境（如政治、经济、文化形态等）各不相同，城市所承载的人类活动，和建设需求、建造方式、空间形态都不断发生改变，并反过来对自然环境和社会环境产生影响。

早在20世纪30年代前，梁启超先生等就已经注意到人地关系的重要价值，并对地理环境在人类社会发展中的作用进行了讨论。30年代至70年代末，历史地理学界在对历史地理环境的“复原”方面取得丰硕成果，尤其在大尺度的区域自然地理、沿革政区地理、经济地理等方面。80年代以来，人地互动观念逐渐成为历史地理学研究的核心内容（蓝勇，2002）。

同时，快速城市化引发的错综复杂的城市问题和生态环境恶化，促使建筑界也将视野从房子拓展到聚落，从城市拓展到区域。吴良镛先生先后提出“广义建筑学”和“人居环境科学”，将城市、集镇、乡村等人类聚居视为一个整体，着重探讨人与环境之间的相互关系，目的是通过了解、掌握人类聚居发生、发展的客观规律，更好地保护和建设可持续发展的人居环境（吴良镛，2001）。

近年来文化遗产保护也从早先专注于文物古迹物质本体的保存，转向对其承载的历史信息的全面关注（即强调对历史遗产各个历史阶段、周边环境格局、非物质文化遗产、文史资料等与遗产本体相关的有形的物质环境和无形的文化和社会环境进行整体性保护）。文化景观、文化线路的概念越来越受到重视，历史文化名城的也开始突破古城（古城池、古城区）的局限，逐渐拓展到城市周边的自然环境和各类附属遗产，视为一个完整的体系进行保护。

显然，历史地理学和人居环境科学对人地关系的研究，前者出发于历史事实和宏观区域，后者出发于现实问题和微观单元，但呈现出相向发展和融合的趋势。

然而，在漫长的历史进程中，由于自然环境的改变和人类不断的发展建设，致使保存至今的历史遗产已不能反映历史的全貌，并常常呈现为无关、离散或断裂的状态。如果不能较准确对文化遗产群体之间、文化遗产与自然环境、非物质文化遗产之间缺失的历史脉络进行修补，就很难对城市的历史和社会价值进行全面、准确、系统的综合评估，并很有可能发生时空错搭、主观臆测和片面强调的误判，进而影响保护措施的制定和效果。

因此，建筑、城市规划领域和过去传统的历史、考古学领域，必须要有一个广泛的、高度的融合，树立文化遗产保护的整体观念，更好地保护和传承城市遗产的多重价值（单霁翔，2009）。

（二）S 技术在保护研究领域的运用现状

近年来，3S 技术（RS、GIS 和 GPS）正被越来越广泛地应用于城市规划、历史地理、考古和文化遗产保护领域。

实现考古和文化遗产数据管理和存储，建立考古和文化遗产 GIS 数据库是 3S 技术在考古和文化遗产保护领域最普遍的应用之一。例如瑞典国家遗产部考古发掘局建立的田野考古数字建档系统 Intrasis，集合了田野工作中的考古、环境、水文、动物、植物等数据。在我国第三次全国文物普查中，也运用了 GIS 系统进行全国数据的统一化采集和管理。在京杭大运河保护规划中建立了保护规划支持系统，运用于京杭大运河全线的调查与数据分析；目前保护数据库已初步形成（毛峰等，2008）。

其次，基于考古和文化遗产 GIS 数据库，针对史前的区域聚落考古，和针对现状的文化遗产保护规划辅助进行空间分析研究，也是较为普遍的应用之一：

1. 区域聚落考古主要针对古聚落的分布与自然环境的关系，探索各研究区域中人类文明形成之初的人地关系特征。如中国社科院考古研究所对山西临汾盆地（汾河中游及其支流滏河盆地），河南洛阳盆地（伊、洛河流域）、洹河流域，陕西周原地区（七星河、美阳河流域）等区域聚落分布与局部地区自然环境关系的研究。芬兰进行了铁器时代聚落与环境关系研究、冰河时代景观变化与其他特征对石器时代遗址分布的影响（刘建国，2007）。

2. 文化遗产保护规划辅助，如荷兰国家考古资源调查部门利用大量文化资源定位数据、环境数据和基础数据，建立一系列表明考古资源的分布和质量的考古政策规划图（刘建国，2007）。京杭大运河保护规划支持系统中也设置了文物评估模块进行文物价值、保存现状和管理现状的评估（毛峰等，2008）。

上述研究成果将 3S 技术较为有效地运用到文化遗产保护中，为进一步拓展文化遗产保护规划提供了较好的思路，也为未来的研究提供了较好的基础。但是，现有的研究成果大多仍停留在历史文化遗产信息综合管理和简单空间分析上，在揭示人类活动与自然环境关系，及其如何影响历史城市的发展规律等方面上存在一定的欠缺。

二　新疆库车保护研究实践

（一）　研究对象概况

库车古名龟兹[一]，位于我国西北内陆，新疆维吾尔自治区南部的塔里木盆地（我国历史上的“西域”地区）；是丝绸之路上著名的绿洲城市，具有 2000 多年的悠久历史和独特的城市文化。距自治区首府乌鲁木齐市直线距离 448 公里，公路里程 753 公里（图 1、2、3）。

库车县域面积十分广阔，目前是以维吾尔族为主体的多民族聚居县[二]。

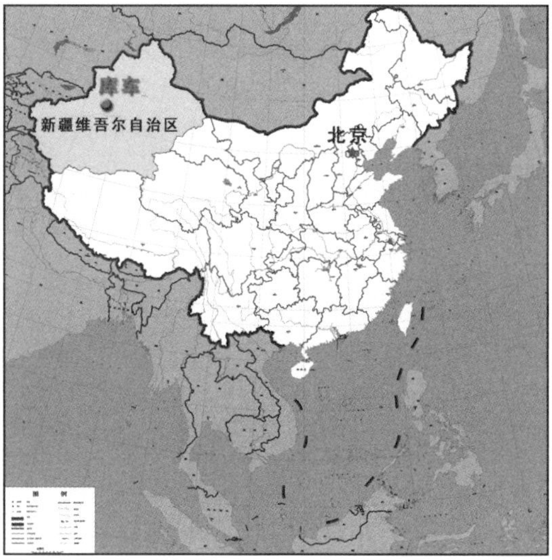

图1　库车在中国的位置

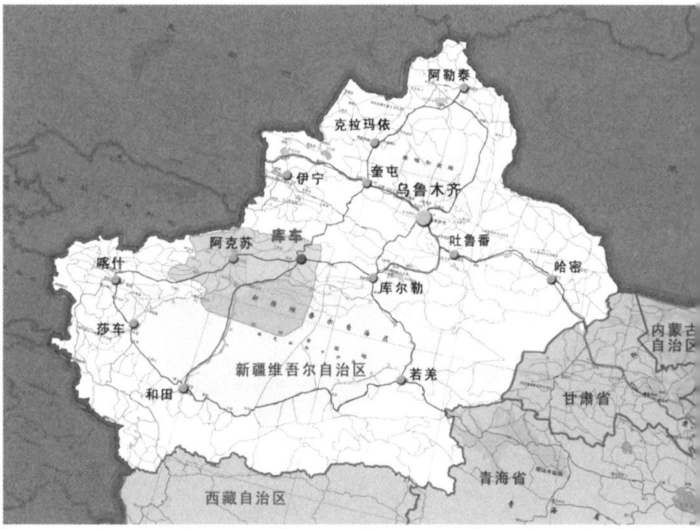

图2　库车在新疆维吾尔自治区的位置

县域内保存着大量珍贵的文化遗产：全国重点文物保护单位七处，自治区级文物保护单位 29 处，县级文物保护单位 60 处；其中克孜尔尕哈烽燧、苏巴什佛寺等已列入丝绸之路申报世界文化遗产项目。世界级非物质文化遗产一项，自治区级非物质文化遗产七项，县级非物质文化遗产 37 项。并出土了龟兹文等十余种语言文字的大量文献和文物，以及古代龟兹人骨架、龟兹乐舞舍利盒、汉龟二体五铢等大量珍贵文物（图 4、5）。

2007 年库车被列为新疆维吾尔自治区级历史文化名城。2008 年，为

[一]　库车系维吾尔语كذ（Kuqa）、كر（kuca(r)）的汉语音译，据季羡林先生考证其来源于古代龟兹语kutsi，为“城市”之意；历史上还曾有梵文kuci，回鹘文käsün(～küšän)，突阙语kuca、küsän等不同拼法。因语音变转之故，汉文先后译写为龟兹、丘兹、丘慈、屈茨、屈支、拘夷、俱支囊、苦先、库叉、曲先、库撤等；清乾隆二十三年（1758年）平定大小和卓叛乱后，定名为库车。

[二]　库车县境南北最大长度193公里，东西最大宽度164公里，总面积15379平方公里。维吾尔族人口占总人口的88.15%；汉族人口占11.15%；回族占0.57%。数据来源：《库车年鉴(2007)》。

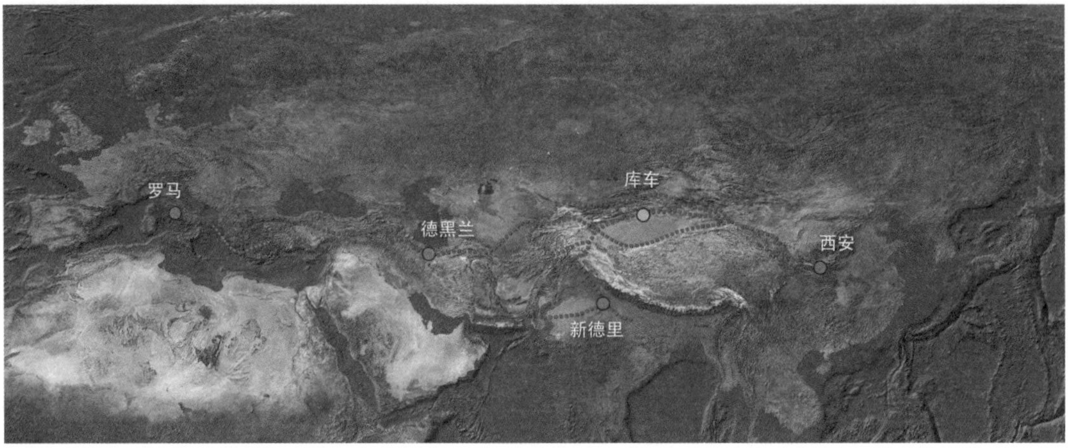

图3　库车在丝绸之路的位置

配合库车申报国家级历史文化名城并更好地实施保护，启动了库车历史文化名城保护研究项目[一]。同时，厘清库车地区的历史发展建设进程，对于丝绸之路申遗和反对“东突”分裂主义也具有重要的现实意义。

保护研究工作按时序分为：历史遗存普查——城市发展历史研究——综合价值评估——保护规划等阶段；按空间分为：区域——县域——历史城区——老城区——历史文化街区——单体建筑等层面；按对象分为：文化遗产——非物质文化遗产——自然遗产等类型（图6）。

（二）3S技术应用实践

库车地处自然条件恶劣的严重干旱区，人类活动受气候和环境变化的影响十分明显，城市的布局和发展与水热条件间的关系尤为密切。而且现存文化遗产数量多、分布地域广、时间序列完整、类型丰富多样，对应着不同的自然和人文环境，较为全面地反映出历史上人类的各种活动与自然环境间的联系。自清末以来一直是考古、历史地理研究的热点，具备较长的研究积累。

如果仅采用传统的方法进行研究分析，不但缺乏效率，也难以从宏观角度把握遗址之间、遗址群与自然环境间的联系。而3S技术中的遥感不但能提供各种分辨率的卫星遥感影像，还能提供各种比例尺的地理信息，同时GPS技术在空间数据采集方面能大大提高效率。

因此，研究中引入3S技术作为重要的辅助手段，在历史文化遗存数据采集、分析与管理，库车自然环境分析及自然与文化遗产空间关系分析等方面取得了较好的效果。

1. GPS和RS相结合的历史文化遗存数据采集及数据深加工处理

在库车历史文化遗存调查工作中，主要运用GPS和RS技术进行数据采集及遗址调查[二]，并在GIS技术支持下对数据进行加工处理。

如结合“三普”田野调查，运用手持GPS采集了县域内大部分文化遗存的地理位

苏巴什佛寺（国家级）

牛场遗址（县级）

唐王城（自治区级）

博斯坦托乎拉克遗址（县级）

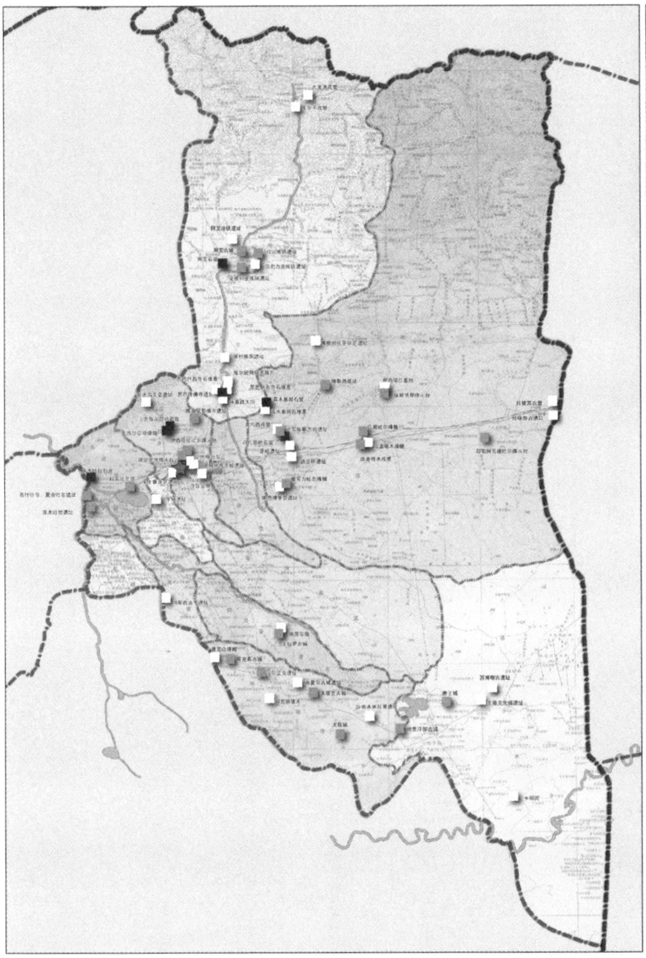

库木吐拉石窟（国家级）

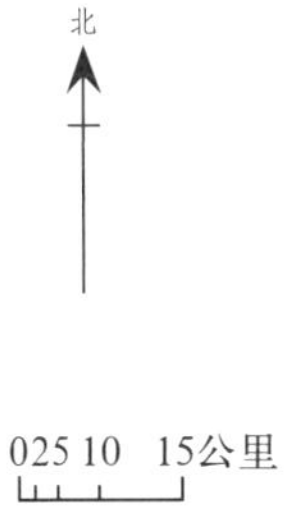

盐水沟关垒遗址（县级）

图4　库车县文物保护单位分布图

置，并收集研究区内的多种分辨率的卫星影像资料，将遗址点与卫星影像图（Quick Bird 0.61米分辨率或CBERS-2B 2.36米分辨率HR资料）进行空间匹配处理，获取遗迹点的遥感平面分布图和基础数据集。

对于较难以进入的山区、盐碱区和沙漠区，则先利用高分辨率影像（借助Goole Earth）对遗址分布区进行解译判读，对可能的遗址点获取地理坐标后，文物工作者再利用GPS导航至实地进行勘察验证。对确认为历史遗存的，补充实地数据和影像资料等。这一方法大大减轻了野外调查的工作量，提高了遗存数据采集的工作效率。

另外，根据已发表的前人考古研究成果的描述，调阅遗址可能分布范围内的遥感影像，对影像进行解读，确定遗址的准确坐标和平面形态。

[一]　库车历史文化名城保护研究项目主持人为郭黛姮教授，项目负责人贺艳，主要研究人员有肖金亮、殷丽娜、崔利民、张倩茹、安沛君、陈姗姗、刘川等。主要合作单位有库车县规划局、库车县文物局、国家卫星气象中心等。

[二]　该部分工作主要由库车县文物局完成。

高台民居（阿克店巷19号）

该建筑海位于整个库车的至高点，据说是1985年洪水泛滥时仅有的未被水淹的建筑，整个坐落在一个高为2.4米的高台之上，该建筑立面檐口、雀替、门窗扇雕刻精致，并在额枋等处均绘有精美彩画。屋面做法独特，色彩丰富多样；室内空间无论从门窗形式还是细部雕饰都可称之为库车住宅之最。

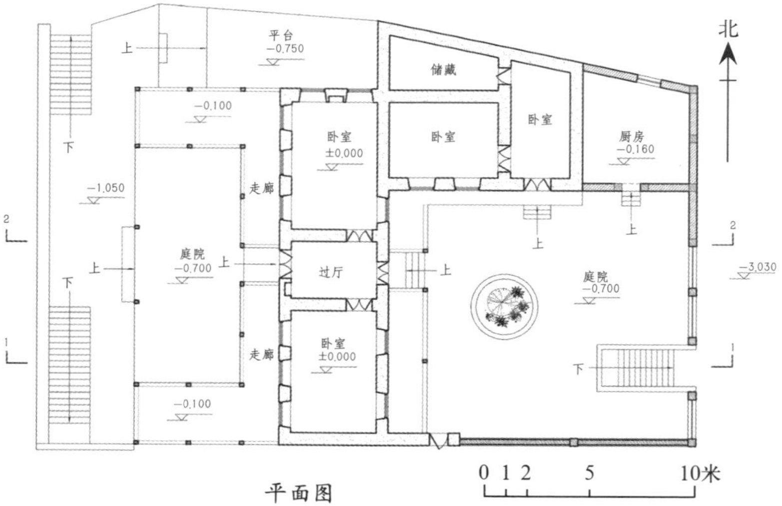

平面图

剖面图

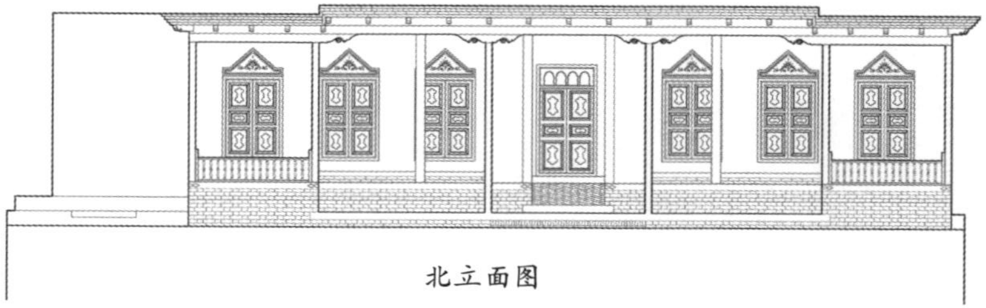

北立面图

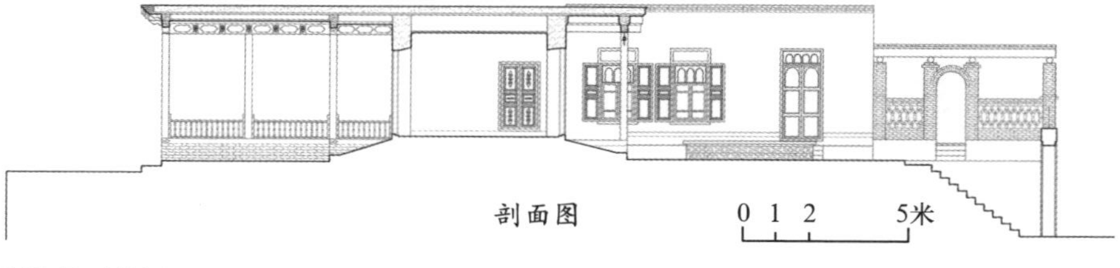

剖面图

彩绘测绘图

图5 优秀民居测绘图

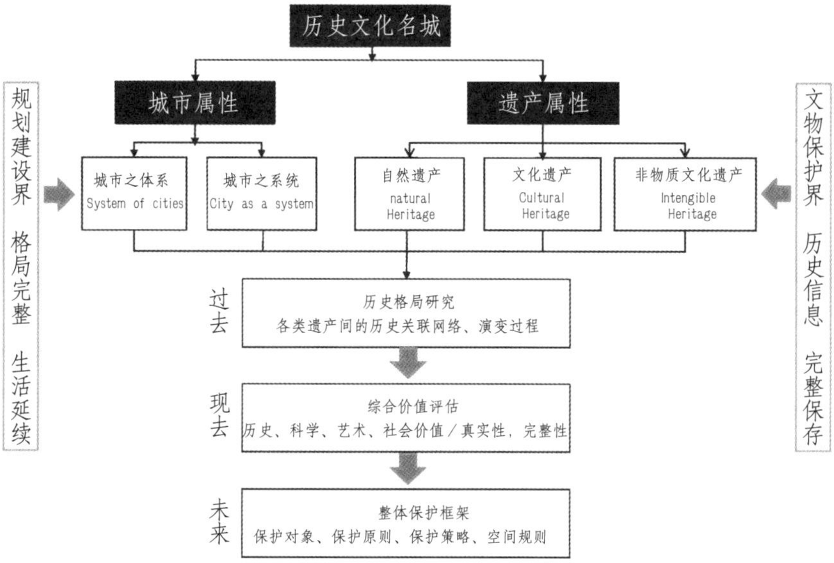

图6　库车保护研究工作框架图

历史文化遗存数据经空间化处理后，导入地理信息系统处理软件，如Mapinfo 等， 与不同时期的影像图、测绘图等进行叠加分析。结合地理信息数据（水系、地形、居民点等），各遗存基础信息（年代、类型等），以及近百年的考古实录（主要为 19 世纪末以来西方探险家，和我国考古学者黄文弼先生在 20 世纪 20 ～ 50 年代对塔里木盆地进行的勘查和发掘），对数据进行深挖掘处理，补齐那些现已消失的遗址的空间分布信息（图 7）。

2. 遥感解译判读用于古水系、古道复原分析

以高分辨率卫星影像为主（CBERS-2B、TM、SPOT 等），结合多种比例尺的地理信息数据，对河道信息（有水河道与枯水河道）进行解译判读，提取出库车地区可能的古河道分布信息。并根据古文献和各种水文志记载的库车在各历史时期的水系名称、大致分布位置等，结合气象、水文等观测数据，以及考古、环境考古、历史地理等领域成果，对库车历史时期的水系分布进行复原。

另外，根据地形和古代关隘、烽燧遗址的空间分布特征，结合各历史时期社会经济、文化等要素，参考古文献和古代交通运输方式和速度等，对库车历史上交通干道的空间分布进行解译、提取和模拟，初步还原各历史时期的主要交通路网。

3. 数字高程模型及地形分析辅助自然与文化遗产空间关系分析

数字高程模型在库车文化遗存与环境关系的分析中得到了较多的应

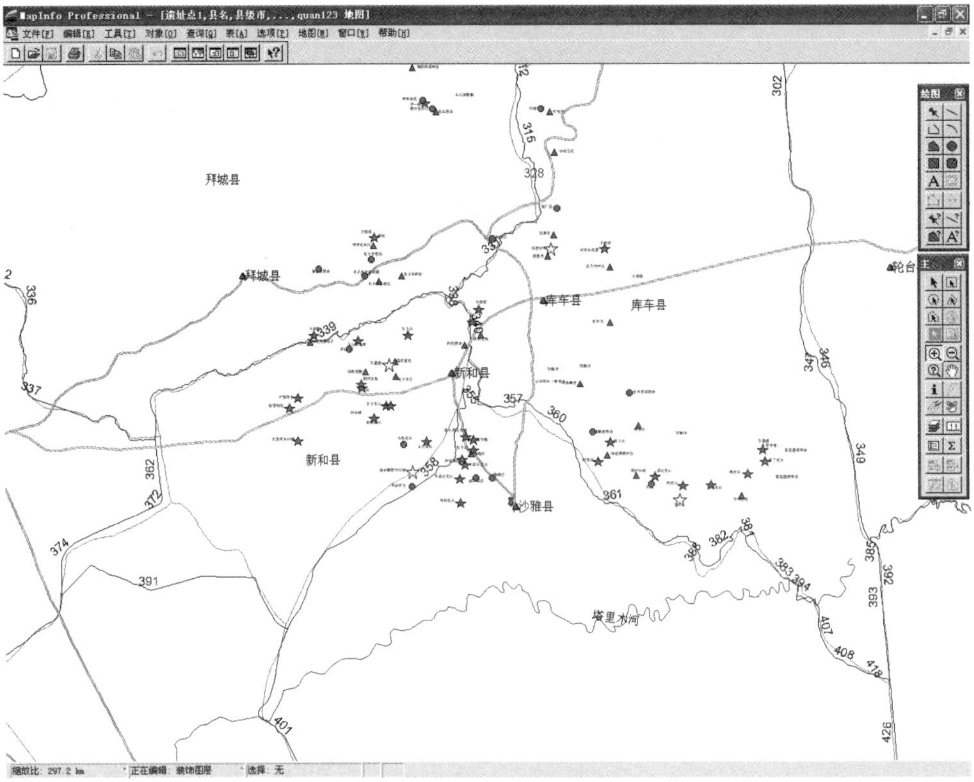

图7—1　历史文化遗存数据导入

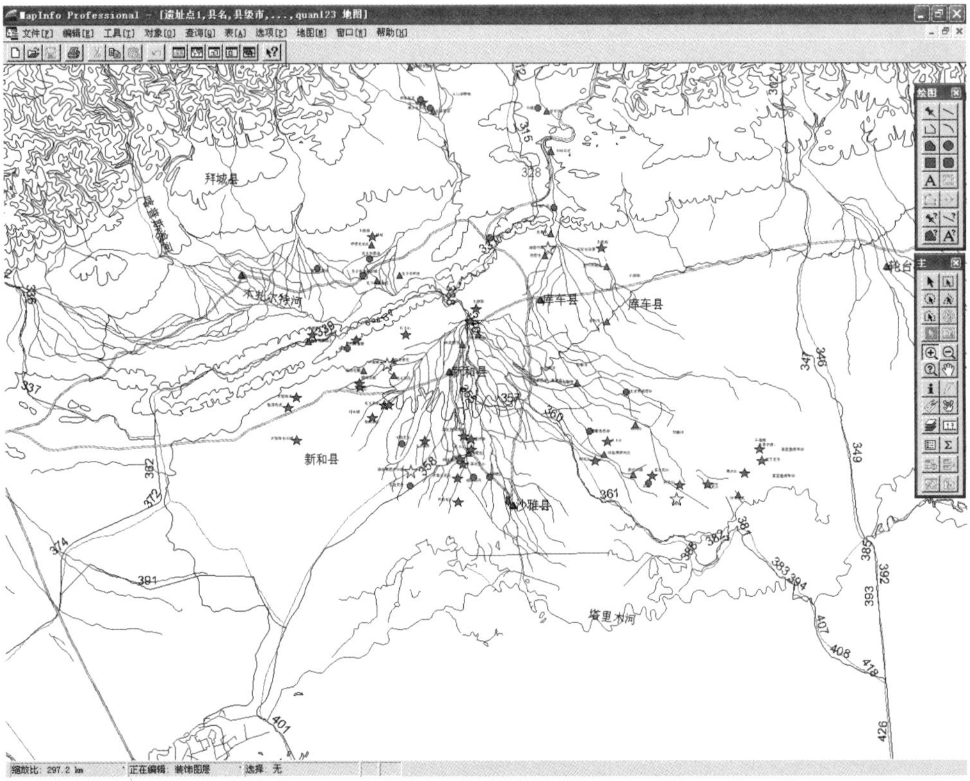

图7—2　地理信息数据叠加

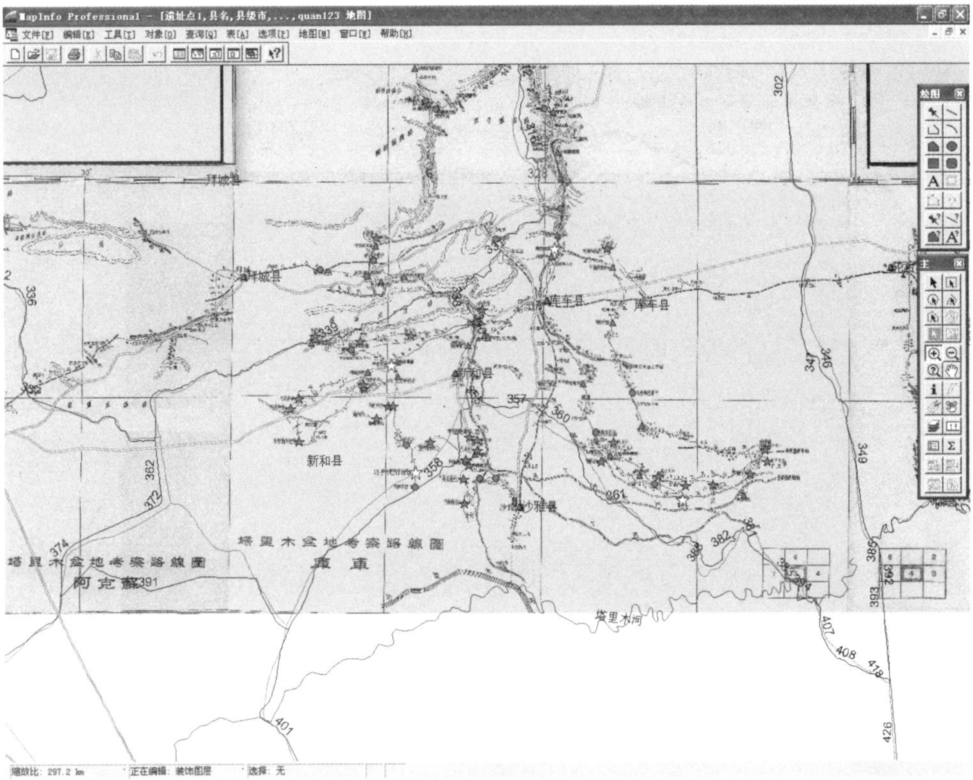

图7-3　黄文弼手绘调查图叠加

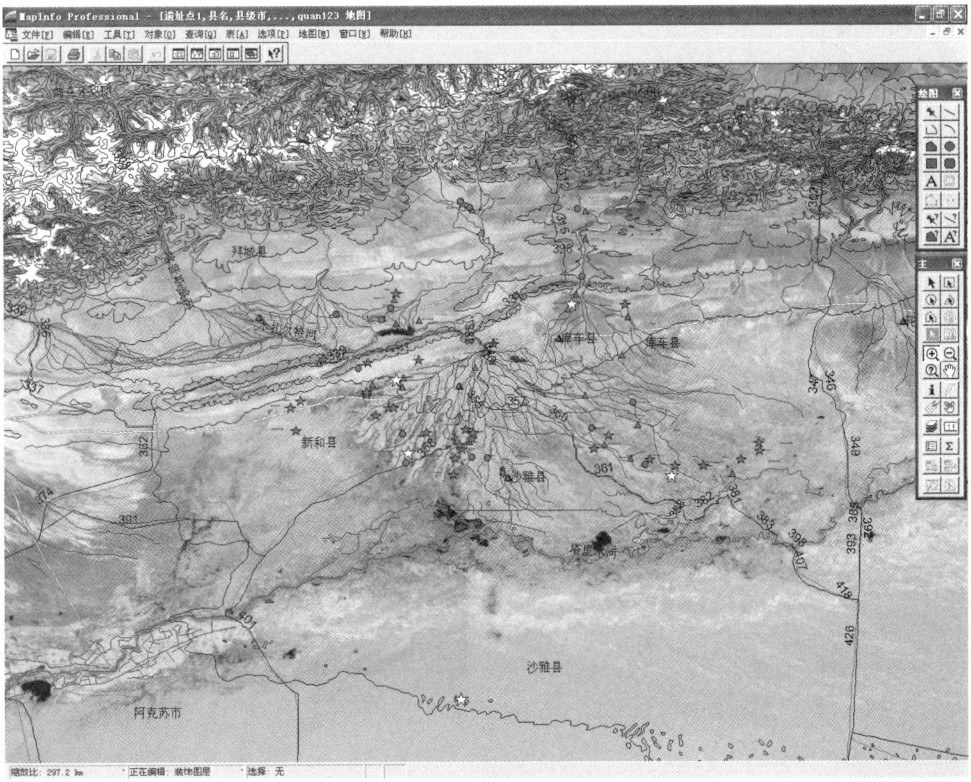

图7-4　遥感影像图叠加

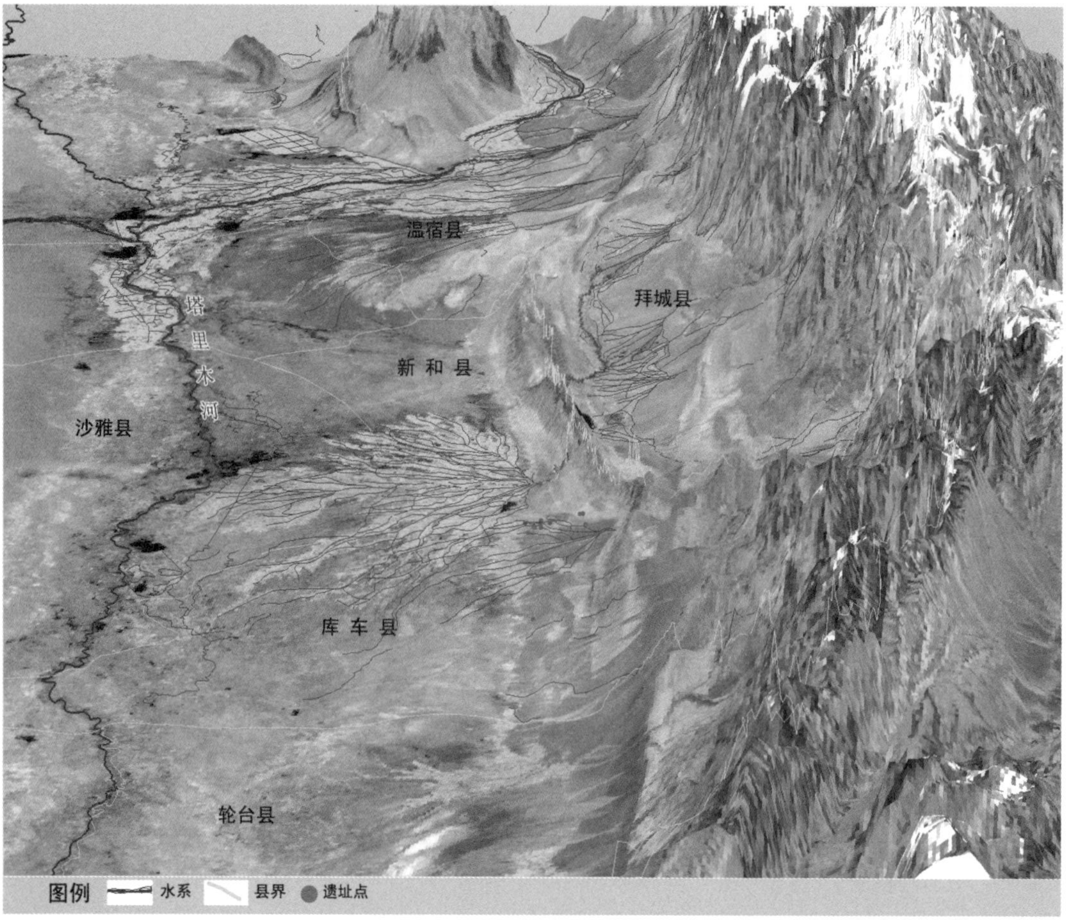

图8　库车绿洲地理信息与三维地形影像叠加图

用。一方面，DEM及地形分析在古交通道路、古水系分布提取及复原等方面发挥了重要作用，通过DEM分析，可以有效辅助获取道路的走向、分级，河流的流向、河道分布等信息。

另一方面，文化遗存的形成与周围地形条件有着密切的关系，DEM地形分析对于解译和判读文化遗存的分布位置、属性特征以及历史意义等都能起到有效的辅助作用，有效弥补文献记载等的不足。如：将库车及周边区域内文化遗存信息叠加到数字高程模型后，可以清晰地观察到文化遗存分布与地形地貌的紧密关系（图8）。

同时，将库车放置到全国乃至整个欧亚大陆自然环境中，利用气象站点观测数据、长序列卫星遥感灾害和环境监测数据集（沙尘、积雪、植被等）分析库车地区的气候成因及特点、地形分布、水文、地貌、灾害等自然环境要素。并根据文献记载和相关领域研究成果，厘清库车不同时期的辖区范围、政治归属、军事事件等，并重点关注对于整体发展建设存在影响的关键事件，如几次大的社会政治变迁和发展（汉代和隋唐屯垦,14 世纪两教战争等）。从空间上辨析出各项历史文化遗产之间，文化遗产与自然环境、非物质文化遗产之间的历史关联，为价值评估提供了准确的基础信息，增强了价值评估的整体性、系统性（图 9）。

图9 库车历史文化遗存与环境关系分析图

另外，数字地形分析还有效应用于库车文化遗存保护区划的空间分析中。利用数字地形，可以对文化遗产周边环境进行任意角度的空间视域模拟，合理确定出各文化遗产的保护区划边界，并可对区划边界进行精确的坐标定位（图 10）。

4. GIS 技术用于老城区历史建筑数据库建设、管理及应用分析

基于 GIS 技术实现文化遗存空间数据库建设和管理，是 3S 技术在文化遗存保护研究应用中的重点之一。通过将文化遗存信息的空间位置、年代、遗址属性特征等存储为空间数据库，运用数据库技术对其进行管理，可大大提高信息的使用效率，同时，基于空间数据库，可提高文化遗存信息的二次分析和应用，方便搭建文化遗存信息数字化处理平台。

因此，我们通过入户调查、访谈、问卷、测绘等手段，对库车 3.5 平方公里的老城区内的六千余户，共一万二千多座建筑，和非物质文化遗产、古树名木等进行全面普查后，根据实测地形图（1:500）和高分辨率遥感影像数据，利用 City Maker 软件建立了老城区三维模型。并将采集到的建筑

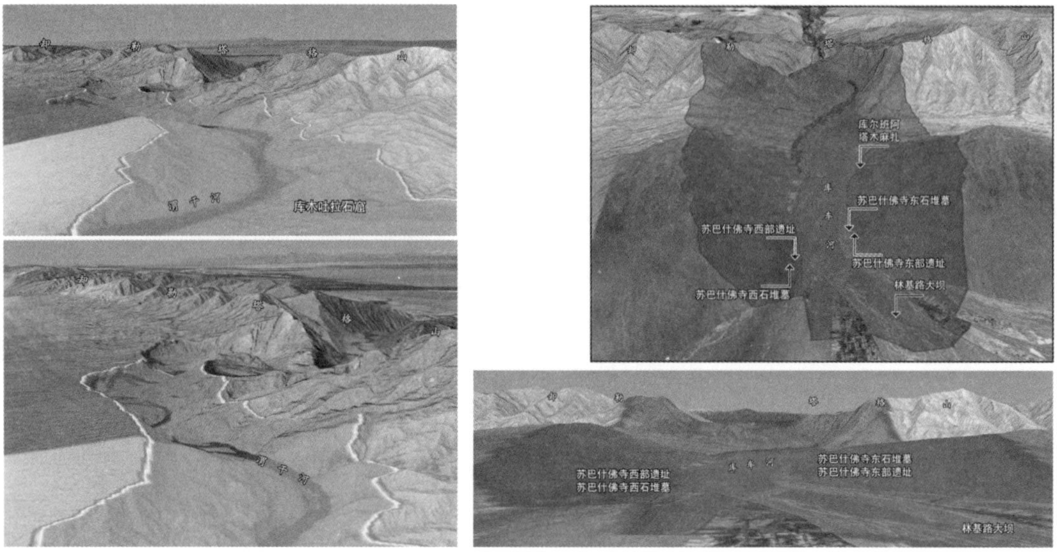

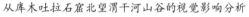

从库木吐拉石窟北望渭干河山谷的视觉影响分析　　从林基路大坝北望山口的视觉覆盖面分析

图10 库木吐拉石窟和苏巴什保护区划空间视域分析图

年代、建筑高度、建筑结构、饰面材料、传统元素特征，居民人口、民族、主要经济来源、市政基础设施条件，树种、树龄等基本信息数据添加到模型上，建立了库车老城区历史建筑空间数据库，不但可直观地进行数据检索、分析和管理，还为保护规划的合理制定，以及进一步建立老城区三维数字化管理平台提供了良好基础（图 11）。

5. 基于 RS 和 GIS 的专题制图

专题制图是 3S 技术应用的主要功能之一。在库车文化遗存保护工作中，专题制图功能被广泛用于多种图像产品的制作，大大提高了制图效率。

三　小结及展望

在上述研究中，3S 技术作为有效辅助手段，应用于文化遗存数据采集分析、数据挖掘及深加工处理、数据管理，自然环境和人文环境间的空间相关分析，保护区范围界定以及数据库建设、管理等方面。并在此基础上，对城市历史进行了纵向梳理和横向比较，从城市发展史、文化传播史、生活延续性的角度，重新对城市进行全面、准确、系统的综合价值评估。

研究成果运用于《新疆库车申报历史文化名城材料》、《库车历史文化名城保护规划》中，获得专家们的好评。证明将 3S 技术应用于文化遗产与历史文化名城保护中，可以有效提高历史名城、文化遗产保护规划和城市发展建设规划编制的科学性、合理性和效率性，具有广阔的应用前景，将成为历史文化名城保护的重要科技发展方向之一。

但是目前的探索还是比较初浅的，未来

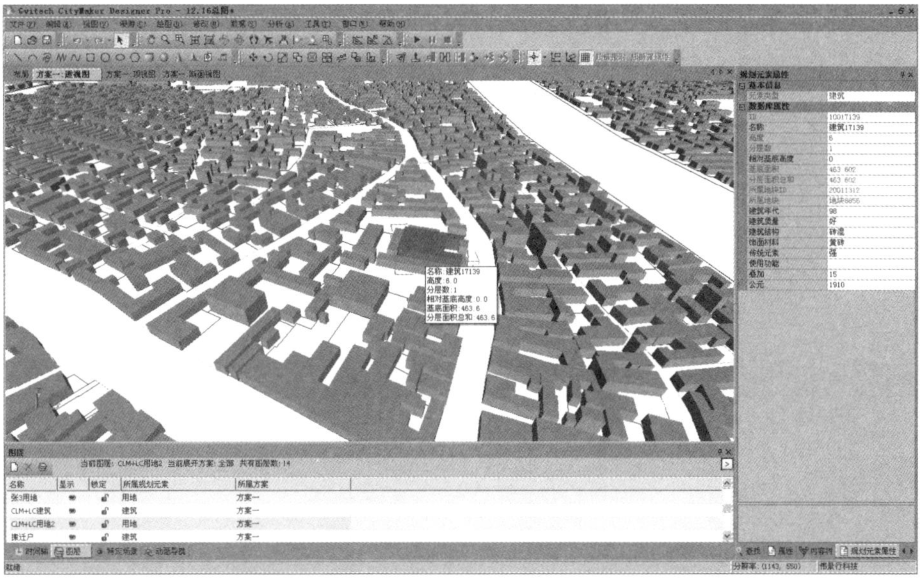

图11—1　老城区历史建筑空间数据库属性管理界面

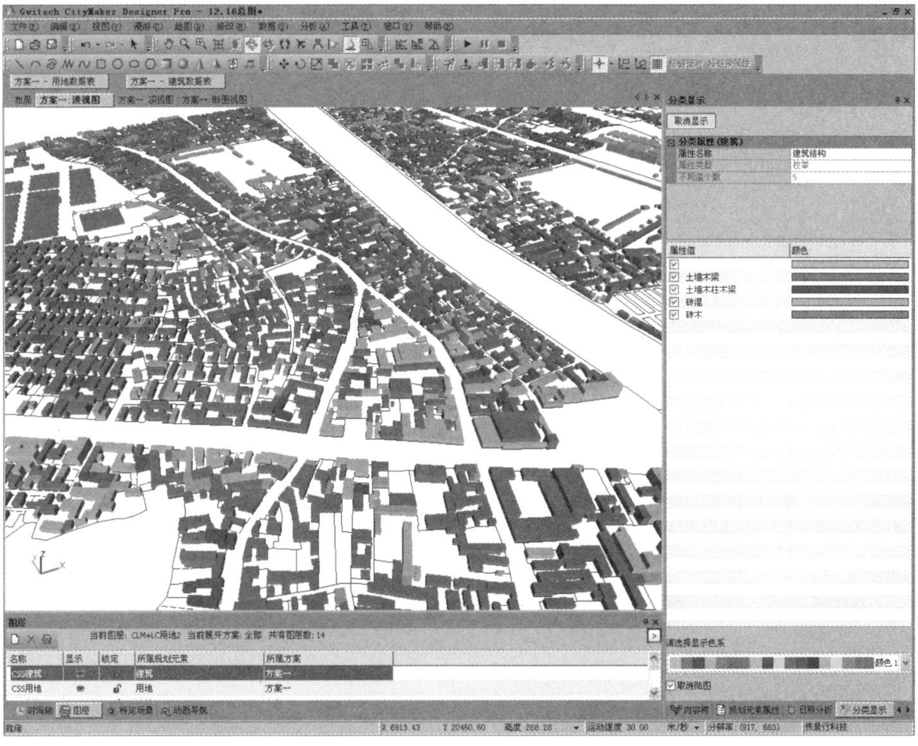

图11—2　老城区历史建筑空间数据库属性分析界面

尚需进一步开展工作。如：基于长序列卫星遥感数据和气象观测数据，结合考古研究中的C14测年、孢子粉试验等精密检测分析技术，进一步挖掘文化遗存与自然环境要素间的关联性。并通过DEM复原历史时期气候环境及地貌，与历史和考古研究提供的历史人文环境相结合，对人、社会、自然间的互相制约和影响关系进行定量分析，揭示人居环境形成、

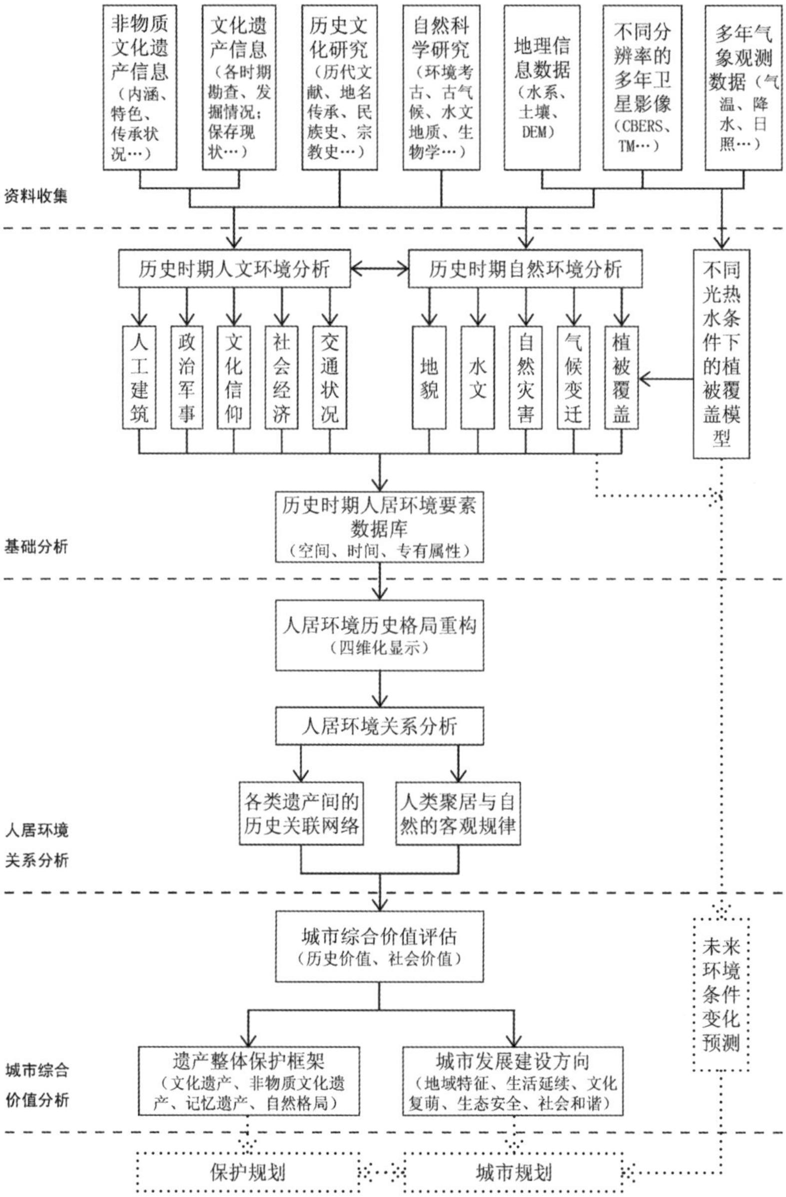

图12　基于3S的历史文化名城保护工作框架构想

发展及演变规律，为文化遗存保护规划、人居环境分析、城市综合价值评估以及城市规划等提供有效的参考依据（图 12）。

参考文献

[一] 蓝勇:《中国历史地理学》[M]，北京，高等教育出版社，2002 年版。

[二] 单霁翔:《文化遗产保护与城市文化建设》[M]，北京，中国建筑工业出版社，2009 年版。

[三] 刘建国:《考古与地理信息系统》[M]，科学出版社，2007 年版。

[四] 毛峰、周文生、黄健熙:《空间信息技术在文化遗产保护中的应用研究》[J]，《城市与区域规划研究》第 1 卷，第 3 期，2008 年。

[五] 季羡林等:《大唐西域记校注》[M]，北京，中华书局，2000 年版。

[六] 库车县党史地方志编纂委员会:《库车年鉴（2007）》[M]，乌鲁木齐，新疆人民出版社，2007 年版。

[七] 黄文弼:《塔里木盆地考古记》[M]，北京，科学出版社，1958 年版。

【《关于乡土建筑遗产的宪章》与历史村镇保护】

杨新平 · 浙江省文物局

乡土建筑被学者称之为“没有建筑师的建筑”，广泛分布在传统村镇中，它们是物质文化遗产的重要组成部分。20世纪中叶以来，乡土建筑受到国际建筑史界的关注。研究工作由侧重于帝王建筑、贵族府邸、教堂、寺院以及名家作品逐渐扩展到乡土建筑领域，学者们开始将目光投向整个文明体系中的具体形态，投向人类居住文明的发展史[一]。1964年5月，第二届历史古迹建筑师及技师国际会议在意大利威尼斯通过的《国际古迹保护与修复宪章》（即《威尼斯宪章》）明确指出：“历史文物建筑的概念，不仅包含个别的建筑作品，而且包含能够见证某种文明、某种有意义的发展或某种历史事件的城市或乡村环境，这不仅适用于伟大的艺术品，也适用于由于时光流逝而获得文化意义的在过去比较不重要的作品。”[二]此后，国际古迹遗址理事会（ICOMOS）又通过《关于乡土建筑遗产的宪章》，联合国教科文组织先后把数十处历史村、镇列为世界文化遗产。在我国也有愈来愈多的古村落和其他乡土建筑被指定为保护对象，其价值得到应有的科学认定，并受到法律的保护。

[一] 梁雪：《对乡土建筑的重新认识与评价——解读〈没有建筑师的建筑〉》，见《建筑师》115期(2005.6)。

[二] 第二届历史古迹建筑师及技师国际会议通过《国际古迹保护与修复宪章》，定义一第一项(1964.5)。

一

《关于乡土建筑遗产的宪章》（以下简称《宪章》）是国际古迹遗址理事会第12次大会于1999年10月在墨西哥通过的遗产保护重要文献。《宪章》是在《威尼斯宪章》指导下阐述乡土建筑保护的专业性文献，正如《宪章》所云这是一份“管理和保护乡土建筑遗产的原则，以补充《威尼斯宪章》”的国际文化遗产保护领域的重要文件。

《宪章》共分四个部分，即：前言、一般性问题、保护原则、实践中的指导方针。《宪章》在前言中阐述了乡土建筑遗产的价值和保护的意义，“乡土建筑遗产在人类的情感和自尊中占有重要的地位。它已经被公认为有特征的和有魅力的社会产物。它看起来是不拘于形式的，但却是有秩序的。

它是功利性的，同时又是美丽和有趣味的。它是那个时代生活的聚焦点，同时又是社会史的记录。它是人类的作品，也是时代的创造物。如果不重视保护这些组成人类自身生活核心的传统和谐，将无法体现人类遗产的价值。”根据世界范围乡土建筑的实际状况，《宪章》强调指出：“由于文化和全球社会经济转型的同一化，面对忽视、内部失衡和融合（因而导致彼此的独特性逐渐消亡）等严重问题，全世界的乡土建筑都非常脆弱。”因此，导出制定该宪章的必要性和紧迫性。

如何界定乡土建筑，《宪章》从六个方面进行了阐述：某一社区共有的一种建造方式；一种可识别的、与环境适应的地方或区域特征；风格、形式和外观一致，或者使用传统上建立的建筑型制；非正式流传下来的用于设计和施工的传统专业技术；一种对功能、社会和环境约束的有效回应；一种对传统的建造体系和工艺的有效应用。可以看出乡土建筑应包括这样几项主要因素：首先是某一区域具有地方特色的建筑，其次为非建筑师的作品，第三它适应功能、社会、环境的需要而存在。

对于乡土建筑的保护，《宪章》提出一些基本原则：

1．应尊重其文化价值和传统特色；

2．需依靠维持和保存有典型特征的建筑群和村落来实现乡土性的保护；

3．不仅包括建筑物、构筑物和空间的实体和物质形态，也包括使用和理解它们的方法，以及依附其上的传统和无形的联想；

4．要依靠社区的参与和支持，依靠持续不断地使用和维护。

这是一种全面的文化遗产保护理念和保护方法的体现。根据这些原则《宪章》又进一步从乡土建筑的环境、体系、再利用、修缮、培训等方面阐述了实施保护的指导方针。提出“应尊重和维护场所的完整性、维护它与物质景观和文化景观的联系以及建筑和建筑之间的关系。”强调了传统建筑体系和工艺技术对乡土性的表现至关重要性，认为这些技术应该被保留、记录，并在教育和培训中传授给下一代的工匠和建造者。在材料方面，指出：“为适应目前需要而做的合理改变应考虑到所引入的材料能保持整个建筑的表达、外观、质感和形式的一贯，以及建筑材料的一致。”为了适应使用者基本生活水平的改善而对乡土建筑进行的改造和再利用，《宪章》认为“应该尊重建筑的结构、性格和形式的完整性。在乡土形式不间断地连续使用的地方，存在于社会中的道德准则可以作为干预的手段。”显然这是一种人性化的保护观念。特别值得关注的是对于乡土建筑随着时间流逝而发生的一些改变，应作为重要特征得到肯定和理解，乡土建筑保护的目标，“并不是把一幢建筑的所有部分修复得像同一时期的产物。”这一点与《威尼斯宪章》提倡的“各时代加在一座文物建筑上的正当的东西都要尊重，因为修复的目的不是追求风格的统一”理念是完全一致的。

二

（一）乡土建筑保护的历程

我国的乡土建筑研究，始于20世纪30

～40年代的营造学社时期。50年代后期，中国建筑科学研究院和南京工学院合办的“中国建筑研究室”，开始对河南、安徽、福建等地的传统民居进行调查、研究，其成果以刘敦桢先生的《中国住宅概说》和张仲一等著《徽州明代住宅》为代表[一]。60年代以后，一些研究机构、高校开展了全国性的民居调研，至80年代以后陆续出版了《浙江民居》、《吉林民居》、《云南民居》、《福建民居》、《广东民居》等专著[二]。新中国成立之初，中央政府已明确提出保护具有历史价值的住宅、书院等文物建筑[三]。我国真正重视乡土建筑保护工作只有大约二十多年的历史，1986年12月，国务院在《批转建设部、文化部关于请公布第二批国家历史文化名城名单报告的通知》附件中提出:“对一些文物古迹比较集中，或能较完整地体现出某一历史时期的传统风貌和民族地方特色的街区、建筑群、小镇、村寨等，也应予以保护。各省、自治区、直辖市或市、县人民政府可根据它们的历史、科学、艺术价值，核定公布为当地各级‘历史文化保护区’。”1988年1月，在国务院公布的第三批全国重点文物保护单位名单中，首次出现民居等乡土建筑，如丁村民宅、东阳卢宅（图1、2）。一些省也陆续开展调

图2　东阳卢宅肃雍堂建筑构架

图1　浙江东阳卢宅肃雍堂

[一]　刘敦桢:《中国住宅概说》，中国建筑工业出版社，1957年版；张仲一等:《徽州明代住宅》，中国建筑工业出版社，1957年版。

[二]　中国建筑技术发展中心历史研究所:《浙江民居》，中国建筑工业出版社，1984年版；张驭寰:《吉林民居》，中国建筑工业出版社，1985年版；王翠兰、陈谋德等:《云南民居》，中国建筑工业出版社，1986年版；高轸明等:《福建民居》，中国建筑工业出版社，1987年版；陆元鼎等:《广东民居》，中国建筑工业出版社，1990年版。

[三]　中央人民政府政务院《关于保护古文物建筑的指示》（1950年7月6日），见国家文物事业管理局编《新中国文物法规选编》，文物出版社，1987年10月版。

表1　部分省历史文化名镇、名村或历史文化保护区、历史文化街区、村镇公布情况

省份	公布时间	数量	备注
安徽	1989、1995	11	
浙江	1991、2000、2006	78	
江苏	1995、2001	13	
云南	1995、1999、2001、2002、2003、2004	14	
福建	1999、2003	28	其中名乡：2
重庆	2002	20	另有传统风貌镇：16
江西	2003	29	
山西	2003	30	

表2　乡土建筑在各批全国重点文物保护地位所占比例

批次	公布时间	总数	乡土建筑数	占"古建筑"总数比例	占总数比例
第一批	1961.3.4	180	0	（古建筑 77）0	0
第二批	1982.2.23	62	0	（古建筑 28）0	0
第三批	1988.1.13	258	11	（古建筑 111）9.9%	4.3%
第四批	1996.11.20	250	12	（古建筑 110）10.9%	4.8%
第五批	2001.6.25	518	36	（古建筑 248）14.5%	6.9%
第六批	2006.5.25	1080	65	（古建筑 513）12.7%	6%
合计		2351	124	（古建筑 1087）11.4%	5.3%

查工作，在此基础上公布了一批历史文化保护区或历史文化名镇、名村名单（表1）。在各级文物保护单位中也注意公布保护古村落、传统住宅、宗祠以及民间的牌坊、庙宇、书院等乡土建筑。国务院于1996年、2001年和2006年公布的第四、五、六批全国重点文物保护单位，更多的乡土建筑、古村落出现在名单之中（表2）。

经过多年努力，国务院于2008年7月公布实施了《历史文化名城名镇名村保护条例》，该《条例》明确了我国历史文化名城、名镇、名村的保护原则和保护要求，对申报、批准、保护规划、保护措施及法律责任等都作了相应的规定。此外，一些省、自治区也陆续制定、颁布了古村落保护专项法规或在相关法规中对历史文化村镇、历史文化保护区的保护管理给予了明确的规定。以安徽省于1997年9月颁布的《安徽省皖南古民居保护条例》为例，这是一部规范安徽省"长江以南地区1911年以前的具有历史、艺术、科学价值的民宅、祠堂、牌坊、书院、楼、台、亭、阁（图3～7）等民用建筑物"[一]保护管理的地方

图3　安徽黟县屏山

[一] 1997年9月21日安徽省人大常委会第三十三次会议通过《安徽省皖南古民居保护条例》，第二条。

图4　黟县宏村宗祠、住宅

图5　安徽歙县大观楼及牌坊

图6　黟县屏山庆余堂

图7　歙县棠樾女祠

法规，是国内出台最早的省一级区域性的乡土建筑保护的法规。随后，浙江省于1999年7月制定颁布了《浙江省历史文化名城保护条例》，明确规定条例适用于包括全省历史街区、镇、村、建筑群等在内的历史文化保护区的保护管理工作。2002年江苏省、新疆维吾尔自治区也在制定出台的地方法规中确立了历史文化名镇、历史文化保护区和历史文化建筑的法律地位和保护管理的相关规定[一]。2005年6月苏州市政府讨论通过了《苏州市古村落保护办法》，这是市级地方政府颁布的古村落保护专项行政规章的代表。

目前我国对历史村镇的保护，分为几个层次，其一：是最早实行、范围最广泛的由各级政府依法公布的文物保护单位以及其他不可移动文物（文物保护点），如浙江兰溪诸葛、长乐村民居，江西省流坑村古建筑群，陕西党家村古建筑群；其二：世界文化遗产，现有安徽古村落——西递村、宏村，福建土楼，广东开平碉楼；其三：部分省、自治区、直辖市政府自20世纪80年代末以来陆续公布的省（自治区、直辖市）级历史文化村镇[二]，以及建设部、国家文物局2003年11月以来联合公布的中国历史文化名镇、历史文化名村。由于

图8　福建泰宁尚书第

图9　福建泰宁尚书第院落

图10　浙江兰溪诸葛丞相祠堂

图11　兰溪长乐象贤厅

它们有着不同的法律法规进行规范，因此保护管理的要求不尽相同，总体而言，文物更多关注建筑本体，重视对象真实性的保护，管理要求严格；历史文化村镇注重保护格局、空间形态及建筑的外部保护，管理尚待进一步规范；世界文化遗产保护层级很高，在我国国家层面目前仅有文化部 2006 年 11 月颁布的《世界文化遗产保护管理办法》，缺乏专门的保护管理法律法规。

（二）关注重点及其保护理念的转型

我国对乡土建筑的关注及认识，经历了一个由建筑单体、群体，再到古村落、古镇，从注重建筑结构、建筑艺术到聚落环境、文化内涵的深度发掘这样一个渐进过程。上个世纪五六十年代开始对传统民居建筑进行调研，注重的是建筑结构、形制以及装饰艺术等的研究。80 年代后期以来，学术界开始把目光转向古村镇聚落、乡土文化及其历史环境等多维视角。这一时期出版的乡土建筑专著和相关研究论文体现了这个特点。其中以清华大学建筑学院陈志华教授、楼庆西教授和李秋香高级工程师为主的乡土建筑研究课题组先后出版的《楠溪江中游乡土建筑》（1993 年）、《诸葛村乡土建筑》（1996 年）、《婺源县乡土建筑》（1998 年）、《流坑村》（2003 年）等著作最具代表。他们深入发掘乡土建筑丰富的文化内涵，力求把乡土建筑与乡土生活联系起来研究，把重点放在聚落整体上，放在各种建筑与整体的关系以及它们之间的相互关系上，放在聚落整体以及它的各个部分与自然环境和历史环境的关系上。华南理工大学建筑学院陆元鼎教授主持的《南方民系、民居与现代村镇居住模式研究》课题在这一方面也取得了一系列重要的研究成果。这些学者突破了前一个时期较为单纯的研究内涵，大大拓展了研究视野，并与《宪章》关注的重点基本相同。

对乡土建筑的保护同样也经历了一个由局部到整体，从单纯的建筑形式到功能内涵、聚落形态及其蕴涵的文化保护的重大转变。保护文化的多样性是国际社会的共识，联合国教科文组织于 2001 年通过的《世界文化多样性宣言》提出："每项创作都来源于有关的文化传统，但也在同其他文化传统的交流中得到充分的发展。因此，各种形式的文化遗产都应当作为人类的经历和期望的见证得到保护、开发利用和代代相传。"[三] 人们不再满足于博物馆式的保护方式，以及仅仅保护它们的物质形态和依附于这种物质形态而存在的历史信息。那些伴随着乡土建筑、聚落形态而存在的有生命的文化内涵、氛围、环境受到人们的关注、认识，成为保护的重要对象[四]。我国最早一批被列入全国重点文物保护单位的乡土建筑福建泰宁尚书第（图 8、9）、山西丁村民宅、浙江东阳卢宅等[五] 其

[一] 2001年12月27日江苏省第九届人民代表大会常务委员会第二十七次会议通过《江苏省历史文化名城名镇保护条例》；2002年5月31日新疆维吾尔自治区第九届人大常委会第二十八次会议通过《新疆维吾尔自治区历史文化名城、街区、建筑保护条例》。

[二] 各地公布的名称有：历史文化名镇、名村，历史文化保护区，历史文化村镇等，虽称谓不一，但其内涵基本一致。此外新疆还公布了历史文化建筑。

[三] 联合国教科文组织第三十一届会议上通过《世界文化多样性宣言》（2001年11月2日）第7条，文化遗产，创作的源泉。

[四] 吕舟：《历史环境保护问题》，见清华大学建筑学院《建筑史论文集》第11辑，1999年9月第一版。

[五] 国务院1988年1月公布的第三批全国重点文物保护单位。

保护重点在于建筑本体，产权由私有转变为国有，功能由居住转变为博物馆。随着学术界对乡土建筑研究的深入，对其价值的重新审视和认识，以及国家社会、经济的快速发展，20世纪90年代中期公布的第四批全国重点文物保护单位中出现了诸葛、长乐民居（图10、11）这样的整个传统聚落被列为保护对象的乡土建筑。在第五批、第六批国保单位名单中，有更多一些的古村落入选。这一时期，另有一批历史古镇、村被公布为历史文化名镇、名村、历史文化保护区。保护对象不再局限于建筑本身，还包括了聚落空间、传统风貌、历史环境以及依存于传统聚落的非物质遗产。正如《宪章》所云，保护“不仅包括建筑物、构筑物和空间的实体和物质形态，也包括使用和理解它们的方法，以及依附其上的传统和无形的联想。”虽然这在全国仅仅是开始，还限于局部的地区或很少量古村落、古镇，但却是乡土建筑保护中一个意义深远的良好开端，它将在我国文化遗产保护史上写下浓重的一笔。

三

乡土建筑的价值及其重要性日渐凸显并受到政府和社会的重视，国务院在2005年底首次明确提出“把保护优秀的乡土建筑等文化遗产作为城镇化发展战略的重要内容，把历史名城（街区、村镇）保护规划纳入城乡规划。”[一]虽然这些年保护工作取得了较大进展和一些成绩，但在实际工作中除仍然存在的保护资金严重不足、管理与专业技术人员馈乏等诸多常见问题外，当前特别值得关注的还包括以下方面：

首先，随着我国城镇化进程的加快，以及近年新农村建设如火如荼的展开，传统村镇受到强烈的冲击，尤其是大量的尚未列入各类保护名录的乡土建筑及其环境正快速地被拆毁和破坏，尽管中央要求各地在新农村建设中“要突出乡村特色、地方特色和民族特色，保护有历史文化价值的古村落和古民宅。”[二]但不少地方在实际操作中依然简单从事，草率处理。在村庄整治中，根据“道路硬化、卫生洁化、水体净化、路灯亮化、村庄绿化”的五化要求，拓宽了传统村落的道路，把原来的卵石路、石板路浇上了混凝土；古建筑被整饰一新，古村落不恰当地做了一些公园等等，历史环境被改变、破坏。更有甚者，一些古村落被随意被推平，新农村建设变成了“新村庄建设”，乡土建筑的保护面临严峻形势。

其次，古村落中大量的传统建筑仍居住着居民，他们在祖先留下的宅院中生息繁衍。然而其中一些历史、艺术和科学价值较高的乡土建筑一旦被指定公布为文物保护单位，就应当依法保护，遵守“不改变文物原状”的规定；若要修缮，则需根据其级别报相应的文物行政主管部门批准；在划定的保护范围或建设控制地带内的任何建设也要报相应的政府或部门批准。总之，动辄都需要报批，一夜之间自家的宅院基本就“不属自己”了。另一方面，虽然法律如是规定，但真正依法办事的能有多少？结论是不容乐观的。仍然“生活着的”古村落、古民居等乡土建筑要严格依据现行的文物保护法规进行保护显然存在着许多的实际困难和需要解决的一系列问题。此外，更大量的未列入保护名录的乡土建筑，由于不受法律法规的约束，随时可能被拆除、破坏，处于自生自灭的境地。

第三，有不少地方文化遗产保护观念以及评价标准仍停留在以往的保护“精英文化”的层面，不愿意保护或很少量保护一些乡土建筑，保护的对象主要还限于时代早、艺术价值高的单体建筑，这种只见“树木”不见“森林”的做法，显然是对文化遗产综合价值缺乏应有的认识，对乡土文化、传统聚落格局、村镇历史环境保护的重要性缺乏深入的研究，未能理解《宪章》的基本精神。

另外，我们的保护工作，还基本停留在职能部门和少数专家的有限范围内，与《宪章》强调的“要依靠社区的参与和支持”还有很大差距。

因此，积极探索乡土建筑保护的有效途径是，当务之急研究制定历史村镇保护的专项法规，出台相关有利于乡土建筑保护的土地、资金等政策以及乡土建筑评价体系是重中之重。具体建议措施如下：

——开展全面的乡土建筑普查，在此基础上，指定公布一批保护名录，同时引入文化遗产保护的登录制度，对大量的乡土建筑进行注册、登记，采取积极的措施，进行更广泛的乡土建筑保护，采用比指定制度更具灵活的保护方法，以满足所有者对使用功能的要求，适应乡土建筑的合理再利用；通过遗产所有者自己的申报，鼓励居民自发的保护意识，推动乡土建筑保护的广泛展开。

——积极地利用税收制度，鼓励企业和私人业主（遗产的拥有者）投资乡土建筑保护，减免或减征相关税利；探索国家、地方、个人诸方面积极因素，共同保护、抢救乡土建筑。

——实行分级制保护原则，根据乡土建筑的历史、科学、艺术、文化价值以及保存状况，采取不同的保护方式，如：

（1）建筑的立面、结构体系、平面布局和内部装饰不得改变；

（2）建筑的立面、结构体系、基本平面布局和有特色的内部装饰不得改变，其他部分允许改变；

（3）建筑的立面和结构体系不得改变，建筑内部允许改变；

（4）建筑的主要立面不得改变，其他部分允许改变。

——重视乡土建筑的完整性，系统、全面地保护乡土建筑，保护历史村镇。古镇、古村落是一个由各类建（构）筑物及其历史环境有机构成的大系统，一个有一定结构的有机整体，这是古村落在漫长的历史过程中

[一]《国务院关于加强文化遗产保护的通知》（2005年12月22日）

[二] 中共中央、国务院：《关于推进社会主义新农村建设的若干意见》（2005年12月30日）

形成的。这个整体，是和农村社会生活的系统性整体相对应的。正是这个整体，才赋予古村落历史信息的丰富性、多样性和系统性。如果这个系统的整体性被破坏了，古村落的历史信息就零散了，就会失去一大部分历史的真实性[一]。

注：本文曾于2006年在澳门举行的第14届民居学术研讨会上宣读，近期作了部分修改。

[一] 陈志华：《乡土建筑保护十议》，见清华大学《建筑史论文集》第17辑(2003.5)

参考文献：

[一] ICOMOS：《关于乡土建筑遗产的宪章》(1999.10)，见张松著：《历史城市保护学导论——文化遗产和历史环境保护的一种整体性方法》，上海科学技术出版社，2001年12月版。

[二] 陈志华：《乡土建筑保护十议》，见清华大学《建筑史论文集》第17辑（2003.5）

[三] 吕舟：《历史环境的保护问题》，见清华大学《建筑史论文集》第11辑（1999.9）

[四] 〔美〕拉普普著、张玫玫译：《住屋形式与文化》，台湾境与象出版社。

[五] 国家文物事业管理局：《新中国文物法规选编》，文物出版社，1987年10月版。

[六] 李晓峰：《乡土建筑——跨学科研究理论与方法》，中国建筑工业出版社，2005年10月版。

【芜湖古城历史文化遗产的再认识】

杨达 · 同济大学建筑与城市规划学院

地处长江中下游的安徽芜湖古城，现位于市中心区东南，南侧紧邻青弋江，主要干道九华中路在古城西侧穿过，作为沟通新老芜湖城的重要通道。芜湖地理环境优越，气候较好，早在宋代即确立了集贸重地的地位，是距徽州最近的长江商埠。作为近代港口城市之一的芜湖，浸润着悠久的徽州文化，又体现着不断发展的时代精神。从芜湖古城的范围来看，其作为长江沿岸物资集散地，是我国腹地城市商贸发展的具有代表性的案例之一，具有较大的影响力。

开埠以后芜湖的城市商业重心北移，长江码头兴盛，古城失去了往日行政中心的地位，逐渐衰落，蜕化为以普通住宅为主的街区。新中国成立后老城发展速度远远不及新城，成为被人们忽视的角落，尽管居住密度居高不下，但衰败的旧建筑与肆意改造的环境面貌，使得芜湖市民只能从老照片中回忆旧时的繁荣盛况。随着近年历史名城名镇保护工作的开展，芜湖古城面临了新的契机和挑战，正如很多位于现代城市中心的古城一样，芜湖古城需要从其当地固有的历史文化遗产的角度来阐释其生命力和价值，展现其应有的风采。

一　芜湖物质文化遗产的组成

芜湖古称鸠兹，古属于吴国，秦统一中国后，属三十六郡中的鄣郡。芜湖的称谓始称于汉代。三国时孙权将芜湖县迁到鸡毛山一带。东晋时期，芜湖已成为临江重镇。公元 324 年，大将王敦在鸡毛山屯兵驻守，固有“王敦城”之说。五代十国时唐升元年间复置芜湖县，自此芜湖作为县一级行政建置直到新中国成立。

两宋时期，全国经济重心逐渐南移。大兴筑圩促进农业发展，同时手工业和商业兴起，城区迅速扩大。约在 11 世纪初，芜湖始筑城垣即宋城。南宋建炎年间金兵南侵，芜湖城遭兵焚毁成废墟。淳熙七年（1180 年）又筑城，然不复繁荣。元末又遭兵火毁坏。至明代芜湖的经济又逐步恢复发展起来，各地商人和工匠纷至经营各业，以染浆业和炼钢业尤为发达，南北货物汇集。明万历三年(1575年）芜湖再次筑城，大部分与宋城重合。而如今现存的街区布局基本上同明代城池相符。

据民国八年《芜湖县志》的文字和图示（图1）记载，芜湖古城的城墙即为现芜湖市的环城路所在位置，城墙上共有八座城门："今县城周围七百三十九丈，高三丈，南距大河曰'长虹门'"，此外，"北至北门桥曰'来凤门'，有月城；东跨能仁寺，左曰'宣春门'，西连长街大市，曰'弼赋门'"，东南角巽位上的门叫金马门，与文庙轴线相连，东面是迎秀门；南门的西面由于毗邻长街，货物吞吐量较大，故开辟有上、下水门两个门。从现存状况来看，城门已不复存，但根据历史图样和居民的描述，城门的位置是可以基本确定。另城内有八条重要街道：南正街、花街、十字街、米市街、薪市街、东内街、儒林街、城隍街纵横交错，与现存状况基本相符。从这些地名中也基本能判断出当时城内市与行的分布状况。可见其市井生活性的街道多位于南侧，花街、南正街与历史上重要的"十里长街"相连，交通便利。十字街正对位于古城中心的衙署，这一轴线南到老浮桥（现弋江桥）。另外还有以儒文化为主线的儒林街和庙会活动的城隍老街，这些东西向的街道在历史发展中重要性几乎超过了南北向，这与当时的水陆交通不无关系，以至于一定程度上使古城区域南北交通反而不畅。以"十里长街"为贸易中心的沿江商业线带动了当时芜湖的集贸旅舍产业的发展，并一定程度上刺激了商业手工业。

历史上的芜湖古城具有完备的机构建制，尤其在明清时期功能相当齐全。从目前保留下的建筑来看，包括了代表行政中心的衙署前门，代表经济的保赤局和南门钞关，代表礼制的城隍庙和县学宫文庙，代表司法的地方审判检察所和井巷模范监狱，以及代表防卫的练兵场和城墙遗址等等。目前这些古城重要机构的组成，虽已风光不再，但依稀仍能判断出旧时的规模和形制。现存建筑尤其以文庙学宫和衙署为代表的建筑群，南北轴线明晰，占地范围也较大，但改建较多，仅能根据历史城池图资料判断其主要布局。

古城中的建筑数量占绝对优势的是当地的传统民居，这也是自古城形成以来未曾更改的聚居功能。这些民居经过历代更替，现存的建造年代早自清代，而一些区块已经更新为现代的住宅小区。就传统民居来说，按样式主要以以下几个类型为主：江南传统徽派楼屋民居、殖民时期中西风格结合的宅邸、商贸及商住结合的楼屋、砖结构多层住宅等，如小天朝、雅积楼、段谦厚堂、潘宅等，俞宅、伍刘住宅、肖家巷民居等都是保存较好的典型。这些建筑并置共同形成了芜湖古城的建筑构成，也体现了各个时期的文化特点，虽说大致如此分类，但并不是绝对，因为很多建筑中间杂着各种元素并相互影响着。其中，在历史鼎盛时期的一些遗存，无论技术、质量还是文化、艺术等方面均属上乘，是古城内最能直观感受的历史文化遗产组成部分。

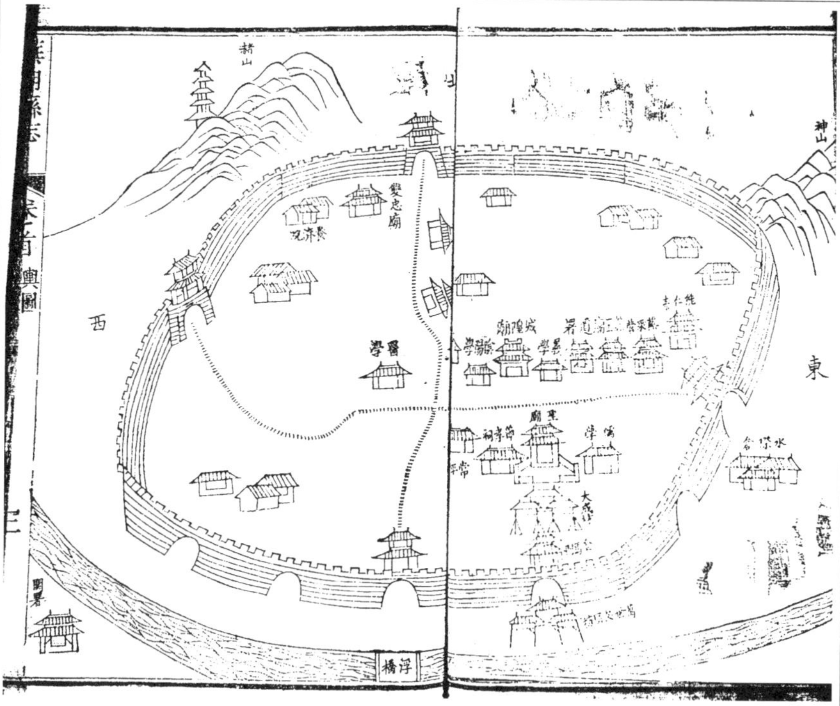

乾隆十七年版《芜湖县志》

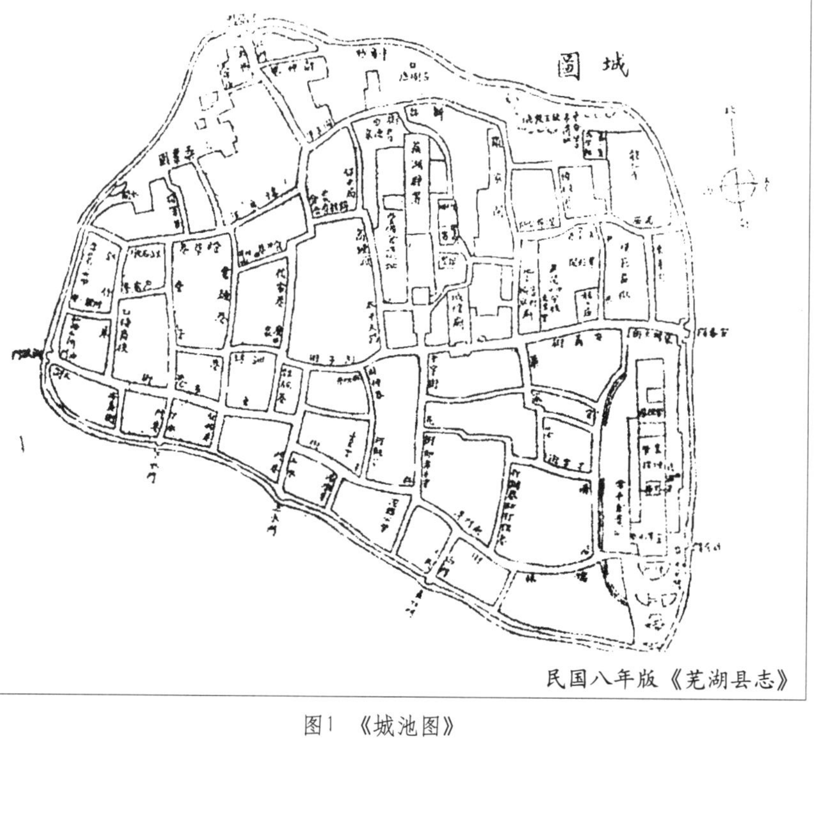

民国八年版《芜湖县志》

图1 《城池图》

二　多线并行的地方文化遗产

由于特殊的地理环境和历史地位，芜湖既表现出固有的悠久历史传统儒家文化底蕴，同时也表现出因贸易频繁带来的流动人口而产生的文化碰撞，呈现出多线并行的特征。这些文化具体体现在儒教礼俗、宗教典制、司法行政、外贸航运、民间手艺等多个方面。

儒教是徽文化中重要组成部分，影响到行政、商业、艺术、民俗等许多方面。自宋代南迁之后，徽州人中有许多是中原世家大族，还有一部分人是来徽州做官，后因社会变动或个人原因而留居徽州，这些人直接带来了先进的中原文化，形成了最初的徽州文化。之后，徽州人走出家乡主要通过做官和行商，对他们来说这两者都必须有文化基础，所以徽州文风兴盛，读书成为一种“十户之村不废诵读”的社会风气。芜湖古城内著名的学宫文庙便是在这个大环境下建立的，北宋元符三年（1100 年），始建芜湖学宫，崇明三年（1104 年）奉诏广拓为记其盛，县令林修之请礼部尚书黄裳撰文、米芾书写《县学记》，并刻碑立于宫内。清同治十年（1871 年）重建，现存的大成殿（图 2）系北宋至清末芜湖最高学府的主体建筑，殿东立有大书法家米芾的“县学记碑”。儒林街得名于文庙儒林考场，全长 363 米，东起东门之一的迎秀门故址（在环城东路），西至南门湾。儒林街两侧的也留下了许多故事，如文学名著《儒林外史》和《牡丹亭》都在这里孕育，仿佛在高墙深院里仍然能看到文人学士苦读诗书，挥毫创作，奋笔疾书的情景。

古城直到今日仍然呈现出明显的本土宗教影响，道教、佛教在儒教文化的晕染下仍然具有生命力，且体现出十分明显的民间化特征。城隍与道教文化具有密切的联系，城隍所供之城隍神也具有祁福平安的保护神作用。古城中的城隍庙建于三国吴赤乌二年（239 年）。据《明史》卷四九《礼志》三记述，这是有文字记载的中国最古老的城隍庙(图 3)。是人们为周瑜的副将纪信立了一座庙，把他塑成芜湖城的守护者，称为中国第一个城隍神。宋代还规定，地方官上任第一件事，就要去祭城隍。旧时古城的城隍庙建筑等级颇高，雕梁画栋气宇不凡，从现存

图2　学官文庙大成殿

于旧址（现美丽华歌舞厅）后侧的残存建筑构件中略可判断一二。如今城隍庙在规格上已经缩减至只有一间平房，唯独保存至今的是城隍祭拜的风俗，每逢相关的节日节令，庙前人来人往，香火不绝。

司法行政是古城遗产中十分引人注目的组成部分。自西向东具体体现在衙署到模范监狱一线。模范监狱代表的是现代刑法理念和制度的引入，该监狱于光绪三十一年（1905 年）晚清政府接受西方司法理念后逐步推行狱制改革。现存的十字型中廊式为主体的建筑遗存，是芜湖关道童德璋在知县屈承福的芜湖官牢上扩建后的大清模范监狱（图 4）。设纺织、缝纫、木作等车间，就地改造犯人，后命名为皖南罪犯习艺所。监狱废弃之后逐渐被改作居住，依然维持着威严肃穆的气氛，四周围墙和塔楼依旧耸立。展示着这座古城在历代战火的洗礼中，保持着强有力的行政司法治理之下的城市环境，也体现着其行政司法制度适应城市更新的近代化的过程。

此外，芜湖古城的形成和发展始终没有离开过对外贸易，即使是在开埠殖民时期，古城在内陆向沿海的物资交换中仍然扮演了重要的角色。青弋江古码头见证了芜湖航运事业对整个古城的推动作用。唐朝诗人李白在《下泾县陵阳溪至涩滩》中云:“涩滩鸣嘈嘈，两岸是猿猱，白波若卷雪，侧石不容舫，渔子与舟人，撑折万张篙。”可见在唐代青弋江上游就有舟楫往来。清朝嘉庆年间，载重 5 至 10 吨的“仙踏子船”曾沿河上行到仙源、石台。1898 年，芜湖商人创办的内河轮船公司已有小轮在青弋江上航行。明清期间，青弋江上的航运事业已日趋繁荣。明初黄礼描述:“芜湖附近距麓，舟车之多，货殖之富，殆与州郡埒。今城中外，市廛鳞次，白物翔集，文彩布帛鱼盐襁至而辐辏，市声若潮，至夕不得休。”清《四库全书》总纂官之一陆锡熊在《青弋江》诗中写道:“舸舰如鱼贯”。可

图3　芜湖古城城隍庙

图4　模范监狱

见当时的青弋江已是百舸争流的繁忙景象了。20世纪20年代初，湾沚商人合股购买小型柴油机客轮“支商号”开湾沚至芜湖航班。因此青弋江上商贸活动带动了整个古城的经济繁荣，刺激了地方商业的发展。

三　体现古城风貌的遗产构成

从芜湖总体的历史遗产成分来看，由于其本身文化因交流而产生多种方面的继承发展，呈现多元文化的融合。安徽在历史上具有传统商楚文化的根基，而其地理位置在春秋时被称为“吴头楚尾”，表现出文化交汇的特性。芜湖因其地位特殊，具有战略意义，历史上常年作为兵家争夺之地，表现出较不稳定的格局，古城虽然城址未变，但也几经拆建，经历了数次兴衰，也使芜湖的地方文化始终未能顺利地传承，使得很多文化表征都模糊不清，且现存物质化遗产年代跨度也较大，更新频繁，样式混杂。古城在上世纪八九十年代进行了一些建设性的尝试，在周边环城路沿街进行了现代化更新，将北门一带的商业重新带动起来。但是仅靠九华中路的商业化是不足以给古城带来新的活力的。外围出租的低端商铺未能充分结合古城的特色，反而在把古城包围在当中。伴以居住人

1.环城南路44号“冬瓜梁”

2.肖家巷28号柱头

3.薪市街28号栏板

4.儒林街“小天朝”前廊

图5　建筑中的细部特色

口基数大，建筑维修难度高，整体配套设施落后等诸多原因，古城内部近十年来反而更加衰落。

在古城固有的物质遗产背后，文化的动态和多样性也蕴涵其中。在当地人的意识和行为中也无不透露出其特有的文化背景，正如芜湖方言与周边也具有显著的不同，较接近于江淮官话，芜湖的文化遗产同样也较安徽其他城市更加官式化。到近代受西方影响明显，产生了许多西方资本建设的工厂公司和独立住宅等。建筑上与徽州本土形制发展自徽州民居但又存有区别，体量较小，布局也较传统样式更自由灵活；近代建筑式样上也具有较多的西化特征，但究其细部精细程度略逊于沿海开放城市，手法上也显得单一且复制成份较多（图5）。

芜湖古城文化自身的多样性，导致芜湖古城的遗产组成不能仅仅突出其中某一项内容，或某一个时期的文化特点，而必须在保护工作中体现其历来特有的包容和开放的特性。不可否认在芜湖的历史发展中有不少辉煌繁荣的时期，为芜湖的发展建设提供了丰富的经济基础，虽然现在留下的物质遗产非常有限，但一定程度上为古城基本风貌和格局奠定了基调，应当是芜湖古城保护利用的主线。整合现存能反映古城典型历史特征的物质文化载体作为主线，并充分将开放性表现在现存的多样历史建筑与环境，结合未来的古城街区和自然环境的发展需要形成必要的可扩展的接口。

参考文献：

[一]《芜湖县志》，乾隆十七年、民国八年版。

[二] 方平：《芜湖市志》[M]，北京，社会科学文献出版社，1993年版。

[三] 章征科：《从旧埠到新城：20世纪芜湖城市发展研究》[M]，合肥，安徽人民出版社，2005年版。

[四] 芜湖市文化局：《芜湖古今》[M]，合肥，安徽人民出版社，1983年版。

[五] 张卫：《关于芜湖古城内文物资源保护开发利用的调查报告》[J]，《芜湖职业技术学院学报》，2005年第7卷第1期，第25页。

【浅谈古建筑木结构材质状况勘查技术】

陈允适 · 中国林业科学院木材工业研究所

一 意义

我国木结构古建筑历史悠久，现存最早的木结构建筑距今已有近一千五百年历史。不同历史时期的古建筑在形式、构造及建筑风格等方面都有着不同的特点，因此，古建筑维修必须遵循修旧如故的原则。在古建筑修缮前必须进行现状勘查（普查）、编制维修设计方案、维修经费预算和报批等前期准备工作，以保证不失其历史价值和历史文化信息。

现状勘查是对古建筑各部分损坏情况做详细的、普遍的调查。在勘查的同时，要对现存古建筑做详细的测绘，以保留古建筑完整的图纸资料。

勘查内容包括木作、瓦作、油漆、彩画作及石作等各个工种的内容，这是一项非常细致的工作，需要相关专家、工程技术人员及有经验的工人师傅参加。

古建筑修缮前的勘查是区别于其他，如民建维修的一项重要的工作。一方面，通过勘查了解古建筑当前问题所在，为有针对性地制定维修方案提供依据；另一方面，在勘查中也可以获得大量的历史、文化、艺术信息，充实古建筑的档案资料。因此，古建筑木结构的勘查更有其特殊的意义。

木结构是中国古建筑的一大特点，无论多大规模，整座建筑全部靠木构架支撑。因此，木结构的坚固与否对整个古建筑是至关重要的。

由于材料本身的特点，木材很容易发生虫蛀和腐朽，特别当屋顶漏雨，空气潮湿时，木材腐朽速度更快。同时木材长期局部受压会造成劈裂和折断，这些都会成为结构的隐患。古建筑的修缮大多缘起于木结构的损坏，而木结构的损坏又多是由于木材的损坏造成的。因此，木结构材质状况的勘查近年来逐渐成为了古建筑维修前勘查内容中必不可少的一环。

二 勘查内容

自 20 世纪 90 年代，木结构修缮前的材质状况勘查逐渐进入专业领域，由木材专家对木构件的木材进行树种鉴定和材质状况评价，并对木结构损害的原因作出木材解剖学、生物学、环境学以及物理力学等方面的判定，为制定修缮方案和编制预算提供科学依据。

常见的材质损坏包括：

腐朽，种类、部位、范围及等级判定。必要时做腐朽菌的分离培养。

虫蛀，种类、部位、范围及程度判定。发现虫体时做害虫种类鉴定。

开裂，程度、部位、原因及对结构影响的分析。

断裂或劈裂，部位、程度，结合树种特性分析开裂的原因，以及对结构的影响等。

材质状况勘查是一项专业性较强的工作，它包括了木材学的一些基本学科，如木材解剖学、物理力学、木材化学及木材保护学，一些可行的无损检测手段还涉及物理、化学等专业学科。

三　木材的无损检测技术

无损检测的目的是在不破坏木材原有外形与结构的情况下，正确检测出木材内部的缺陷，同时借助无损检测手段还可以检测木材的某些力学性能指标，为判定古建筑木结构的承载能力提供参考。

目前，用于木材无损检测的主要方法有：X射线摄影、微波、红外线摄影、超声波、机械应力、振动法、冲击应力波、声发射及核磁共振法等。

（1）X射线摄影法

主要原理是利用射线穿透不同木材部位时吸收和衰减效应的不同，根据感光底片上的图像，直观地判定木材缺陷。该方法在20世纪80年代初西方国家的实验室内作为一种检验木材生物损害的有效手段就已经广泛应用。80年代末期，又开发了X射线CT扫描技术，通过计算机处理，可以得出木材内部缺陷的清晰三维图像，缺陷识别精确度可达95%以上。但该方法目前还只是停留在实验室阶段，鉴于古建筑结构现场的复杂情况，以及现场防护的难度，该项技术在短期内难以进入实用阶段。

（2）微波检测法

利用微波在不同介质中的传播速度和衰减速度的不同，研究木材不同部位和不同方向的差异，测定木材内部的缺陷，同时还可以测定木材含水率、密度及木材纹理等。

目前，微波法检测仪已成功用于木材工业中，这种方法不需与木材接触，即可以实现木材的快速检测，而且对操作者身体无害。当前由于适用于古建筑木结构现场的相应设备尚未开发出来，而且该方法检测时受木材含水率的影响较大，大大限制了它的现场应用。

（3）红外线检测法

原理是利用木材中极性基团或木材中的水分子对红外光能量的吸收强弱来判定该物质的数量多少或疏密程度。

目前，红外线摄影仍然只是一种尖端的军用技术，进入民用仍须假以时日。

（4）超声波检测法

它利用木材弹性模量（E）与超声波在木

材中传播速度的平方（C2）与介质密度（ρ）成正比的关系，借助仪器检测数值，计算出木材的弹性模量，并根据弹性模量与木材力学性质的正相关性，估算出被测木材的机械强度。

20 世纪 80 年代初期，中国林业科学研究院在实验室内对 11 种国产木材做了超声弹性模量的研究，结果表明超声弹性模量与机械法测量的木材弹性模量之间的相关性密切。

21 世纪初，中国林业科学研究院木材工业研究所对北京大钟寺钟架木结构的各个木件分别做了现场超声波弹性模量的检测，其结果与健康材比较，弹性模量下降约 30%。结合现场其他的材质状况（开裂、变形、腐朽、虫蛀等）的勘查结果，经过专家论证认为该方法可行，数据可靠，有推广的前景。同时根据木构件力学性能衰减情况，结合对木构件整体受力的分析，专家一致的意见是只须对木构件局部严重腐朽部分作剔补、加固及防腐处理，钟架整体结构承载力在一个较长时期内应不成问题。

研究中发现超声波的波幅和波形与缺陷的类型、范围和程度有着直接的关系，这方面还有待进一步深入研究。

超声波穿透空气能力很差，木材是一种多孔性材料，特别是内部产生裂缝、空洞以后，超声波很难穿过。超声波频率越高，穿透能力越差。目前，一些林业发达国家已经研制出了检测木材性质和缺陷的便携式超声波探测仪，但仍存在着一定的问题，如探测头与木材介质之间的耦合技术就是目前正在研究解决的重点课题。

同样，能够引起听觉的，频率在 0.02 ～ 20kHZ 的振动波也是一种对古建筑木结构进行安全评价的方法。与超声检测方法一样，声波传播速度与木材密度及木材弹性模量存在着同样的相关关系。在进行声应力波检测时，最好选用能进行振动波谱分析的应力波检测仪，声应力波波谱能提供被检测材料所有需要的条件和特征。

（5）机械应力检测法

采用机械方法施加恒定变形（或力）于被测试件上，测得相应的荷载（或变形），由计算机系统计算出试件的弹性模量和抗弯强度。木材工业中已经有可用于成材的在线应力分析，古建筑木结构的现场检测尚未见应用实例。

（6）应力波检测法

木材在振动或撞击下产生应力波，利用应力波传播速度与木材弹性模量之间的相关关系计算木材的弹性模量，并最终估算出木材的力学强度。

根据发力的不同，又有振动应力波和撞击应力波的不同。这种方法通过计算机处理可以得出木材内部开裂、节疤和腐朽等缺陷的相对准确的图形。目前已开发出多个探头（如24，48个）的现场使用的专用设备，利用这种设备可以得出木材内部缺陷的三维图像。

（7）核磁共振法

利用木材内部的极性分子或水分子对核磁共振光谱的吸收性质，形成核磁共振图谱或图像，从而直观地了解木材内部缺陷。该方法费用高，现场防护困难，目前仍仅停留在试验室阶段。

以上各种方法，在试验室中经过研究和实验，均已获得了成功，但由于客观条件和实际需要的原因，大多均未开发出现场使用的设备和仪器，特别是古建筑木结构的专用设备。一方面古建筑现场情况复杂、特殊；另一方面研发费用过高，设备专用性很强，增加了研发的难度和成本。而适用的无损检测手段对于国宝级的古建筑材质勘查又是非常必要的。因此，科研和使用部门联合，投入一定资金和精力共同开发适合现场使用的真正的无损检测设备是解决这一问题的最佳途径。

其中，超声波检测和X射线是较有希望的两种方法。两者在试验中均已经过研究和实用，得出了可靠的结果和图像，在现场也都做过探索性的使用。只要重点解决某些问题，如超声波的穿透性及探测头的耦合问题，X射线现场使用剂量和防护问题等，就能开发出适用于古建筑木结构现场勘查的无损检测专用设备。

四　木结构的微创检测技术

在目前，在还没有适合现场使用的无损检测手段，而又需要对木结构内部做检测的情况下，除了对可见部位直接作观测检查外，常用一些特殊的仪器、设备作木材内部的取样和观察。这些方法会对构件表面的地仗油饰造成微小的破坏，但可以取得构件内部比较详实的资料，是目前古建筑木结构现场勘查常用的手段。

（1）Pilodyn检测仪

它是一种检测木材表面浅层硬度的工具，原理是在固定力作用下，将微型探针（φ2毫米）打入木材内部，进针深度说明了木材的软硬程度。据此，与标准健康材对比判定木材的腐朽程度。木材腐朽后，材质变软，进针深度加大。根据进针深度的不同，还可以相对地判定木材腐朽的等级。

古建筑木构件上通常有地仗和彩绘层，特别是某些立柱地仗较厚，影响了Pilodyn使用的准确性，无地仗的彩绘层则影响较小。有时立柱地仗厚度达到1厘米以上，此时若不破坏地仗层，则该仪器便不能使用。另外，在检测时，由于针头很细，木材各部位硬度差异很大，如早材、晚材、树节及树脂道等，一般检测部位都要做多个测点，各侧点数值平均才能得出较为可靠的数据。

Pilodyn是目前国内普遍使用的一种木材腐朽状况的检测仪器，结果比较可靠，但它仅是对木材表面腐朽情况的检测，而且在做现场检测前，先应掌握与现场同一树种健康材的Pilodyn检测值。

（2）阻力检测仪

外文名 RESISTOGRAPH，是德国 Rinntech 公司近年开发的一种专门用于探测木材内部缺陷的仪器。它的工作原理是将直径 1.5 毫米的微型探针，靠软轴驱动将探针钻入木材内部（最深可达 100 厘米），探针前进时所遇到阻力不同，在记录纸上会反映为高低不同的曲线，该曲线可以清晰反映木材年轮、早晚材的变化。遇到特殊情况，如节疤、腐朽时反应为过高。过低曲线和数值。同时，还可以通过计算机分析处理绘制出进针平面木材内部缺陷的二维图形，用以直观地确定木材内部缺陷的程度和范围。

中国林业科学研究院木材工业研究所古建筑木结构与木质文物保护课题组引进了该设备，并成功地应用于故宫木结构材质状况的勘查，解决了多年未能做到的立柱内部及檐柱墙内部分材质勘查的难题。

（3）生长锥

这是一种手工工具，但它对于木材内部材质的勘查有着至关重要的作用。实际上它是一种手动（或电动）的空心钻，直径 5 ～ 6 毫米，钻入木材内部，取出一个完整的木芯，凭肉眼观察可以确定缺陷的种类和程度。同时，它可以做木构件树种鉴定的取样，特别是对于那些地仗完整而又有包镶的构件，生长锥取样几乎成了唯一可行的办法。

生长锥取样一般用于对构件内部腐朽的检查，钻取的洞较大，但直径 6 毫米的洞（目前最深取至 30 厘米）不会影响构件的承载力。一般目前做法是取样后，用经防腐剂浸泡过的木条塞入孔洞内，表面用腻子和油漆复原。

上述三种手段均已经过实践的检验，是目前做古建筑木结构材质状况勘查的有效手段。但任何一种方法都只能反映一个检测点的情况，它只能确定该检测点的腐朽。为了准确地确定腐朽范围，应该做多个点的检测。我们在使用阻力仪检测时，进行了多点检测，并根据检测结果成功地绘制出了立柱内部腐朽部位、范围图。为了在无损或微损情况下更准确有效地检测木构件内部材质状况，要做的工作还很多。

古建筑木结构使用树种较多，有必要在大量实验室工作的基础上掌握每一树种的健康材和腐朽材的标准图谱，以便更准确地判断木构件的材质状况。

五　腐朽和虫蛀等级的判定

在木结构材质状况勘查中要对木构件的腐朽和虫蛀加以标注和说明，

这是材质状况勘查的重要内容，也是做修缮施工设计的主要依据。

由于现场无损检测条件的限制，我国现行通用的标准仍然是根据现场目测和探查，并配合相应的野外实验而制定的。虽然使用了一些检测工具，如 Pilodyn、生长锥等，但仍然是一个点的局部数据，只能作为判定整体情况的参考。自从将阻力检测仪引进古建筑木结构勘查后，实现了对油漆彩绘木构件内部腐朽状况的微损检测，并能够勘测到基本可靠的木构件内部腐朽的状况。

腐朽和虫蛀等级分为五级，并分别标识为如表 1 所示：

表 1

级 别	标 识	级 别	标 识
无腐朽（虫蛀）	0	中腐（中度蛀蚀）	+ + +
轻微腐朽（轻微虫蛀）	+	重腐（严重蛀蚀）	+ + + +
轻腐（轻度蛀蚀）	+ +		

参照相关国家标准《木材天然耐久性野外试验方法》（GB/T13942.2-92），把各等级的腐朽和虫蛀列表说明如表 2、表 3 所示：

表 2 木材腐朽分级标准

级 别	标 识	腐 朽 状 况
无腐朽	0	材质完好，肉眼观察无腐朽症状
轻微腐朽	+	表面有可见的轻微腐朽，深度不足 2 毫米，对木材力学性能无影响
轻腐	+ +	表面可见较明显腐朽，腐朽深度 2 ～ 5 毫米，对木材力学性能无明显影响
中腐	+ + +	表面可见明显腐朽，腐朽深度 5 ～ 10 毫米，对木材力学性能有明显影响
重腐	+ + + +	木材腐朽至损毁程度，腐朽部位能轻易折断或刺入。木材已不堪继续使用

表 3 木材虫蛀分级标准

级 别	标 识	腐 朽 状 况
无虫蛀	0	材质表面未见虫眼，木材表层无蛀道
轻微虫蛀	+	观察范围内可见虫眼不超过 3 个，木材浅层仅有不相连贯的简短蛀道

轻度蛀蚀	＋＋	观察范围内可见虫眼不超过5个，木材内蛀道相连，深不足2厘米
中度蛀蚀	＋＋ ＋	表面虫眼5～10个，木材内蛀道交叉相连，蛀蚀深度超过5厘米
严重蛀蚀	＋＋ ＋＋	表面虫眼密布，木材内蛀道交错相连，整个木件成蜂窝状，强度完全丧失

以上判定方法和标准是多年实践的总结，在实际的勘查中操作人员及使用工具的不同，对标准的掌握会略有差异，因此，腐朽和虫蛀等级应该是一个定性的判定。实践证明，这种判定方法和标准对于修缮设计具有很高的参考价值。

六　木构件的树种鉴定

勘查中，利用勘查之便，对木构件取样做科学的树种鉴定，意义非常重大，木构件的树种配置也是古建筑保护专业人士特别感兴趣的内容。

我国以木结构为主的古建筑经过了几百年的风风雨雨，至今尚能保存良好，与合理的选材是分不开的，说明我国古代工匠对各种树木的木材特性已经有了全面的认识。但是，迄今为止，我国对古建筑用材的树种配置模式还没有做过系统的研究。至今，古建筑业内人士对古建筑用材的认识仍停留在“老黄松”、“金丝楠”、“铜铁糙” 等通俗的叫法上。在一些著名旅游景点的解说词中，还存在着大量不科学的、有时甚至是错误的对木构件树种的介绍，说明我们对古建筑用材树种的认识亟待科学化、规范化。

我国幅员辽阔，从南到北包含了热带、亚热带、温带、寒温带和寒带等广大的气候区，树种资源十分丰富。在古代，建筑结构用材大都是根据工匠的经验选定的。当时，我国森林和树种资源都很丰富，可供选择的木结构用材树种很多，选择的范围很广。到了近代，由于战争、毁林开荒等原因，我国森林资源遭到了严重的破坏，森林面积缩小，能够用于建筑结构的树种不断减少，有些已近灭绝，建筑结构材所用树种也随之发生了很大变化。这些变化从不同时期建筑所用木料及后来历次修缮所用木料树种的变化即可见一斑。同时，尽管当时对树种的选择有一定的合理性，但是历经数百年后，这些树种木材的性质必然发生不同程度的劣化。因此，对古建筑结构材做系统的树种鉴定，通过对不同树种用材性质的综合分析，彻底弄清我国古代建筑用材树种的选择思路和选择依据，不仅可以为古建筑修缮中选择木料提供科学依据，同时，也可以为我国古代建筑史研究及古代森林分布的研究提供参考。

世界上很多国家的古建筑研究和考古学研究都把木材研究作为重要的内容。通过对木材的研究获得了很多有关社会发展和人类文明进步历程的宝贵信息。

埃及古王国时代（距今约4500年前～6000年前）三大金字塔中胡夫王（khu-fu）的金字塔侧面地下室中发现有木船，从中采集木片鉴定结果发现是香柏或香柏的近缘种。这种树木自古以来就被认为是强度和韧性好，耐久性强，具有光泽和芳香的价值很高的木材，而且人们用这种树木提取的精油浸泡棉布，用于包裹死者，使尸体能够长期保存。这种香柏主要分布在黎巴嫩，埃及没有分布，说明远距离的木材运输在埃及古王国时代就已经开始了。

日本的森林面积占国土面积的70%，在这种背景下，自古以来以木结构建筑、木佛像雕刻为中心的木文化非常发达。日本从20年前开始对现存古建筑结构材和遗址出土的木材进行调查。通过调查人们对延续至今的木工技术的重要性的认识不断增加，把木材和木文化也列入了文化遗产，使木文化遗产得到了法律的保护。同时对木结构古建筑的树种选择开展了大量的研究，对平城宫遗址、太宰府遗址、御子谷遗址、藤原宫及周边遗址的调查发现，建筑材中使用最多的是日本扁柏，并且首次发现材质坚硬，耐水性和耐酸性很强的日本金松也用在古建筑上。日本金松是有名的棺木材料，由于这个树种在日本仅有一科一属一种，天然分布很有限，而人工造林困难，过去人们认为不可能作为建筑材使用。考古学研究成功说明历史上日本金松在日本的分布比现在要大得多。

日中尼雅遗址联合调查队在中国新疆维吾尔自治区的尼雅遗址进行调查时，采集的样本中，除了古建筑遗址的柱材和木制品外，还采集了部分活立木标本。树种鉴定结果，发现当地古建筑的柱子绝大多数使用的是胡杨，此外还有部分杨属的其他树种。出土的木制品主要有棺木、木瓶、弓箭、木箭、木碗、木斧、木锁等。这些木制品绝大多数使用的是胡杨，此外还有旱柳、杨属的一些树种和沙枣等。研究结果说明尼雅遗址中的建筑材和木制品使用的几乎都是当地的树种。

考古研究成果表明古人很早就认识到不同树种木材的性质不同，能够根据用途选择使用木材。弄清树木和人类的深厚历史关系对研究人类文明和发展史具有重要的意义。

七　木构件材质状况勘查报告

任何正规的材质状况勘查最终都要提出正式的“勘查报告”。勘查报告除正文以外，还应该附有：勘查原始记录表、木材缺陷典型照片、仪器检测结果（如阻力仪、应力波和超声波等）、树种鉴定报告及菌、虫鉴定报告等。

勘查报告正文应该包括：任务简介、勘查建筑物简介、近年修缮情况、勘查方法、所用仪器及记录表达方法的说明。重点是勘查中发现的问题，并尽可能从专业角度提出对策和建议。其他内容作为附件。

附件一：勘查记录表。它是现场勘查原始记录的整理，包括了勘查的所有木构件材质的基本状况，如含水率、开裂、腐朽、虫蛀的部位、程度及范围等。

附件二：木材缺陷照片。应注明拍照日期、建筑及构件名称。

附件三：仪器检测报告。鉴于建筑物的不同情况，不是每次勘查都使用特殊的专门仪器，但若使用时，应提出专门、完整的仪器检测报告。

附件四：木构件树种鉴定报告。正式树种鉴定报告应附有木材三个切面（横切、弦切、径切）的显微照片。若不做专门研究，不必要对勘查的每一构件均取样做室内树种鉴定。但对于重要的构件，如柱、梁、檩、枋等，特别是缺陷严重，准备更换的构件，均应做正式的树种鉴定。鉴定报告中还应对该树种木材的相关物理力学性质及特性做必要的介绍，以供修缮时选材的参考。

附件五：菌、虫种类鉴定报告。勘查中若发现虫体或生活的木腐菌子实体则应做生物学上的鉴定，并提出正式报告。报告内容应包括菌、虫种类，生活习性及防治方法等。

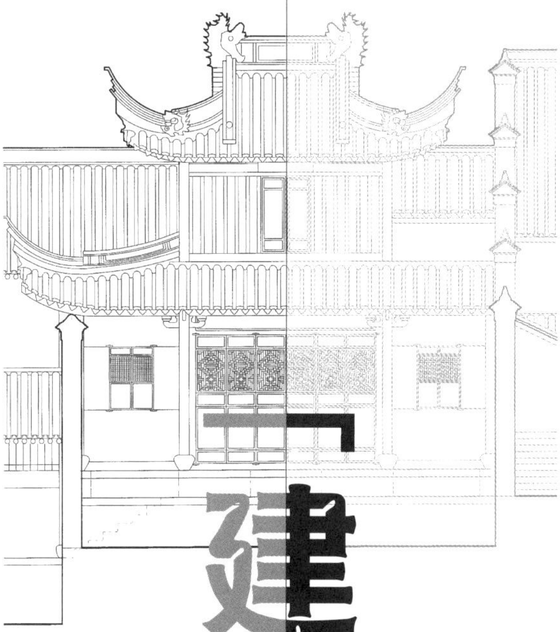

「建筑文化」

贰

【五台山地区传统石作考析】

张昕·北京工业大学
建筑与城市规划学院世界文化遗产保护研究中心
陈捷·北京市古代建筑设计研究所

五台山是我国四大佛教名山之一，号为“华北屋脊”、“清凉圣地”，因其传为文殊菩萨道场，故早在千载之前即已蜚声海内。时至今日，更在西班牙塞维利亚举行的第33届世界遗产大会上被正式列入《世界遗产名录》，成为中国第38处世界遗产。五台山地区的传统石作主要集中于分别出产优质青白石与汉白玉的山西定襄县青石村与河北曲阳县东西阳平村。其余如山西寿阳县、平定县，河北阜平县等地亦有石作分布。

一 五台山地区的石作历史与特色

（一）石作发展历史

五台山地区具有明确纪年的石作很少，且多无匠师名称与乡贯，很难判断其具体产地。但通过对少量有明确题记的实例比对，以及对作品用料、技艺特征的分析可以大致看出，五台山周边早期的石作中心是河北省曲阳地区，而当时青石地区的石作技艺并不发达。

现今五台山地区可见的最早石作实例当属佛光寺内保存的汉白玉释迦造像，造像下部铭文载：“大唐天宝十一载十一月十五日博陵郡陉邑县西子□□为国敬造台山佛光寺无垢净光塔玉石释迦牟尼佛一躯”（图1[一]）。唐代的博

[一] 营造学社汇刊载五台山佛像铭文，中国营造学社，《营造学社汇刊》第七卷第一期，第58页。

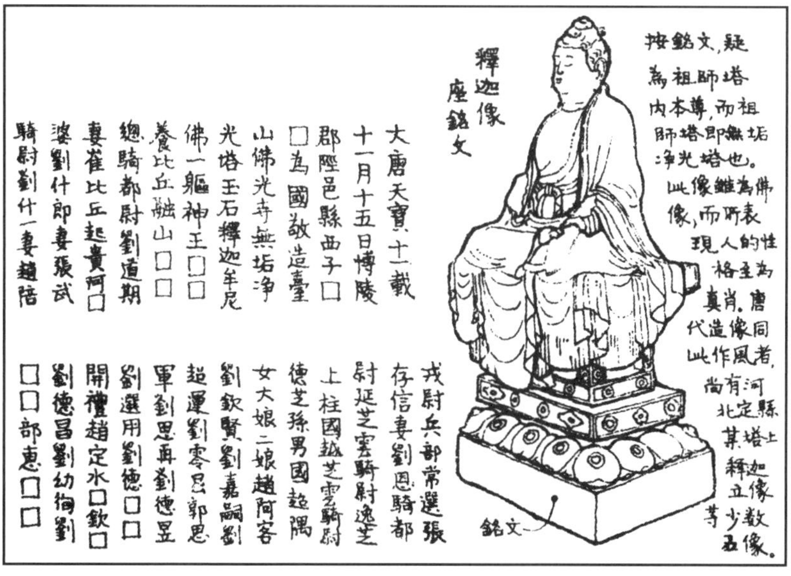

图1　佛光寺唐代汉白玉释迦牟尼像铭文

陵郡陉邑县即今河北省定州市邢邑镇，距同属定州市的河北省石作中心曲阳县不足百里，且造像用材为曲阳当地特产的汉白玉石料。结合题记，可以认为此造像为河北曲阳匠师所作，而与青石地区无关。

自唐以降，五台山石作宋代的现存实物有以广化寺十功德正塔为代表的一批石塔与经幢,但亦无匠师记录。考其用材为绿色片岩，与本地出产石材非常接近，故可能为本地匠师所为。其工艺虽不及曲阳地区繁密，但极具生气（图 2）。至清代咸丰年间，于原平市

图2　广化寺十功德正塔

阳武村出现了本地匠师制作的朱氏牌楼。此牌楼一主二配,技艺已达到很高水准(图 3[一])。

自清代中期后，五台山地区的石作技艺水准仍在持续攀升，至清末民国时期更发展到顶峰，涌现出龙泉寺牌楼、阎父陵园牌楼、阎父碑楼等一系列优秀作品(图 4[二])。然而，在 1937 年日寇发动侵华战争后，市场需求基本断绝，五台山石作也陷入全面衰退。虽然到上世纪 50 年代仍有一批匠师能够做出如太原迎泽公园七孔桥那样的优秀作品，但整体水平已大打折扣。自 50 年代至改革开放前，受到国家政策导向的影响，传统石作工艺在建筑领域几无用武之地，大量匠师被迫放弃石作行业而改投他门。此时，仅个别匠师凭借少量的古建维护工作或制作外销工艺品的机会来传承技艺。如青石匠师武秋月即服务于县工艺品厂，专事小型石雕。至此，五台山地区的石作行业彻底陷入低谷。

至改革开放后，五台山地区的寺院逐步开始恢复宗教活动，民间新建住房亦逐步增多。这些需求的出现，给五台山石作带来了

图3　原平朱氏牌楼

图4　河边镇阎父牌楼与碑楼

新的发展契机。然而此时无论寺院还是个人，资金均很有限，对石作、尤其是石雕的要求仅仅是修旧补新，解决有无问题而已，对作品水准的要求不高。因此，造价便成为当时工程成败的核心所在。青石匠师此时尚多秉持着声誉第一的原则，不肯降低质量附和市场需求，故而在竞争中往往落败于河北匠师，只能惨淡经营。

时至2000年前后，伴随着中国经济的快速起飞，宗教文化事业得到了飞速发展，各寺经济状况开始大大改善。不仅自给而且有余，改扩建工程层出不穷，主持僧众的鉴赏水平与能力也在不断提高。由此，开始出现了对精湛技艺的大力追求。随着优质优价逐步为甲方认同，传统技艺体系得到了大力恢复，整体水准也日渐提高。靠着精湛的技艺，青石匠师重新夺回市场的主导权，稳固占领了五台山及其周边市场。

（二）石作风土特色

青石村是具有悠久历史的石作专业村，其早期历史虽已无法考证，但至迟在清代中期已拥有非常发达的匠作体系，现今石作仍是村内主业。在经济日益发展的大背景下，整体技艺正不断发展与创新，匠师水准在山西乃至全国依旧保持一流。青石地区石作的特色主要在于石牌楼、碑楼等石制仿木结构的制作。此类建筑除雕饰细腻、雕工繁复外，结构技艺亦为一大特色，此即匠师所谓的“架道”。

现今青石与曲阳两地石作各具优势。曲阳石雕继承了唐代以来的传统，精于人物形象的刻画，以造型细腻逼真取胜；青石地区则以石构工艺取胜，在雕饰上亦有相当水准，优秀者完全可以与曲阳的顶级匠师比肩（图5[三]）。

[一]　下图转自李玉明:《山西古建通览》，第143页。

[二]　左图为阎锡山故居展品。

[三]　右图转自肖卫松、宋献科:《卢进桥雕刻艺术》，第19页。

武秋月早期作品——渡海观音　　武秋月早期作品——双狮　　曲阳名匠卢进桥代表作——天女散花

图5　青石与曲阳匠师石雕作品

就现今作品来看，一些河北匠师长期以来严重依赖电动工具，在质量控制上又不甚严格，遂使石雕作品的水准出现了某种程度的退化。反观青石匠师，则较好保持了传统的工艺特色与质量控制体系，这也使得青石匠师在五台山石作实践中反倒可在工艺的细致程度上略胜一筹[一]。

青石村之得名，源于村南的青石山。民间传说是村中董氏兄弟自外地挑来一块巨石，到此化为青石山。由此村民奉二人为山神，早年山上尚有山神庙，早晚奉祀不绝[二]。当地山上所产青石是清末至民国时期许多杰出作品的主要原料，如阎父陵园及功德碑楼、阎锡山故居石作、原平朱氏牌楼等。新中国成立后，主要用于各类园林景观建设，如在省城太原迎泽公园修建的两座石桥。这种材料一直持续使用至 20 世纪 80 年代初。改革开放后，由于个人承包施工模式的出现，青石地区高昂的原料价格成为盈利的重要障碍，河北井陉石材则以其价廉物美而迅速占领了市场（表 1）。直至今日，情况也大体如此。

二　五台山地区的石作类型与命名

（一）石作类型

石材具有坚固耐久的特性，除作为单独的建造、雕饰材料外，一般用于建筑工程中的基础部分。就五台地区而言，常见的石作类型可分为两大类，即建筑装饰类与生产生活类。建筑装饰类包括与结构相关的土衬、石沿条、柱底鼓、石栏杆、石迎风、石门券、须弥座等，以及单独出现的石牌楼、石碑楼、石桥、夹杆石、石碑碣、石墓冢、石兽等。生产生活类

表 1　　青石地区石材使用现状表

石材种类	石材产地	石材特性	使用情况	原因
青白石	五台地区	色泽白皙，硬度大，韧性好且耐久，是最佳的雕饰原料	基本不使用	开采困难，价格高昂
大青	五台地区	色泽青灰、局部有黄色瑕疵，韧性大、耐久性好，是优质的雕饰原料	基本不使用	开采困难，价格高昂
黑蛋	五台地区	色泽青灰、局部有黄色瑕疵，韧性较差、耐久性好	不使用	石性较脆，不利雕饰
小青	五台地区	色泽青灰，瑕疵较多，韧性较差，耐久性好。	不使用	质次价高
井陉大青	河北井陉地区	色泽青灰，瑕疵少，韧性稍差，耐久性好，是较好的雕饰原料	广泛使用	质优价廉
井陉小青	河北井陉地区	色泽青灰，瑕疵略多，韧性较差，耐久性好，可用于建筑次要部位	广泛使用	质优价廉
汉白玉	河北曲阳、北京房山地区	色泽白皙华丽，韧性较差，不耐久	不使用	材料来源困难，价格高昂，且石性不适合用作建筑构件
草白玉	河北曲阳、北京房山地区	白色间有杂质，韧性较差，不耐久	不使用	材料来源困难，石性不适合用作装饰或结构构件

主要包括石碾、石磨、石臼等日常用具以及碌碡、石礅等。其中最常见、最能体现五台地区石作特色与水平的当属石牌楼、石碑楼、须弥座以及石墓冢。其中石牌楼堪称五台地区石作工艺的最高成就，典型实例为龙泉寺牌楼、阎父陵园牌楼以及原平朱氏牌楼[三]。此类牌楼均为仿木结构，结构复杂、制作精细，雕饰华丽繁复、玲珑剔透。作为纪念性建筑的石碑楼仍然多为仿木结构，常见者为四边形，其中河边村口的阎父功德碑

[一]　关于现代技术与市场条件下石作技艺与经营的演化情况，另有专文详述。

[二]　政协山西省定襄县文史资料委员会编：《定襄文史资料》第七辑[J]，1996年第15期。

[三]　青石地区将此类建筑统称为牌楼。当地所谓牌坊，相当于官式做法中的冲天牌楼，在青石未见实例。

楼[一]可称顶级。此外，作为建筑台基的须弥座同样具有极高的水准，阎锡山故居内的须弥座即为典型（图 6）。至于石墓冢，则是当地的一种特色石作。

（二）石作命名系统

青石当地虽然不似河北一些地区的匠师那样长期参与北京官式建筑的营造，但因其全面持久地参与了五台山佛寺建筑的建设，故也在工程做法和命名体系上显示出清代官式做法的突出影响。与此同时，其地方特色依旧得到了较好的保持（表 2）。

须弥座在当地亦称束腰莲瓣座。其上方插接栏板的构件叫座栏，是非常形象的称谓。青石须弥座的做法与清式须弥座类似，但上枋与下枋略薄，一般不施雕饰，束腰两侧的巴达马略大，底层的圭角则不一定出现。须弥座转角处多有精美的紧系扣，较之官式马蹄柱子的做法更显细致华丽。其间莲瓣的雕饰也颇为细致，制作时称“抠莲瓣”（图 7）。

建筑物的台阶之下通常做有土衬。土衬仅以表层露出地面，故而对石件的厚薄与齐整要求不高。至垂带下方，土衬上要开卯以插垂带，当地称作海钵。柱底的构件通称柱础，其形式很多，如呈鼓状便称为柱底鼓。石桥端部的构件称为抱鼓，至立柱两侧则称扶平戗。二者虽然形似，但一为横、一为竖，于是产生了不同的称谓。在山西地区，牌楼上戗柱与立柱相交处往往安有吞口，寺院建筑中露明的木柱上方也安有泥塑的吞口。吞口还出现在石桥的龙门券等处。其原型相传为龙生九子中的一个，性贪吃，甚至于自食其身。因此，所有的吞口造型都是有头而无身。

（三）石墓冢形态探源

石墓冢是五台山地区独有的特色石作，也是墓主身份与地位的象征。石墓冢早期一般与石牌楼、石像生等配套出现，现今则多

表 2　　**石作名词对照表**

清代官式	山西五台地区	清代官式	山西五台地区	清代官式	山西五台地区
明间	大间	地栿	座栏	须弥座	束腰莲瓣座
次间	小间	栏杆	栏板	罨涩砖（宋）	冰盘沿
土衬石	土衬	望柱	栏柱	上下枭	莲瓣
阶条	沿石	抱鼓石	抱鼓	平板枋	龙门枋、过梁
角柱	各角	巴达马	莲瓣	额枋	卧栏
砚窝	海钵	马蹄柱	紧系扣	垫板	立栏
礓礤	马尾礓礤	混雕	混雕、圆雕	方心	盒子心
御路	御道	透雕	玲珑剔透	楞线	皮条
垂带踏跺	垂带打跺	浮雕	起台	垂莲柱	垂柱、垂头
如意踏跺	西洋打跺	券心石	龙门券	角部、仔角梁	挑角
柱顶石	鼓磡、柱底鼓	滚礅石	扶平戗	走兽	铁马

图6　五台山地区与官式须弥座比较

[一]　阎父碑楼为六边形仿木结构，甚为罕见。

图7　五台山地区石作构件名称

青石村现代石制墓冢

阎父陵园墓冢

图8　墓峦对比

单独使用。墓冢一般由三部分构成，底部为石制圆形或多边形基座，当地称为墓峦；上部为石质或土质半球形墓丘，当地称为宝顶；最上方为类似塔刹的墓顶，分为莲花墓顶和升托墓顶（无莲瓣、莲叶）两种（图8[一]）。墓冢整体形态颇为奇特，与印度佛教中的窣

表3　　五台山地区主要墓塔形制简况表

祖师塔	无垢净光塔	大德方便和尚塔	解脱和尚塔
北魏（北齐） 砖制六角两层楼阁式	唐天宝十一年 砖制八角带须弥座	唐贞元十一年 砖制六角单层楼阁式	唐长庆四年 砖制方形双层楼阁式
玄觉大师塔	**臬公和尚塔**	**弘教大师灵骨塔**	**木叉祖师塔**
北汉天会七年 砖制六角两层楼阁式	金太和五年 砖制六角单层楼阁式	元代修建 砖制六角六层楼阁式	唐建明修 砖制六角两层楼阁式
孤月禅师塔	**室利沙舍利塔**	**□明大和尚塔**	**妙峰祖师塔**
明代修建 石制喇嘛塔	明宣德九年 石制喇嘛塔	明嘉靖二十七年 石制喇嘛塔	明万历四十年 石制六角六层楼阁式
章嘉国师塔	普济和尚墓塔	岫净文公大和尚塔	
清乾隆五十一年 石制喇嘛塔	民国六年 石制喇嘛塔	民国建 石制喇嘛塔	

堵坡有类似之处，由此其形态来源就成为一个颇值得探讨的问题。究竟是五台山地区长久以来沿用窣堵坡形态作为民间墓葬样式，还是民间传统墓冢受当地佛教建筑影响而逐步产生了此种样式？因资料有限，笔者于此仅试作探析。

由于年深日久，五台山地区历代民间墓冢的地上部分多已无存，考究墓冢的形态来源只能从保存较好的僧人墓塔入手（表 3）。综观五台地区僧人墓塔，其形制在南北朝时期已明显中国化，呈现出仿木楼阁特征，与窣堵坡相去甚远，佛光寺内祖师塔即为例证。随后出现的多座唐代与金代墓塔亦大致类似。元宪宗七年（1257 年）八思巴抵达五台山朝礼之后，喇嘛教开始传入五台山地区，喇嘛塔形式也逐渐随之被广泛使用。其现存最早实例，当为代县城内元至元十二年所建阿育王塔。至此之后，五台山地区的僧人墓塔逐步开始出现石质喇嘛塔形式。至清代，僧人墓塔已普遍采用藏式喇嘛塔形式（图 9-1）。整体而言，现今五台山地区未见具有明显窣堵坡特征的墓塔遗存。

[一] 右图为阎锡山故居展品。

反观民间墓冢的形态发展，目前最早的实例可见于 1907 年法国汉学家沙畹（Edouard Chavannes）在定襄地区所拍摄的照片（图 9-2）。此外，

9-1

9-2

图9　僧人墓塔与早期墓峦对比

就是民国中期的阎父墓冢。通过对比可以看到，该地一般墓葬均为传统的土丘墓，很多上置莲花墓顶。高等级的则类似阎父墓冢，采用土质宝顶配合石制墓峦及墓顶的形式。考虑到阎父墓地代表了当时的最高形制与技术水准，可以认为早期墓冢均为土石结合的形式，石质宝顶则为近年来为适应厚葬需求而出现的新产品。就此可知，定襄当地墓葬仍为地下开挖墓穴、地上堆砌墓冢的传统葬法，与“高积土石，以藏遗骨”的窣堵坡葬法完全不同。其墓冢形态更类似于传统墓丘与佛塔的结合，相当于在传统的土质半球形墓丘中加入了佛塔的基座与塔刹。

总之，此种墓冢的出现可以看作佛教文化传播渗透的结果，是世俗百姓在五台地区浓郁佛教氛围的影响下，为彰显身份而借鉴佛教建筑的结果。当然，就目前所掌握的资料而言，亦不能完全排除五台民间保留早期佛教习俗、沿用原始窣堵坡形制作为墓冢样式的可能。但是考证诸文献，五台地区佛教的传入可以确认的最早时间为北魏。而此时佛教建筑的样式已明显中国化，五台民间得以接触乃至继承原始窣堵坡形态的机会很小。同时，在外部持续变化的佛教文化冲击下，很难想象原始窣堵坡形态在民间能够一直保留至今。

三　五台山地区石作的图纸标注系统

（一）计数符号体系考析

通过匠师访谈可知，早期五台山地区的传统匠作中存在着两套计数符号，即苏州码（代县地区）和驮炭码（青石地区）。实际上，从匠师所书字型可知，二者是完全相同的。此外，匠师亦提到此种计数符号是商人记帐所使用的。考诸文献可以看到，早年晋商确实采用了一种被当今学者称为“汉码字”[一]的计数符号。这套字符虽与匠师手书有细微差别，但二者显然属于同一符号体系。

“苏州码”之名似乎暗示此种符号是来源于苏州地区的。那么，江南地区的计数符号如何传播到遥远的山西境内，又成为山西地区传统工匠与商人广泛采用的计数符号？晋北地区长久以来流传着与苏州相关的“扁担”歌谣在一定程度上给出了答案。五台地区的《扁担歌》[二]唱道:“扁担扁担软溜溜，担上黄米下苏州。苏州爱我的好黄米，我爱苏州的盘头大闺女”。与之类似，临近的大同地区也有此类歌谣，如《一条扁担软溜溜》[三]歌谣唱道:“一条扁担软溜溜，担上黄米下苏州。苏州爱我的好黄米，我爱苏州的大闺女”。由此可见，自明代以后晋商逐步崛起，晋北地区与江南的商贸交流日渐频繁。大规模的商业贩运和票号交易自不必言，象贩运黄米这样的小本经营也可下江南、走苏州。商人们在当地学习流行的计数符号，回乡后继续使用也就不足为奇了（图 10[四]）。

苏州码具有相当悠久的历史，其字型来源于早期的算筹运算中数字的表达，基本形式早在南宋时期就已形成。在南宋秦九韶的《数学九章》里，就已然出现了苏州码[五]，当时亦称“草码”[六]。至明代以后，珠算逐步普及，计数普遍采用南宋的“草码”。明程大位的《算法统宗》称之为“暗码”[七]。暗码这个称呼充分说明此码当时已进入商业领

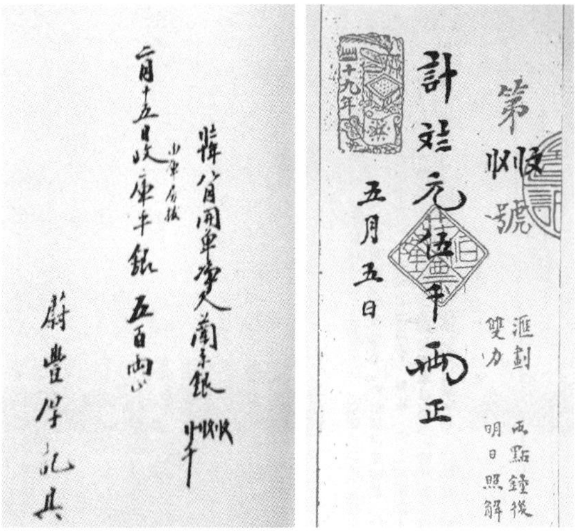

山西蔚丰厚票号收据　　上海恒隆票庄汇票

图10　商用苏州码

域，作为一种不为常人所知的暗记使用。此后，“暗码”中代表5和9的字符分别产生了进一步的简化，最终形成了被称为“苏州码”的计数符号体系（图11[八]）。

（二）苏州码的优势及其使用方法

中国近世常见的传统计数符号包括大写会计体与小写体两种。为何商人在使用这两种符号的同时还会采用新的“苏州码”体系呢？原因就在于苏州码的易学易用。对比三个符号体系可以看出，会计体是最严谨可靠、最难篡改的，因而一般用于具有档案性质的重要账簿记录，即会计学所称的“誊清账”（表4）。

表4　计数符号特征对照表

符号体系	符号内容	字型组成元素	字型元素数量	最简、最繁比划数	易学易用程度
大写会计体	零、壹、贰、叁、肆、伍、陆、柒、捌、玖、拾	零、壹、贰、叁、肆、伍、陆、柒、捌、玖、拾	11	6、13	难使用
小写体	0、一、二、三、四、五、六、七、八、九、十	0、一、四、五、六、七、八、九、十	9	1、5	较易使用
书面体苏州码	0、〡、〢、〣、〤、〥、〦、〧、〨、〩	0、〡、〤、〥、〦、〩	6	1、4	易使用
手写体苏州码	见图12	0、〡、〥、ㄥ	4	1、3	极易使用

[一]　黄鉴晖等编：《山西票号史料》（增订本）[M]，太原，山西经济出版社，2002年版，第1218页。

[二]　原平民间文学集成编委会编：《原平民间三套集成》，1987年版，第22页。

[三]　大同市十大文艺集成办公室编：《大同民间歌谣集成》，1989年版，第34页。

[四]　左图转自黄鉴晖：《山西票号史料》，图版2；右图转自傅为群：《上海钱庄票图史》第37页。

[五]　白寿彝：《中国通史》第八卷下[M]，上海，上海人民出版社，1997年版，第653～655页。

[六]　郭道扬：《会计发展史纲》[M]，北京，中央广播电视大学出版社，1984年版，第233页。

[七]　同［五］。

[八]　图转自白寿彝：《中国通史》第八卷，第653～655页。

在日常账务记载中，小写体一般用于“细流”账，也就是每日的日交易记录，一般在营业结束后根据“草流”账仔细誊写。而“草流”账则是每日营业时的即时记录。面对短时间内大量简单数字的书写，人们力求简单快捷、易学好用。小写体虽比会计体简化很多，但是相对苏州码仍不够简便，因此“草流”便广泛采用苏州码来书写[一]。具体而言，从与学习难度密切相关的字型元素上看，小写体从 0 ～ 10 共 11 个字符，其中不重复的字型元素为 9 个；苏州码类似阿拉伯数字，只有 0 ～ 9 共 10 个字符，书面体中不重复的字型元素为 6 个。实际上，在匠师的手写体苏州码中，〤写成很随意的 ×，可以看作〡的斜向交叉；〦通常简写作ㄥ，由此〥可以看作是〦与〤的组合（图 12）。这样算来，手写苏州码的最基础字型元素仅有四个，为会计体的 1/3，小写体的 1/2。从与书写速度密切相关的笔划上看，手写体苏州码最简为一笔，最繁仅为三笔，无疑大大优于会计体与小写体，亦能满足一般商业活动中文化不高的基层人员快速学习及大量记录的需要。

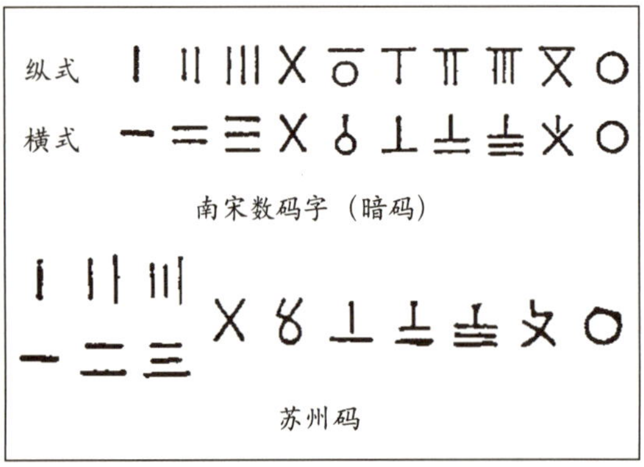

图11　暗码与苏州码对照图

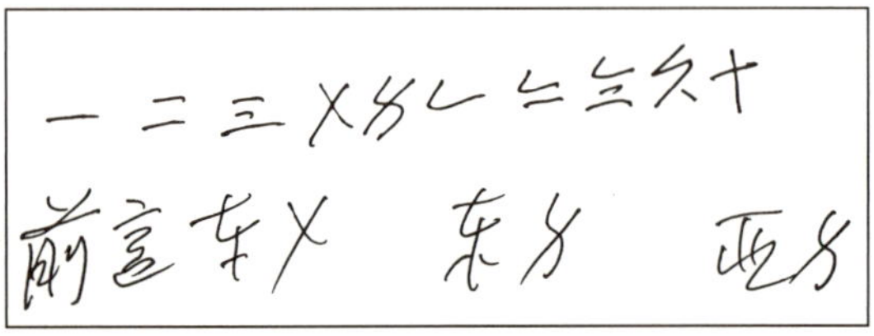
图12　五台山地区木作苏州码使用示意

对于文化程度普遍较低、通常目不识丁的传统工匠而言，简便易学的苏州码显然是满足其计数需求的最佳选择。由此，工匠学习苏州码作为计数方法也就顺理成章了。代县古为代州，系五台山地区的首府所在。其商业发达，工匠遂直接继承了苏州码的叫法。相对而言，青石地区商业不甚发达，但五台山南部地区盛产煤炭，由此出现了兴盛的采煤业。当时运输以牲畜驮带为主，固有驮炭的说法。清季五台名人徐松龛所作《驮炭道》[二]一诗前序云：“五台南界产炭，山路高险，俗称驮炭道。民间农隙皆以驮炭为业”。煤炭运销自然而然会产生记数需求，苏州码便流布于此，被称为驮炭码而流传至今，在各类匠作内都得到了广泛使用。

苏州码的使用分为两种。一种是纯苏州码方式，例如 157 可以表达为〡〤〧。但是当出现诸如 123 时，就必须采用纵横交叉制来防止误读，此时就写作〡二〣。然而，单纯的数字表达并不能满足各行业的特定记录需求，由此苏州码便与一些连续符码结合在一起使用，形成各类组合方式。例如在山西省介休市后土庙琉璃照壁上，可以看到苏州码与易经卦辞结合使用，为琉璃构件排序的做法。此照壁壁心共由四横四纵 16 块琉璃构成，自上至下分别命名为元亨利贞，自右至左则为苏州码〡、〢、〣、〤，由此非常简单有效的区分了构件的位置（图13）。上述组合方式虽然满足了简单标记的需求，但对于表达商业与营造中复杂的货币、尺寸单位就无能为力了，由此便产生了独特的重叠式记录格式。

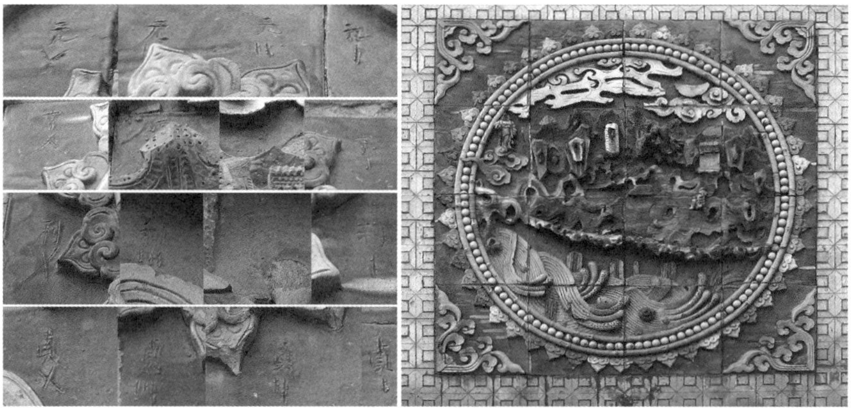

卦辞与苏州码组合　　介体后土庙琉璃照壁

图13　苏州码在构件位置标识中的使用

在这种格式里，数据分为上下两行，上一行为纯苏州码，下一行则为千百十、元角、尺寸等各类单位。例如商业中的一千二百五十两四钱三分白银写成〡千 二百 〥十 0两 〤〣，营造中的十五尺六寸则可写成〡十 〥尺 〦。

（三）图纸系统

就五台山地区石作图纸系统的变迁而言，早期由于匠人文化水平低下、缺乏技术手段与统一的技术标准，图纸均为手绘草图，所绘往往不是比例图，且一般只绘出基本结构，并粗略标出相关尺寸。因此，构件的细部权衡和分件尺寸往往只有绘图者或少数熟练匠师才能掌握。这种做法一方面是客观原因造成的，同时匠师主观上保守技术秘密、提高自身身价的意图也非常明显。这种做法遂限制了石作的大规模工业化生产。现今的图纸系统与过去相比则出现了整体图和分件图的明确区分。最重要的是出现了比例图的运用，不论整体还是分件均采用比例法绘制。比例图的出现大大提高了石作工艺的协作程度，打破了少数匠师的垄断，使得一般匠师只需照图施工即可（图 14-1）。例如青石匠师武秋月所制阎父陵园牌楼的缩比模型就是其女儿与徒弟根据其本人绘制的分件图纸共同完成的（图 14-2）。在基本结构确定后，即可开始图案的设计工作，一般由匠师提出具体图案、雕饰种类，征得甲方同意后便开始最后的图纸绘制。

[一]　郭道扬：《会计百科全书》[M]，沈阳，辽宁人民出版社，1989年版，第1021页。

[二]　王文学：《五台山瑰宝》[M]，太原，北岳文艺出版社，1989年版，第196～197页。

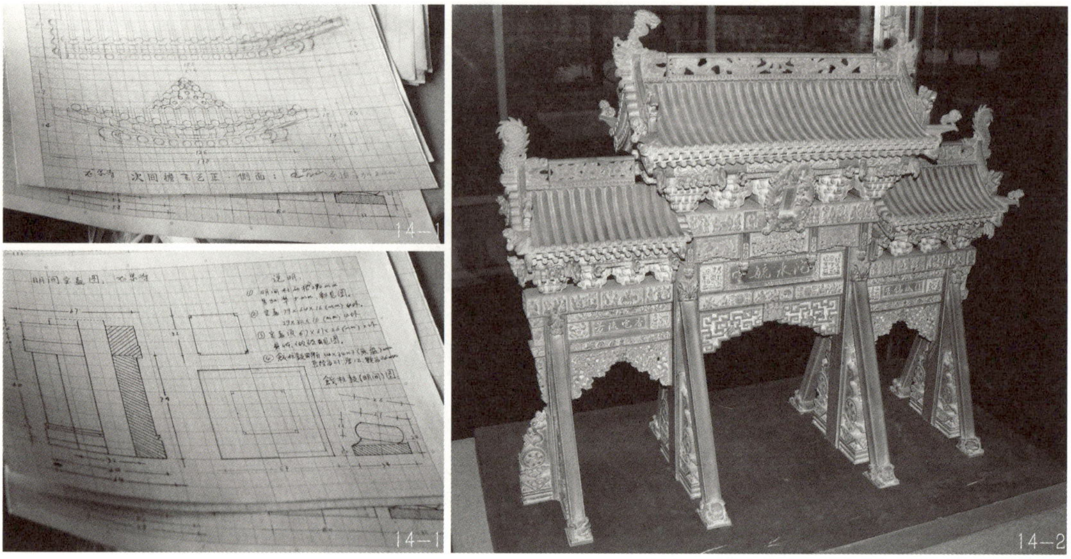

图14　石碑楼分件比例图与石制阁文陵园牌楼缩比模型

综上所述，五台山地区的传统石作行业于清末民初达到了巅峰水平。石牌楼作为其代表性作品，无论结构还是雕饰均达到了极高的水准。其石材种类、石作类型与图纸标注系统均具有突出的风土特色与时代特征。五台山地区传统石作的深入探讨不仅能够推进佛寺匠作及风土匠作的研究体系，而且有助于非物质文化遗产的保护与利用。

【宁波明代民居建筑鉴析】

林浩 · 宁波市文物保护管理所

宁波在明代不仅经济发达，而且文人辈出，建筑业也特别兴盛，目前保存遗存最丰富的地区，当推宁波市江北区慈城镇。如全国重点保护单位“慈城古建筑群”，除了大批清代民居外，明代民居建筑亦占一定比例。为了研究本土建筑文化，笔者对慈城（保国寺）明代民居建筑进行了探索，试图找出明代宁波民居建筑的规模、形制以及特点，以期对进一步研究浙东明代民居保护与鉴定起到抛砖引玉的作用。

一　明代民居建筑遗存

宁波市江北区慈城镇，目前保存的仅明代民居建筑有十余处，这些明代民居建筑，从时代看，大多为明代中晚期的建筑。这些建筑在浙东也大多为官宦住宅，或是有文化的富豪家族或富商。慈城目前保存的三民路的大耐堂，完节坊里冯岳台门，金家井巷的甲第世家，民族路的姚镆故居、桂花厅，莫家巷的莫驸马宅，金家井巷的布政房、福字门头，日新路的知县房以及东部大官房等（表 1），这批明代住宅建筑与慈城保国寺内的明代建筑、海曙区明代范宅、江东钱肃乐故居，时代相近，均属明代民居建筑，其形制、布局、规模等基本上是一个模式。

二　典型的民居建筑

在众多的明代民居中，有的保存比较完整，有的只留下了台门，有的只留下了前厅，有的只留下了后楼……为了便于研究，这里选择较典型的加以剖析。

1．平面布局——纵长方形

慈城地区明代民居建筑平面布局，大量的调查资料显示，几乎都是呈纵长方形，主体建筑一般都为二进，即前厅和后楼。三进的为前厅，中厅

表 1： **慈城明代典型建筑调查简况**

名称	位置	时代	说明
大耐堂	慈城镇三民路 34 号	明	三开间，通面宽 13.87 米进深 11 米，用五檩，平身科明间四朵，靠柱子各半朵。一斗六升。驼峰雕花，雀替透雕花纹，梁头作成云纹。柱础分鼓式、质式。隔墙以芦苇作骨架，外抹谷壳拌泥。前廊为卷蓬。柱头施十字科。
大官房	裘市大街东邵	明	明代闽广参议裘壤故居，原名清景楼。存门楼，前厅。前厅五开间，施五架梁，脊瓜柱下缘呈圆舌形，檐柱，脊瓜柱头施十字科。
冯岳彩绘门楼	慈城完节坊里 2 号	明	明南京刑部尚书冯岳的故居。门楼五开间，用七檩，前后皆有飞椽，施中柱。平身科，明间四朵分二层，靠柱子各半朵。柱头十字科，雀替与枫拱透雕花卉。彩绘题材多样。
甲第世家	慈城金家井巷 1 号	明	明嘉靖进士钱照住宅。平面布局为纵长方形，硬山造。前后二进，建筑面积 422 平方米。前厅用六架梁。施平身科一斗三升或一斗六升。明间四朵，次间二朵，靠柱子各半朵。座斗为靴角斗。
姚镆故居	慈城民族路 18 号	明	姚镆（1465～1538 年）明嘉靖时兵部尚书。故居前后二进，面积 325 平方米。前进五开间，实际为三间二弄。用九檩，材粗壮。中柱顶端，置十字科。檐柱方形小抹角，质形柱础，泥壁芦苇为骨架，拌泥外抹。
刘家祠堂	慈城刘家弄 3 号	明	祠堂面积为横长方形，硬山造。面宽三开间，14.3 米，进深 12.8 米。用九檩，五架梁，下施顶头拱，平身科明间三朵，次间二朵，靠柱子各半朵。童柱下缘呈圆舌形，鼓形柱础。
莫驸马宅	慈城莫家巷 25 号	明	宅存五开间，面宽 20.6 米，进深 12.4 米。用十一檩，檐柱方小抹角，质形柱础。中柱上端施十字科，余用平盘斗，丁头拱呈蝉肚式。

布政房	慈城金家井巷 8～11号	明	明湖广布政使冯叔吉故居，仅存东、中、西三厅。面积364平方米。典型的为中厅，三开间加二弄，用十檩。柱头多施十字科，童柱方墩状。梁栿用材粗壮，断面呈长方形，梁下施丁头拱。柱础鼓形。
桂花厅	慈城民族路桂花门头	明至清初	刘姓大族住宅典型。现存中堂、后楼及左右厢房。面积766平方米。中堂面宽三开间，施中柱用十檩，前檐方形柱小抹角，质形柱础。
福字门头	慈城金家井巷6号	明至清初	明万历湖广布政使冯叔吉住宅一部分。前厅为五开间，九檩，柱头施十字科，前檐方柱小抹角，童柱下缘呈圆舌形。与后楼的天井中用山墙分隔，门道上有砖饰。
知县房	慈城日新路38号	明至清初	明万历间进士知县，新建建筑由南至北依次为前厅、前楼、后堂、后楼，总面积835平方米。

和后楼，并且在左右都配有厢房。

现以位于慈城金家井巷的“甲第世家”为例。甲第世家的主人钱照，早年中举，后为进士，“官至佥事，因其后人又有登科及第，故褒称“甲第世家”。

甲第世家建于明嘉靖年间（1522～1566年），轴线上有照壁、台门、前后二进主体建筑，左右厢房与东西两翼楼（图1[一]），整座建筑呈纵长方形平面布局。布政房、福字门头、海曙范宅等都属于同类形制。

［一］ 线图由宁波市江北区文物保护管理所张国良提供。

2．台门形制——方形与长方形

在慈城明代住宅中，台门建筑的形制平面有方形与长方形两种布局。方形的以甲第世家台门为典型。台门在中轴线偏东，门道开于正中，在台门上，尚保存了明代构筑时的古朴的门簪，门上曾有甲第世家的匾额，可惜在20世纪60年代毁。进门面壁为照壁，尚存明代石质壁座。

长方形平面形制的台门，以慈城完节坊西侧冯岳彩绘台门为典型。该台门为明代嘉靖进士、南京刑部尚书冯岳故居的台门。台门为五开间硬山造（图2）。台门明间平身科有斗拱四朵，靠柱边各施半朵。柱头斗拱为十

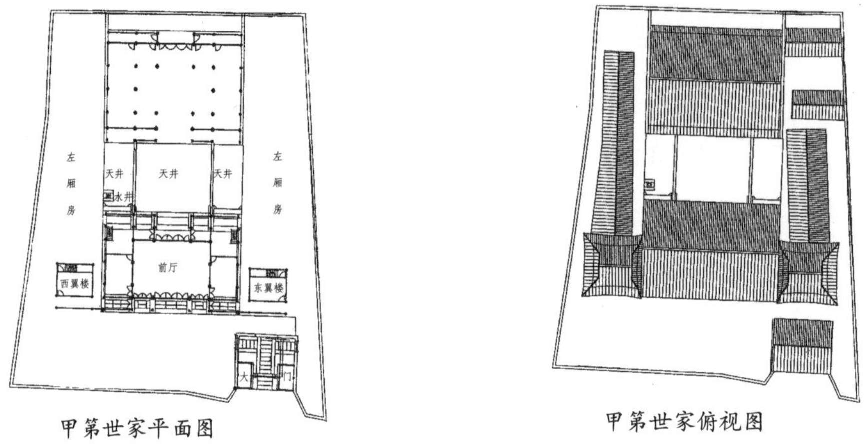

甲第世家平面图　　甲第世家俯视图

图1

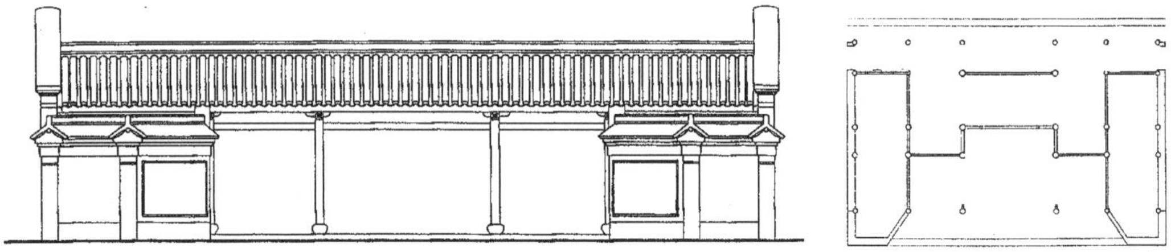

冯岳彩绘台门立面图　　冯岳彩绘台门平面图

图2

字科，雀替与枫拱等采用透雕手法，刀法精巧。梁枋和垫板等处，施白、红、青等彩绘。题材有丹凤朝阳、白鹤牡丹等。据虞逸仲等前辈讲：在 1963 年见到时彩色仍鲜艳，过了几十年，目前见到的大多褪了色，但精华仍在。门前曾有照壁，石狮一对，现仅存照壁的石质基座。

3．厅堂建筑——会客场所

厅堂建筑，在民居中常常称为前厅，是客人聚集活动的地方，目前保存较好并可作为对比资料的有范宅的前厅、保国寺西侧迁建的前厅、江东钱肃乐故居前厅和甲第世家前厅。

甲第世家前厅。甲第世家厅堂三开间硬山造。明间为抬梁式结构、边贴为抬穿混合结构。用六架梁，梁袱粗壮，截面呈椭圆形（图 3），脊瓜柱和童柱裙瓣呈圆舌形，柱头卷杀，前后檐柱方形，采用小抹角（图 4），施平身科一斗三升或一斗六升，明间四攒（朵），次间二攒，靠柱边各半朵（图 5），坐斗作成靴角斗。

钱肃乐故居。钱肃乐故居仅存厅堂，面

宽呈横长方形（图 6），面积为 183.6 平方米。在明间分别置一斗三升和一斗六升的斗拱四朵，并在柱边置半朵。次间的檩条与枋间亦分别置一斗三升和一斗六升的斗拱三朵，柱边施半朵。在每贴的额枋下施顶头拱。在柱头与檩条交接处，置有雕刻的雀替。

保国寺明代建筑。保国寺明代民居是 20 世纪 80 年代，从宁波市中营巷明代民居迁建的，该建筑为前厅堂，平面为三开间，进深六间，呈长方形（图 7[一]），其特点为：用材比较大，尤其是抬梁粗壮。尚保留了明代的门窗。

海曙范宅前厅。范宅前厅面宽为五开间，进深为六间，采用九檩。厅堂面宽 17 米，进深 11.5 米。明间为抬梁式结构，所用抬梁硕大，在所有明代建筑中为最大者，在梁头都做成月亮状（图 8），次间为抬穿混合式结构。梢间实际上成为一“过弄”，亦为抬穿混合式结构。在前后檐柱都施圆形十字斗拱承托横梁与檩条，使用雀替均雕花，柱础为帽式与鼓式两种。该正厅特点：用材硕大，在厅堂额枋中没有斗拱承重，在梁头上出现的丁头拱亦与梁头一起制作，在梁枋上卷刹处雕刻云纹等的纹样，十分简朴。根据上述遗存，经过对比分析，可以看出明代民居中的前厅建筑的形制、规模、制作工艺已趋向一个模式。

4．中厅建筑——家人活动地方。

以范宅中厅为例，其平面布局、结构形制、尺寸与范宅的前厅一致。

图3　甲第世家梁架

[一] 保国寺明代建筑线图录自《东来第一山——保国寺》，文物出版社，2003年8月版。

图4　甲第世家柱斗拱

图5　甲第世家补间铺作

图6 钱肃乐厅堂梁架

图7

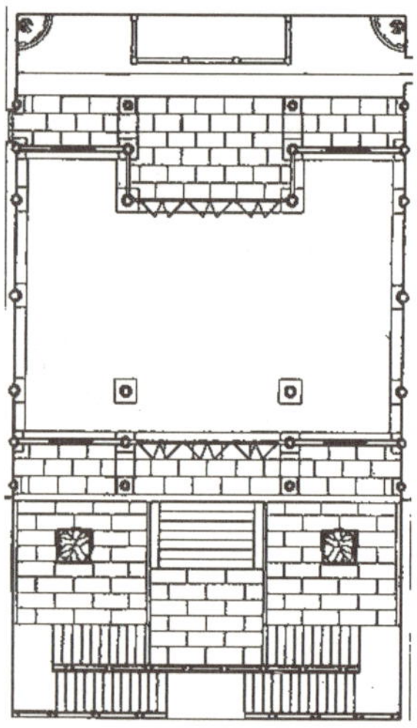

保国寺明代建筑平面图

保国寺明代建筑立面图

其中厅建筑的用材，明显与前厅不同，所使用仅仅是一般的材料，与后楼生活区的用材是一个规格，更谈不上装饰，所用柱础属于扁鼓，斜肩特别明显，目前在慈城也不多见中厅的建筑。

5．后楼建筑——生活区

在明代民居建筑中后楼的构筑，从慈城地区与海曙区范宅等保存的建筑表明，后楼都是重楼建筑。以甲第世家为例，平面布局，面宽为五开间，进深（包括前后檐）六开间，重檐重楼硬山造。从建筑功能上区分，后楼多为生活区，因此为求建筑面积，都采用重楼增大建筑面积与空间。

6．建筑群体中的厢房

一幢民居建筑一般都有主体建筑，即中轴线上的前厅、后楼。规模大的像范宅前厅、中厅，后楼组成轴线。在主体建筑与天井两侧均配有厢房建筑。厢房在民居建筑群体中为不可缺少的配套建筑。厢房建筑有平房也有重楼的，目前在慈城地区与主体建筑同时建造的，保存尚好的还是以甲第世家为典型，

图8　范宅厅堂梁架

其厢房中尚保存了东西翼楼，翼楼为重楼建筑，采用了重檐歇山顶与主题建筑相映交融，更显别样风采。

7．独特的砖雕照壁

在慈城明代民居建筑中，凡是文人学士出身的、在朝廷当官的一般建住宅时都有一个照壁，这已经成为一个模式。照壁的制作都十分讲究。一种照壁体量大，周壁加以纹样装饰，壁面通体素色，磨砖精细、光滑，砌筑排列十分有序，有的成图案状，明代的范宅的照壁就是一例。这一类照壁往往与建筑围墙连体，因此体量都较大。另一种像甲第世家、彩绘台门前的照壁，体量比例与台门面宽相配套，这类照壁有的在门内，有的在门外，制作十分讲究，目前明代的照壁只剩下了一些零星的残件（图 9），慈城杨家巷 15 号的八字形砖质照壁，虽建于清乾隆早期，但仍保存了明代的照壁风格，而且造型、砌筑工艺基本相似，对我们了解这类砖雕照壁有一定的帮助。八字形砖雕照壁，石质座，宽 7 米，分三段，中间平身科四攒，二边各二攒，一斗三升，驼峰作覆莲状，刻龙、凤、麒麟等（图 10）。

8．建筑中的漏明窗

在调查中，关于慈城明代民居的漏明窗使用相当频繁（图 11），仅在明代的甲第世家、福字门头、布政房等建筑中有栅栏漏明窗、四蝠漏明窗、福字漏明窗等。

9．界沿石与地坪

在调查中，明代建筑偶而在厅堂还保存了砖铺的地坪。这些地坪，一般都用 40×40 厘米的方砖铺地，也有用 80×80 厘米厚度达十几公分的方砖，这类砖乌而发黑，人们称它为“金砖”，在慈城民居中尚存部分（图 12）。目前所见到的厅堂中大多铺设的砖，已被移作它用，成为泥地，有的厅堂在后期铺上了石板。厅堂建筑中的界沿条石，在明代建筑中均用材硕大，很有特色，桂花厅就是一例。明代民居的沿口为了保持沿口滴水，所使用沿条石不但厚而且磨琢都十分细腻。这可算是用材上的一个特点，到了清代，用的石料石质不如明代，加工也渐趋粗糙。

10．小木作门窗

保存的明代民居建筑，大木作都比较完整，保存的情况也比较好，但是小木作的门、窗，有很多地方都有不同程度的修缮，但幸存的标准器还是有的。典型的有慈城的姚镆故居中的窗门，上部为方格扇，下部板裙，古色古香仍保存了明代的风格。门在明代建筑中大门类，属于木板门，甲第世家和彩绘台门都是明代的原汁原味的东西，部分已修缮。宅内厅堂的门，正面的大门装修，都是格子门，上部为格子，下部为板裙。目前保国寺明代厅堂门，都是按原样复制的。厅堂次间板门，在姚镆故居、桂花厅尚保存明代老板门。厅堂次间的窗，在明代桂花厅的次间中尚保存了古色古香的传统的方格窗，明代的荷叶墩（图 13）。上述这些遗存中保存了不少民居门窗中的历史信息，它为我们鉴定提供了第一手实物例证。

图9　明代照壁残件

图10　明代风格的照壁

三　民居建筑的鉴定

明代统治了二百七十余年，达两个半世纪多，经历这么长的历史时期，建筑形制风格多少有一些变化。通过大量资料研究对比，笔者前面所指的明代民居建筑，主要是指明代的中后期，慈城的当以嘉靖前至明末这一历史时期为主。在这些民居中，对它们的布局、形制、建筑功能与具体载体进行剖析，即主要对具体的构件组合及特别明显的特征进行归纳，供研究参考。

1. 建筑构件配置特征

第一，斗拱。在明代后期的民居建筑中使用斗拱与明代前期不同，主要反映在斗拱尺寸的大小上，早期的硕大，到了清代所用斗拱与明代的有一个明显的差别是用材较小。在民居中，除了有一定身份的住宅外，到了万历以后在当心间或梢间一般少见乃至不用斗拱，明代柱头上的斗或拱仍起着承重作用。甲第世家、大耐堂，目前尚保留了十字斗拱柱头（图 14），在当心间或梢间也使用了座斗，在这些额枋中所配置的拱，或一斗三升或一斗六升（图 15），这类斗与拱的形制与用材基本上是一个模式，为我们确定年代起了一定的借鉴作用。

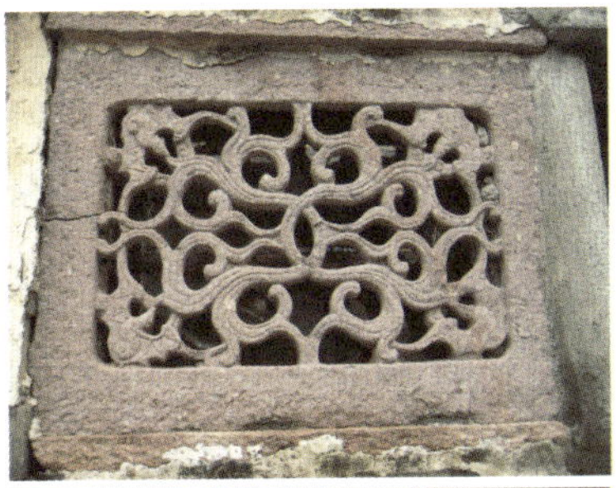

图11　明代漏明窗

在梁架上使用斗拱，当以彩绘台门为典型（图 16），同时也出现了完全属于装饰性的枫拱（图 17）这类装饰性的斗拱雕刻精致，完全没有承重的作用。

丁头拱，在明代建筑中运用相当的广泛，它的作用支撑承重，这类拱在清代建筑上就不多见，尤其是彩绘台门、甲第世家、钱肃乐故居前厅以及大耐堂等都可见到实例。

图12　明代金砖地坪

第二，雀替。雀替在宋代，遗留的标准器也不多，唯独北宋保国寺大殿的檐柱上的蝉肚状雀替成为国内孤例。这类雀替历元到明代在建筑上运用仍相当的流行。在一定程度上也与顶头拱一样起到了分力承重的作用，在制作上，从钱肃乐故居、大耐堂、范宅、彩绘台门等明代厅堂、台门上看都采用了雕刻装饰，一种是外形雕刻，一种采用透雕（图 18）。清代这种柱头檩子二边或一边使用明代雀替的形制已消失。

第三，梁枋。目前慈城保存的甲第世家、海曙的范宅前厅建筑，所用的抬梁、檩及枋子所用的材料都比较粗大。尤其是明间的抬梁式结构，使

图15　斗拱配置（一斗六升）

用的材料更为硕大，一般皆为原木。至清代，抬梁和大柱大多为拼合而成，与明代民居建筑用材有明显区别。檩枋材质也有此特点。

在生活区的重楼建筑和厢房建筑上的檩、梁、枋的规格与厅堂用材相比较，就显得一般且没有特色。唯甲第世家东西翼楼其规格虽是重檐歇山顶，但檩、梁、枋的用材还是一般，从一个侧面反映了明代对厅堂用材的特别讲究，当然檩与枋之间配置斗拱有关。

第四，柱与柱础。明代的几座厅堂构筑都比较讲究，反映在柱与柱础上也有一定的特色，为我们认识与鉴定明代建筑的柱与柱础提供了标准与实例。

在甲第世家、钱肃乐故居厅堂等前后的

明代荷叶窗墩

明代方格窗

图13

图14　明代柱头十字斗拱

图16　彩绘台门斗拱

图17　装饰性的枫拱

图18　透雕雀替

檐柱为方形柱，都作了小抹角，柱头都有收分，上置十字斗。另一类虽是圆柱，柱头亦有收分，上亦置十字斗。明代柱础从遗存看有三类：第一类，大耐堂、甲第世家柱础为圆形帽式（图 19-1）；第二类，彩绘台门、范宅檐柱柱础为鼓形（图 19-2）；第三类，大耐堂、姚镆故居柱础为质形柱础（图 19-3）。这为我们识别明式柱础提供了一个实物模式。

第五，彩绘。目前在浙东地区民居中保存的彩绘不多，以慈城的遗存（图 20）为例，慈城据十年前调查还有一处台门，规模体量都没有像完节坊冯宅台门大且完整。彩绘的特点：

（1）　施彩部位。从保存的台门彩绘说明彩绘除了在梁、柱、枋外，在雀替、门楣、斗拱、拱板以及明间门框的板壁上都施了彩绘。

（2）　彩绘题材内容。除了水草、朵云外，主要有丹凤朝阳、白鹤牡丹、麒麟、卷草、几何纹和旋子画等。

（3）　所施色彩。主要有白、红、黄、绿等彩。

第六，照壁。明代的照壁目前完整的一个也没有，范宅也经过维修尚保存了明代柱式与砖质的图案，也有石质的，凡是明代照壁，都有一个石制的座，座内一般雕刻狮子戏球等题材，在周边也有石刻图案。目前慈城明代的照壁上部大都被毁，但均保留了石制底座。

19—1　圆形帽式柱础

19—2　鼓形柱础

19—3　质形柱础

图19

图20　明彩绘

2. 分隔墙使用材料

在明代建筑中多处发现在室内分隔墙中，一种是砖壁、一种是泥壁。泥壁中采用芦苇做骨架。在清代大量使用的是竹做骨架，

图21　明芦苇骨架的泥壁

这一具有地方特色的就地取材为我们识别是否明代建筑提供了一个信息。明嘉靖时的甲第世家，梢间的分隔墙多块使用了芦苇做骨架，桂花厅的分隔墙多块使用了芦苇做骨架（图21），上抹草筋黄泥，然后再粉刷石灰，工艺比较讲究，也十分牢固。彩绘门楼和宁波范宅在调查发现时都保存了这种遗存。由此可以证明，在明晚期时宁波慈城一带在室内做分隔墙，使用这类工艺、材料是十分普遍的。同样在明代屋面上还有用芦苇编织的垫代替"望板"。这类制品在明慈城大耐堂这座建筑上采用了。这种工艺为我们的鉴定提供了珍贵的信息。

【宁波古城墙铭文砖浅释】

娄学军　李本侹 · 宁波市文物保护管理所

城墙是冷兵器时代最为有效的防御措施之一，国内除极个别城市外，都曾建有城墙。在古城墙上，往往可以在城砖上找到一些带有铭文的城砖，这些铭文不仅具有一定的书法艺术价值，也为我们提供了重要的历史信息。如在南京城墙中至今仍可找到大量的铭文城砖，这些铭文记载着造砖的准确时间、地点，造砖人姓名等信息，为研究南京城墙历史提供了不可多得的史料。

宁波历史上曾建有罗城与子城，如今除原子城的南城门（鼓楼）尚存外，内外两城先后被拆除。宁波老城墙当年是否也和其他城市一样，在用于建造城墙的砖块中，也会有带铭文的城砖呢？这些铭文砖上又有哪些文字？这些文字又给我们提供了哪些历史信息？笔者试作考证，以利于研究者解读宁波古城墙的历史。

一　宁波古城墙历代修筑简述

宁波三江口一带最早出现防御性质的城墙，可以追述到距今一千六百多年前东晋时城西所筑的篌墙。然而据载篌墙仅仅是一段竹筋泥墙而已，宁波城真正意义上的城墙筑于唐代，据唐末明州刺史黄晟墓志铭云："此郡先无罗郭，民苦野居，晟筑金汤其海峤，绝外寇窥觎之患，保一州生聚之安。"[一] 由此可知，在唐代末年，黄晟建造了宁波的城墙。而在此之前的公元821年，韩察从小溪迁明州至今天的三江口一带，已经筑起了一座城池，城周围420丈，城内为明州署。该城因与黄晟所筑城相比，其范围就小的多，因此习惯称之为"子城"，而把黄晟所筑城墙称之为"罗城"。宁波考古研究所在1973年对和义路渔浦门段城墙[二]、1993年对东门口罗城遗址[三]、1995年对宋代及元代市舶务城墙（来安门附近宋市舶务城门）[四]、1997年对子城[五]进行的考古发掘中，均证实了唐代末年宁波始建罗城的记载，并发现北宋以及南宋时期明州（宁波）城先后进行过二次大规模修筑的遗迹。

[一]《宝庆四明续志》，第3卷，第1页。

[二] 林士民:《再现昔日的文明》，第115页。

[三] 同 [二]，第102、105页。

[四] 丁友甫:《市舶司遗址考古初显成果》，《浙东文化》，1995年第1期(总第3期)，第27页。

[五]《浙江宁波市唐宋子城遗址》，《考古》2002年第3期。

元代时，朝廷曾诏毁天下城池，据元代《至正四明志》所述：“郡城之废，垂六十余载，民居侵蚀，夷为垣途。”[一]可见，明州（庆元）的子城和罗城也都未能幸免。元至正八年（1271年），都元帅纳麟哈剌为防备方国珍又复筑罗城[二]。这一记载在东门口罗城遗址考古发掘中也已得到了证实[三]。

明太祖朱元璋在休宁人朱升“高筑墙，广积粮，缓称王。”[四]的建议下，全国兴起了建城的热潮，宁波也不例外。据史书所载：“明洪武六年指挥冯林更新之，崇（祯）三之一浚东南及西三面之濠，十四年指挥李芳又增葺之。嘉靖三十五年守张正和重建瓮门敌楼大加缮修。”[五]由此可见，明州（宁波）城墙在明代至少经历过三次大规模的增高及修葺。

清代是宁波历史上对城墙维修最频繁的一个朝代。 最早一次宁波城墙维修始于顺治朝：“顺治十五年提督田雄重修雉堞。”此次属于小范围的维修，仅修复了一些在反清复明战斗中损坏的雉堞。顺治朝之后的康熙朝加紧了城市防御系统的构建：“康熙十三年提督李显祖复广拓之。又于沿城外濠筑备城。二十四年，三十一年续加增葺。”备城只是城池之外相隔一定距离筑起的城外防线，其主要是提高主体城墙的防御能力，通常没有主城墙高，也没有主城墙建筑规整。此后“雍正、乾隆、嘉庆、道光、咸丰、同治凡六次修缮屡有增拓”，“顺治至道光城凡八修”。由此可见，宁波城墙在清代至少有过十次不同规模的修缮。

清朝末年，随着冷兵器时代的终止，城墙的功用也变得越来越不明显。加之革命思想的深入人心，城墙成了守旧和封建的代名词，而且其存在，被认为是制约城市发展的最大阻碍。1912年在上海率先拆除城墙后，全国各地纷纷效仿，在这样的大背景下，民国九年有人提议拆除宁波城墙，但未提上日程。民国十三年宁波也加入了拆城的行列，东渡门率先被拆除，民国十六年城墙正式开始大规模拆迁，到民国十八年止，宁波古城墙除留下破旧的庆云楼和子城南城门外，雄立于三江口千年的宁波城墙被全部拆除。1958年8月，庆云楼被猛烈的台风刮塌后拆

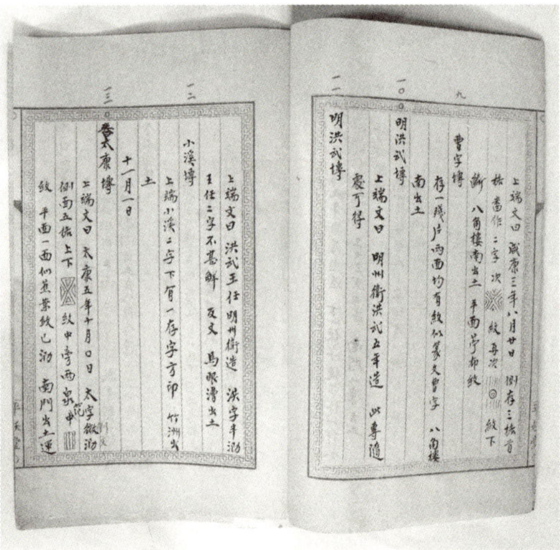

图2　马廉日记

除，子城南城门成为宁波古城墙唯一的历史遗迹。

二　宁波城墙铭文砖及其解读

民国初年宁波拆除旧城时，有人无意中在城墙残垣中拾到带有铭文的砖块。以后，张琴、朱赞卿、马廉等一批知名学者、收藏家争相寻访、传拓、研究，由此在宁波文人

中一时兴起藏砖热。笔者查阅了当时遗存的有关铭文砖研究笔记、资料后，认为这些文人从旧城废墟中所寻得的铭文砖，除个别几块外，很多铭文砖并不是为修建城墙而特意定烧的铭文砖，而是历代修筑城墙时，为节省筑城费用，从别处找来的废砖中所夹带的铭文砖。这些铭文砖原系墓砖、塔砖等，其砖上铭文与宁波城墙建造的关系不大，砖上虽有铭文，但不应属于真正意义上的宁波城墙铭文城砖，因此该类铭文砖不应列入其内。

图1　1号砖

而据笔者所掌握的资料来看，历史上为修建宁波城墙而特意定烧的最早铭文城砖出现在明代，清代也发现有铭文城砖。现将已知的古城墙铭文砖罗列如下：

1 号砖(笔者编号,下同)。砖尺寸(砖面部宽 × 砖面部长 × 砖厚，下同)：17.3×？×8 厘米。砖头部有纵向铭文：“洪武五年明州卫造”，铭文为阳文反书，无框，字迹较粗，上下字呈粘连状（图 1)。此砖与马廉手稿本《平妖集砖日记二》朱笔编号第 11 号砖相仿，马廉对其所藏之砖的描述为：“上端文曰：‘洪武王任，明州卫造。洪字半泐，王任二字不甚解，反文，马眼漕出土。’”笔者认为马廉先生所得此砖应与笔者所见为同类型砖。而马廉先生所得砖大概残损严重，字迹难以辩认，故而误把“洪武五年”看成“洪武王任”(图 2)。

2 号砖。砖尺寸：16.5×？×8 厘米。砖头部有纵向铭文“明州卫洪武五年造”，铭文为阳文，无框，字迹较扁，较为浑厚（图 3)。此砖与马廉手稿本《平妖集砖日记二》所载朱笔编号第 10 号砖应是同类型砖，马廉在其日记中这样记到：“上端文曰：‘明州卫洪武五年造，此砖随处可得。’”

3 号砖。砖尺寸：16.5×？×8 厘米。砖头部有纵向铭文“明州卫洪武五年”，阳文无框，字迹纤细挺拔（图 4)。

以上三块砖为明洪武五年（1372 年）纪年砖，均为个人收藏，据了解 1 号和 2 号砖，得于天一阁边马眼漕一带。3 号砖，得于原宁波二中操场一带。宁波二中操场和马眼漕均处于原宁波西南侧城墙内侧，离城墙旧址较近，而且马廉也曾在马眼漕一带得到过相同纪年铭文砖。

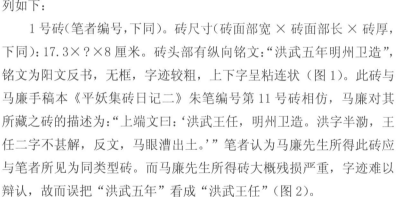

[一] 元代《至正四明志》，第209页。

[二]《鄞县通志》，与地志第801页。

[三] 林士民:《再现昔日的文明》，第102、105页。

[四]《明史》卷一三六，列传朱升。

[五] 曹秉仁纂：《宁波府志》，卷八，清雍正十一年修，清乾隆六年补刊本，第4页。

图3　2号砖

图4　3号砖

因此从收藏者得到以上三块砖的地理位置、砖块上的铭文及马廉先生当年的记载来看，基本可以认定该类砖为宁波城墙砖。而民国初年宁波拆除城墙期间，对该类城砖马廉先生在《平妖集砖日记》中有这样的记载，“明州卫洪武五年造，此砖随处可得”，可见旧城墙中洪武五年纪年砖的数量也是比较多。这也正说明当年修筑城墙时的范围之广，规模之大，与明朝初年全国大修城墙的历史大背景所吻合。

在《鄞县文献展览会出品目录□鄞砖甓目》第18页，也登录了两块洪武五年纪年砖，其中一块铭文与1号砖相同，为“洪武五年明州卫造”，但其为正书。以上几块砖同属洪武五年的纪年砖，但又各不相同。笔者认为如果这些铭文砖出自同一砖窑，其铭文的写法、顺序变化不会差异过大。这些铭文的各不相同，恰好也说明了当时城砖需求量的巨大，一处窑址、或一处作坊已无法满足要求，必须在多个砖窑中同时烧制城砖，以保证能在预定时间完成修筑城墙的准备工作。据志书所载，指挥冯林在洪武六年修筑宁波城[一]。史书的记载与纪年砖在时间上的一年差异，更说明当时修筑城墙规模之大，对城砖的需求量极大，在修建城墙的一年前，也就是洪武五年已经开始烧制城砖，为大规模扩建城墙做起准备工作。这一点也正弥补了史书的不足。

4号砖。宁波博物馆所藏。砖头部从右至左有铭文：“明州卫洪武七年□”，最后一字已损，笔者认为应为“造”字。铭文为横向，阳文无框，字体较小，铭文高度约占砖头部高度的1/3。

5号砖。宁波博物馆所藏。砖头部从右至左有铭文：“明州□洪武七造”，“州”与“洪”中间一字已损，难以看清。笔者认为应为“卫”字。铭文为横向，阳文无框，字体较小，铭文高度约占砖头部高度的1/3。

4号砖和5号砖均为宁波博物馆所藏，属于宁波城砖也应无疑。此二砖同为洪武七年（1374年）纪年砖，洪武七年与史书所载修建城墙时间洪武六年又相隔了一年，而且当时城墙修筑规模较大。笔者认为，洪武七年铭文砖的发现，正是由于当年修筑城墙历时之长，到了洪武七年，洪武五年烧制的城砖已经用完，但修建城墙工作仍在继续，不得已，又在洪武七年烧造了一些城砖。洪武七年纪年砖的发现，也说明那次冯林修建宁波城墙，从准备阶段开始，修建宁波城墙至少历时三年有余。

6号砖。天一阁千晋斋所藏。砖肋部从上至下有纵向铭文：“嘉靖三十□”，无框。砖下部已损，铭文为阳文。

笔者另在原西门口城墙旧址附近老屋墙中，也发现有一块嘉靖年间铭文砖，砖尺寸：?×16.5（残存）×6.5厘米。砖肋部自上而下有铭文：“嘉靖三□”，无框，砖下部残损，铭文为阳文。该砖与6号砖均为嘉靖年间铭文砖，但字体又略有不同。

在《百砖考》中也登记了一块嘉靖年间的城砖：“砖长四寸三分（14.5厘米），厚二寸一分（7厘米），文曰：嘉靖叁拾，下缺。右侧文曰：宁波府，下缺，明世宗纪元也，出宁波郡廨后垣。”[二]

图5　7号砖

图6　7号另一砖

据史书所载，嘉靖三十四年（1555年）城墙及六门均经大修，至此城周围2787丈，上面新造66个堠，46个敌楼[三]。而以上三块嘉靖年间铭文砖，虽都有所残损，但铭文前三字均为“嘉靖三”，其中又以天一阁所藏6号砖铭文字数略多，而且该砖最后一字从残存的笔画又与“四”字上部相仿。因此，笔者认为，以上三块残砖都是为嘉靖三十四年那次修筑城墙时所定烧的城砖，这些纪年砖的发现，也佐证了史书所载明嘉靖年间修筑城墙的这一真实。

7号砖。城砖尺寸：16.5×33×8厘米，砖头部加盖有3.3×17.3厘米的带框戳印，内有纵向朱文“道光廿五年鄞县城砖”，文字细长，分两列，每列四字，其中“廿”、“五”二字横排占一个字位（图5）。

上世纪末，三江六岸江北姚江段改造时，在拆除原华美医院院长的别墅时，发现了大量的7号砖。据了解，宁波城墙拆迁伊始，美国传教士创建的华美医院正打算建筑一幢医院，因资金紧张，而城墙拆迁又需要处理掉堆积如山的砖石，医院与拆迁方联系后，双方一拍即合，医院以新建华美医院仿照当时北城门样式建造为条件，争取到了城墙拆迁下来的大量条石、城砖。这些旧城墙遗物被用于建筑华美医院和原院长的私宅别墅中。同类铭文砖至今仍可以在华美医院外墙找到。

据史书所载：“道光之役是经英吉利之创者，道署档册云：修建城身□长一千三百八十六丈尺，沿城三十二座，雉堞一千九百三十，窝墩十二座，铺房三十六间，大小城楼十二座，各门盘诘房十八间，则不惟修缮且兼备军防也。”[四]道光年间的这次维修，对一半以上的宁波城墙壁进行了维修，即可见城墙维修规模之大，也足可见此次英军入侵战役之惨烈。然而可惜的是，在史书上并没有记载此次维修城墙的一个准确时间，7号城砖的大量发现，恰好补充了史书的不足。

另有一砖，砖尺寸：15.5×31.5×7厘米，砖肋部加盖有“道光贰拾五年置”，总长宽为3×11厘米。文字内凹，字体扁且肥厚，上下文字间紧密相联（图6）。该砖某收藏者旧藏，是否为城砖尚不确定，但从尺寸大小来看，与城砖规格相仿，且又烧造于道光之役后的道光二十五年宁波大修

[一]《鄞县志》，第17页。

[二] 同 [一]。

[三] 吕佺孙撰：光绪谤喜斋刻本《百砖考》。

[四]《鄞县通志》，与地志第801页。

城墙之时，而且那次修城范围较大，所需城砖数量之巨。因此笔者认为该砖是城砖的可能性更大些，其铭文之所以与7号砖不同，是由于定烧的城砖数量较大，一家制砖作坊已无法满意所需，必定当时有数家砖厂同时在烧制城砖，而该砖与7号砖为不同造砖厂所烧制，因而铭文也有所不同。

图7　8号砖

8号砖。城砖尺寸18×33.5×6.5厘米，砖的头部纵向盖有“嘉庆廿五年小溪城砖”朱文戳印，字体较扁，二字之间排列紧密，印文外有细边框。该砖发现于宁波中山公园原前山一带[一]。嘉庆二十五年修筑城墙一事，在史书中未见记载。该砖也弥补了史书关于嘉庆年间那次修城的记载不足（图7）。

小溪即今天鄞江镇一带。由此可见，8号砖的产地在今鄞江镇一带。而砖上带有“小溪”二字的铭文砖在宁波周边农村的民宅中也多有所见，该类砖分布地域之广，数量之多，足见小溪是宁波地区一处比较大型的砖窑产地，而且现在鄞江镇一仍保留着一些砖窑厂。笔者认为，当年宁波的城墙用砖，极有可能烧制于今鄞江镇一带（图6）。

9号砖。砖尺寸：17×33.5×7.5厘米，铭文位于砖的肋部，横向朱文，从右至左为“□□□五年”五字，前三字线条简练，难以辨别，砖两头部各有阳文“金”、“城”铭文各一字。“金城”一词见于《资治通鉴·晋安帝义熙八年》有：“镇恶与城内兵鬬，且攻其金城，……”胡三省为其注：“凡城内牙城，晋、宋时谓之金城。”而《后汉书·班固传上》有：“建金城其万雉，呀周池而成渊。”李贤注：“金城，言坚固也。”金城一词即可指内城，也可以指外城。笔者在鼓楼的上部墙体中，找到了大量砖头部带有铭文“金”字的城砖，虽然无法确认鼓楼上“金”字铭文砖另几面上时有也有铭文，但这些城砖头部尺寸及“金”字铭文大小及字体，均与“□□□五年”铭文砖相仿。因此，笔者认为9号砖与鼓楼上所使用的城砖应有着必然的联系，但可以肯定，该砖必是宁波城砖中的一种（图8）。

10号砖。砖尺寸：17×7.5×？厘米。残砖，砖头部有纵向阳文“右所”二字，铭文无框。据史书所载，明代宁波卫下设左所和右所。笔者认为该铭文的右所即指宁波卫下属的右所，而且该砖由收藏者得于距宁波北门附近城墙不远的和义路一带，该砖尺寸又接近与城墙砖尺寸，由此笔者认为此砖也是宁波城墙铭文砖之一。

11号砖。砖尺寸：16×38×8厘米。砖肋部有纵向阳文“官用”二字，铭文无框，每字约3×4厘米（图9）。该砖为个人收藏，据了解，该砖得于原宁波二中操场。

笔者在南郊路老墙上也发现一“官用”铭

图8　9号砖

文残砖，尺寸：15（残存）×？×8 厘米，铭文与 7 号砖铭文如出一辙。

图10　13号砖

以上两块铭文砖因有“官用”二字，很显然，都是由官府所定烧的砖。该二砖发现地虽相距较远，但分别距宁波西南侧城墙及宁波南城门一带较近，且此砖的尺寸也于宁波城墙所常见的城砖尺寸相仿，由此笔者认为这两块铭文砖也是原宁波城墙上的旧砖。

图9　11号砖

12 号砖。砖尺寸：7×21.5（残存）×？厘米。“□县修建□”，残砖，铭文位于砖肋部，纵向阳文，无框。该砖发现与西门口城墙旧址附近某民居外墙上，且该民居墙上同时发现有与 6 号砖相仿的嘉靖纪年砖，另发现有 7 号砖多块，其墙基石似乎也为拆城时所得的旧石块。笔者认为此墙是在民国初年，利用城墙拆除后所废弃的城墙旧石块、砖块所建。而旧时鄞县县衙就位于城内，宁波城历来有“大鄞县小宁波”之称，而该砖“县”字上一字尚留有部分笔迹，似为“鄞”字下半部分，因此笔者认为该砖原在西门口一带城墙上，是旧时城墙维修时所定烧的城砖之一，其铭文“县”的前一字应为“鄞”。

13 号砖。城砖尺寸 17×33×5.5 厘米。砖头部纵向盖有“宁波府城砖”朱文戳印，此砖与 8 号砖同时发现于宁波中山公园前山[二]（图 10）。

14 号砖。城砖尺：14.5×31.5×7 厘米。砖头部加盖有 3×6.5 厘米的戳印，内有朱文“宁府城砖”。“宁府”两字居上，横排。“城砖”二字居下，纵向排列，较“宁府”二字略大（图 11）。

15 号砖。城砖尺寸：15×33×7 厘米。砖头部加盖有 2 厘米 ×5.5 厘米的戳印，内有朱文“宁府城砖”。文字与 14 号砖排列方式相同，但与 14 号砖文字相比，字体明显更为纤细（图 12）。

9 号砖至 15 号铭文砖均为城砖应当无疑，其中 9 号砖铭文纪年不清，10 号至 15 号砖无准确纪年。笔者对比已知明确纪年的城砖，认为明代和

图11　14号砖

图12　15号砖

[一]　1998年9月22日闻一平：《宁波古城砖》，《宁波日报》1998年9月22日，第九版。

[二]　吕佺孙撰：光绪谤喜斋刻本《百砖考》。

清代的城砖有一定的区别。第一，明代城砖由于年代久远，色泽已无火气，风化程度严重，手触摸砖体断裂处内侧，感觉呈泥状，细腻有滑感。而清代的城砖则砖质较好，扣之有金石之声，手触摸砖体断裂处内侧，感觉有颗粒感，较涩。第二，据现在所看到的城砖分析，明代和清代在城砖上压制成铭文的方式是不同的，明代城砖铭文均无外框，多为阳文，可见泥块在范模中压制成砖胚时，其中一面的模板上已经预先刻好了铭文，砖成型时，铭文也同时被压制完成。而清代是在砖胚已经成型后，往砖上加盖刻有铭文的印章，由此产生铭文的。很显然，清代在砖胚上加盖刻有铭文的戳印，就比明代直接将铭文刻于模板上来得方便得多。但以在砖上制成铭文的工艺方式，并不能为铭文砖断代的标准，因为在明代时，也有加盖戳印方式做成的铭文砖，如烧制于明崇祯年间的鄞州区大嵩所城的城砖。同样，清代也有以模压方式制成的铭文砖，如道光纪年的镇海后海塘城墙砖。但可以肯定，在砖胚上产生铭文的工艺方式，到了清代晚期、民国期间，以模板方式压制铭文的工艺方式已很少，取而代之是更为简便的工艺，即在砖胚上直接加盖戳记。第三，明代城砖和清代城砖铭文字体也有一定的区别。明代城砖铭文整体布局大气，字与字之间平均分布于砖头部或肋部。洪武纪年的铭文字体刚劲有力，字体趋于扁平势；而嘉靖纪年的铭文字形开张而神不散，在铭文中也能找到字体呈扁平走势的痕迹。而清代的铭文则多在砖体头部，为加盖戳印方式而成，且戳记以朱文戳印为多，字口不及明代城砖上铭文深，外有线框。铭文字体如清代的馆阁体，较为规正。由此综合分析，笔者认为 9 号至 15 号城砖中，10 号砖和 11 号砖较之其他几块铭文砖，年代则更为早一些。

纵观宁波历史及城墙的维修记载，历史上维修次数较多，仅清代一朝就至少经历了十次维修，但除明代初年和清代道光年间对宁波城墙各有一次大规模的修筑外，宁波城因未经历过大的战事，即便对城墙的维修，也仅是局部性的的维修，因此维修时所需的城砖不会太多，新烧的城砖中如果曾经有铭文砖，其数量也不会太多。从至今所发现的明代和清代铭文城砖发现数量情况来看，也与这一史实基本吻合。

三　结语

从有关史料记载可以看出，曾经宁波的古城墙上也有着大量铭文城砖，但至今城墙拆除已近一个世纪，古城墙的铭文城砖已难得一觅。笔者所能找到的上述铭文城砖，相信仅是宁波古城墙铭文砖中的冰山一角，但这批铭文城砖的发现，即佐证了史书中关于宁波城墙的相关记载，也是了解宁波古城墙的感观实物，更为研究宁波城墙建造和修筑史提供了珍贵史料。

【宁波传统民居建筑特征初探】

施小蓓 · 宁波市文物保护管理所

宁波地处浙东宁绍平原的东部，近邻东海，东与舟山群岛隔海相望，北濒杭州湾，南与台州相连，西与绍兴接壤，境内有四明山和天台山两支主要山脉，余姚江、奉化江汇成甬江入海。这里历史悠久，文脉绵长，距今七千多年前已经诞生了光辉灿烂的河姆渡文化，唐长庆元年（821 年），刺史韩察在今三江口建造明州城，宁波老城迄今也已有近一千二百年的历史，并在其后渐次形成了“三江交汇，两湖居中”的城市格局[一]。据调查：宁波老城内至今保留并被公布为文物保护单位和文物保护点的传统民居计有一百五十余座，其中以清中晚至民国时期的建筑居多。本文在笔者多次实地勘查调研的基础上，拟对这些传统民居之建筑特征作一粗浅探讨。

[一] 日、月两湖，其中月湖今仍在，日湖已于上世纪60年代湮没。

一　平面布局相对合理

宁波传统民居在建造时充分考虑到了当地的气候条件、地理环境、风俗习惯诸多因素，平面布局相对合理且颇具特色。

1．宁波传统民居一般采用院落式，由建筑物或围墙包围成一个或几个天井，平面呈规整的三合院、四合院、H 形、日字形等。各幢住房相互联属，屋面搭接，形成“四水归堂”之势，即房檐四周封闭，屋顶内侧坡的雨水从四面流入天井（图 1）。也

图1　毛衙街南湖袁氏宅

有部分民居或独立成幢，或搭建在一起，但都形成一个相对封闭的空间院落。这与西方建筑的开放式理念不同，而更符合中国人居室私密性的需求。

与北方东西向窄、南北向长的条形院子不同，宁波地区传统民居的天井多是东西方向长、南北方向短的长方形院落，这种结构有利于通风采光，加强穿堂风的作用，适合炎热、潮湿的气候特征（图2）。屋前有廊或前后都带廊，这同样也与宁波地区多雨水的气候有关，既可保护外檐装修免受雨水侵袭，同时也可避免走湿路。厅堂（明间）一般装饰可拆卸的落地长窗，平时可长开不闭，厅井相通，互为因借。厅井连成一片，室内外交融，冬天保温，夏天通风。

2．与其他地区的民居一样，宁波传统民居的建造也同样遵循中轴线左右对称的原则，中轴线上一般排列一至三进房屋，由大门（门厅、倒座等）、前厅、后屋等组成，轴线两侧有厢房、偏屋、廊屋或围墙等，同时轴线两侧还设有廊、弄、甬路等作为辅助的联络路线，院落之间有门楼、圆洞门、小影壁分隔，在避免一览无余的同时也增加了空间的转折变化（图3）。

3．宁波地区夏天炎热，冬天湿冷，因此

图2　广仁街孙宅天井

图3　郁家巷杨宅圆洞门

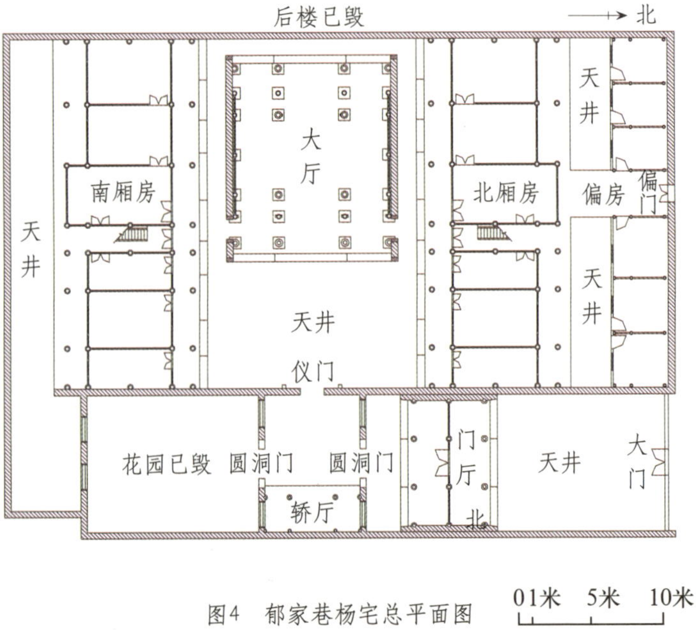

图4　郁家巷杨宅总平面图

民居的朝向一般为座北朝南或南偏东，以利于采光纳阳。同时为避免夏天太阳直晒并加强通风，房屋进深特别大，出檐深，在房间前后设外廊、留小天井，使太阳不能直射入屋内，取得阴凉、通风的效果。

早期民居大门一般开在住宅的东南角，而稍晚些的大门一般开在与正房相对的围墙并居中，有的围墙做成房间，留出中间一间或侧屋做门道，有利于通风。较大规模的建筑中则包含大门和门厅、轿厅、仪门等，大门一般开在东边，往前为门厅、轿厅，右转即为朝南仪门，随即进入前天井、正厅、后天井、后楼等（图 4）。

二　构造形式富有特色

现存宁波传统民居多为砖木结构，小青瓦，烽火墙，梁架古朴，门窗精巧，建筑构造独具风格。

1．间架：宁波传统民居与中国传统民居一致以“间”为基本单位，也由“间”横向拼成建筑的基本组合体，开间多为三、五等单数，通常有“几间几厢房”或“几间几弄几厢房”的称法。每间面阔一般 3 至 4 米，明间开间设计最大，次间、稍间、尽间依次递减，弄的面阔在 1.5 米左右。主进深多为 5 檩至 7 檩，檩距一般在 1～1.5 米，因此房屋的进深一般在 5 米以上（图 5、6）。这与北方地区民居相比进深较大，有利于取得阴凉的室温和扩大使用空间。

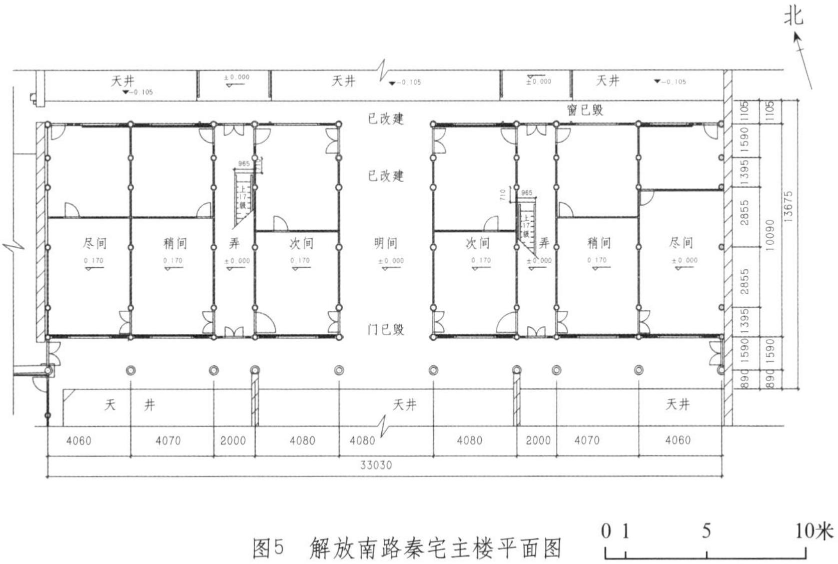

图5　解放南路秦宅主楼平面图

2．木构架：宁波传统民居以木构架作为房屋的骨架，包括柱、梁、枋、椽等部分。梁架一般采用穿斗式和抬梁式两类，以穿斗式为多。在三间大厅的明间多用抬梁式屋架，用三架梁、五架梁等，

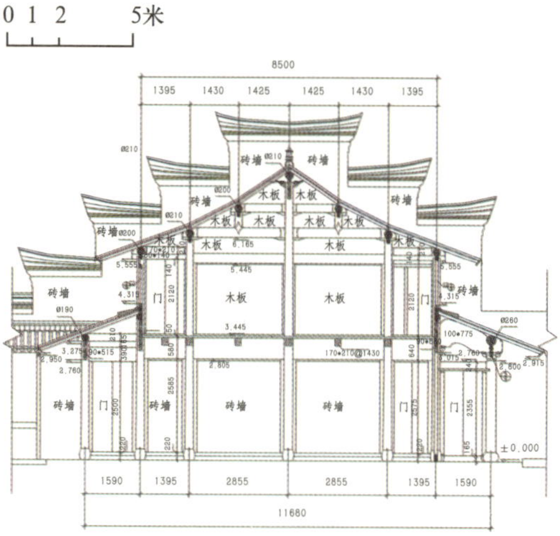

图6 解放南路秦宅主楼明间剖面图

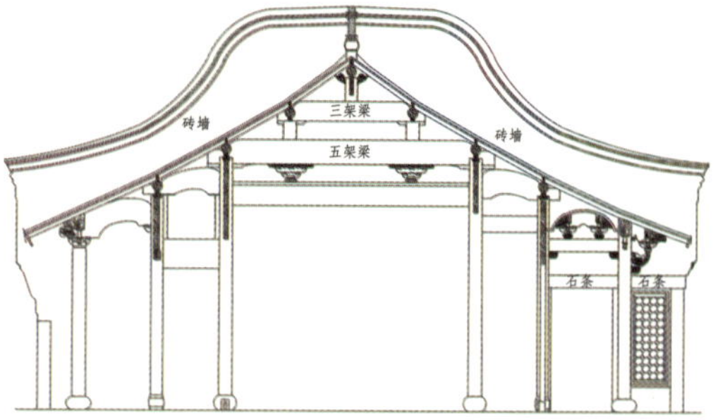

图7 郁家巷杨宅明间剖面图

并做成月梁状，截面多为纵长方形；大厅的次间多用穿斗式梁架结构，有柱柱落地的穿斗式，也有适当减柱，用童柱来代替的形式。一般建筑还增设前后廊，用廊柱上承挑檐枋。这种构架方式使用空间大，适合大厅作为一个家庭迎来送往、聚集议事和祀拜天地祖宗的场所之需（图7）。此外，宁波传统民居中还发现有一种只在正厅明间为抬梁式梁架的高平屋，外观则为重檐复式屋顶，为宁绍地区清后期常见的厅堂建筑式样。

楼房建筑则多采用穿斗式屋架，有时为了节省柱子或显得美观、轻巧，一般在檐柱或金柱以内酌情减柱，用童柱代替柱子，横向用双步梁支撑，而不必每檩下面的柱子都落地（图6）。在楼房建筑中不仅底层带廊，甚至楼上也加檐廊或回廊。

3．屋顶：宁波传统民居的屋顶基本由檩、椽、望砖、青板瓦依次向上组成，青板瓦做成正反相扣的形式，即先用板瓦仰面铺底，再用板瓦扣住两列仰瓦之间的空隙，瓦片一块压着一块，大多不作固定，一般在前后檐口有瓦当和滴水，雨水顺着滴水瓦排向天井。檐口有封椽板，用钉子与檐椽固定，除增加檐口稳定性起到更好的防风效果外，还可防止檐椽雨淋腐朽。普通建筑的屋脊一般采用左右侧放的两块瓦片，上覆横、竖两层压顶砖及元宝砖组成，而有一定规模的民居一般屋脊做得较高耸，并用砖砌造和砖雕出各种样式（图8）。

宁波地区雨水较多，所以传统民居瓦屋面都用两坡顶，有利于雨水的排泄，且多为硬山式屋顶，以增强防风能力。

图8 郁家巷杨宅屋脊

4．墙体：墙体是民居的主要围护结构，宁波传统民居除檐墙及部分开间隔断为木结构外，其余基本用砖砌成。其中楼房的上层隔断用木结构，底层以砖结构居多，有些建筑在窗下多做石质槛下板，以利于防潮和防水。外墙一般做成空斗砖墙，底层用条石，上有数层实叠砖，再上基本为立顺、立丁交错砌法形成空斗。因空斗墙的砖薄内空，一般在外表面用石灰浆抹面，以满足防水及隔热所需，称为“混水墙”，有些外墙青砖直接暴露在外，称为“清水墙”。这两种类型在宁波传统民居墙体中都比较常见。

此外，因宁波地区人烟稠密，用地紧凑，建筑间距较近，且多为楼房，为达到防火和美观之需，砖制的烽火墙应运而生。烽火墙一般位于山墙，且高出屋顶，并有各种优美的造型，大体可分为人字形、马头形、观音兜三种形式。

5．铺地：廊地面一般用条石铺就，室内地面用砖铺墁或三合土夯筑，个别民居在大厅地面上雕有图案，偶见有在夯土中泼糯米汁以加强地面坚固性的例子。一二楼一般均铺设木地板，以隔湿防潮。天井地面多用石板、卵石铺砌或直接泥土地面，并砌有排水沟道，尽量保持在多雨季节中雨水能顺畅排尽。

三　细部装饰追求美感

民居建筑在满足人们居住的基本功能需求的同时，也在不断追求和强化着它的装饰艺术和造型美感。从现存宁波传统民居来看，除明代的建筑显得比较古朴、装饰手法比较简洁明快外，清代建筑和民国时期的建筑装饰手法渐趋多样，装饰一般位于室内外最易集中人们视线的地方，并具有浓厚的浙东地域特色与文化内涵。

1．檐廊：外檐设廊是宁波传统民居的普遍特点，可以起到开阔空间、遮蔽雨水之需。檐廊顶部和室内天花、屋顶等一样，一般不作吊顶，直接将月梁、十字斗拱、望砖、檐椽等暴露于外，或在檐廊中用挑檐形式，利用撑拱（牛腿）、雀替、挑檐枋等挑出屋檐，并在梁头、牛腿、雀替等处表面进行雕饰(图 9)。但在做工相对精致的民居中，檐廊顶部一般设有弯顶椽，以卷棚式轩廊为多（图 10)，与直椽形成对比，使檐廊的装饰效果大为增强。此外，楼房中的二楼檐廊一般用挂落、栏杆、窗等来装饰檐廊，以起到分隔或封闭空间及美观的作用。

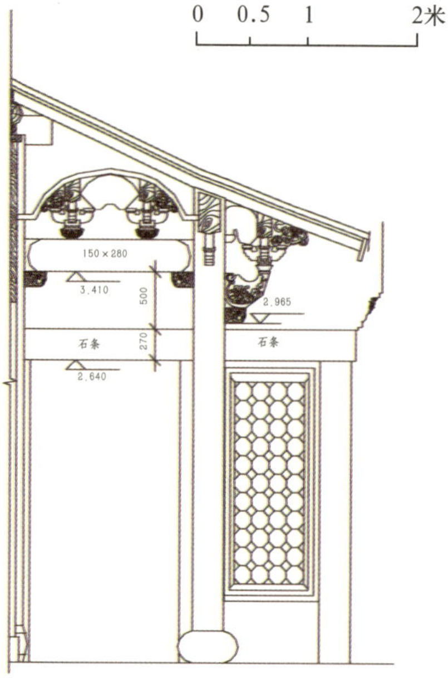

图9 郁家巷杨宅前廊

图10 郁家巷杨宅卷棚式轩廊

2．山墙：清代以来，宁波地区民居山墙上出现了诸如马头墙、观音兜等墙体装饰，一般高于屋脊，除起到防火作用外，还使得整座建筑的造型更加漂亮和美观。

马头墙起源于徽州建筑，以后逐渐蔓延至南方其他地区，其形状大致相同，但也有区别，如山墙的墙头有的平一些，有的翘一些，翘起的墙头顶端的造型也有不同，有些显宽厚，有些显尖翘，有些呈翻卷之势，有些则在顶端添置小型雕刻。宁波地区现存民居中马头墙一般三阶比较常见，高低错落，墙头从中间起呈缓慢起翘状，墙头顶端相对宽厚、朴素（图11），颇具地方特色，可以说是宁波城市一道亮丽的风景线。

观音兜因山墙顶端砌成形如观音头顶披风而得名，在南方地区比较常见，但各地形状也有区别。如与福建民居观音兜有较高起翘不同，宁波地区传统民居的观音兜山墙线条变化相对平缓，仅在尾部稍微起翘，给人以庄穆、典雅的感觉（图12）。

3．门窗：宁波传统民居建筑大门以贴墙

图11 宝奎巷建筑马头墙

式砖雕门为多，有些是门头凌驾于院墙之上的牌楼式门脸，有些除顶部挑出墙面有些许厚度，其余部分则用砖贴在墙面上，形成门罩，俗称“衣锦架式”门脸，基本为一开间，门一般用实心木板门，门框一般用石质材料。为了体现主人的身份和地位，都会将大门的门头做一些装饰，只是普通民居的大门门头装饰比较简单，而有一定规模的民居建筑中门头的装饰比较精美，除用砖雕出各种木结构样式，如斗拱、飞檐外，还用砖砌各种形状，有的在门头上写有字牌（图 13）。近代发展起来的大门在门框用砖堆砌或出现磨石子做法，门头上饰几何图形，融入了西洋建筑的元素，别有一番美感（图 14）。

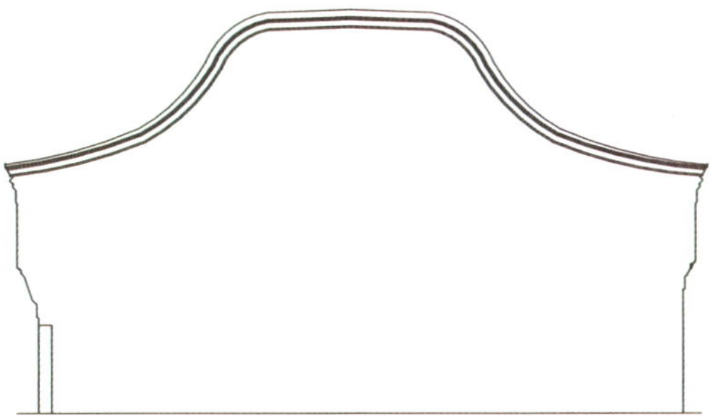
图12　郁家巷杨宅观音兜山墙

砖、石窗是宁波传统民居较有特色的一种漏窗，一般位于墙体上，包括后檐墙、山墙，在有些面阔较大的建筑中，多见用院墙将天井进行分隔，在院墙上则多设窗。这些窗外框多呈方形，窗心采用透空的花格纹饰，纹样有几何纹、花草纹、金钱纹、动物图案等（图 15 ～ 17），雕刻精美细致，图案匀称多样，极具地方特色，在起到通风、采光等使用功能的同时也增强了整幢建筑的观赏性。

4．雕饰：雕饰以砖雕、木雕、石雕为多，题材丰富，做工细腻，具有浓郁的地域特色。其中砖雕因材料疏松易于雕造最为常见，大多施于山墙

图13　郁家巷杨宅砖雕门楼

图14　戴祠巷刘宅大门

图15　章耆巷某宅后檐墙石窗

图16　月湖公园内大方岳第内砖窗

图17　紫金街林宅内石窗

图18　紫金街林宅墀透砖雕

图19　郁家巷杨宅雕花石柱础

图20　毛衙街毛宅石雕排气孔

墀头、门头、影壁等处（图 18），浮雕或深雕，有些做成仿木结构的斗拱和飞檐等形状；木雕多用于梁枋、雀替、梁托、牛腿、屋内门窗等部位（图 10），一般采用浮雕；石雕在柱础、排气孔、漏窗等处均见施用（图 19、20），基本采用浮雕、透雕等手法。这些雕饰的纹样以云纹、花草、几何图案、人物故事、动物等为主，寓意喜庆、吉祥和富贵，精雕细刻，线条流畅，形象生动。

5．园林：宁波传统民居除在天井中布置鱼缸、盆景、种植树木外，在一些比较讲究的建筑中还设有小园林，如秀水街吴宅、郁家巷盛氏花厅、紫金巷林宅等民居内均设有假山、水池、树木等，创造了一个舒适美观的空间环境；天一阁藏书楼内也有建于清代的园林“天一池”。民居因水而有了灵气，更体现了江南水乡的地域特征。

四　时代特征鲜明浓郁

图21　月湖公园卢宅观音兜山墙

宁波地区的传统民居经过了几千年的发展演变，从新石器时代河姆渡文化的杆栏式建筑，直至近代的砖木结构楼房，无一不留下了明显的时代印记，具有鲜明浓郁的时代特征。

1．室内隔墙：从现存的宁波传统民居看，明代建筑中梁架隔墙多用苇秆、细竹片为内芯，外抹谷壳烂泥，俗称泥壁墙，属于比较典型的明代风格，也比一般的夯土墙增加了稳定性。但到了清代，室内隔墙基本采用木板壁隔断，显得轻巧而灵活。

2．观音兜：早期的观音兜山墙外形厚实、朴素，曲线变化不多。到了清末至民国初期，西风东渐，宁波的传统民居中出现了大量的西洋建筑元素，以曲线变化为主要特色的巴洛克式（或带肩）观音兜山墙应运而生，即在原本圆弧形的墙顶边沿上多了一段曲折。带肩观音兜是宁波近代传统民居中西合璧的主要特点之一，具有明显的时代特征和地方特色（图21）。

3．柱础：宁波传统民居中柱础材料以石质为多，明代柱础一般分为鼓式和毡帽式（图22、23），其中鼓式柱础最大腹径在总高度的1/2以下，毡帽式柱础的沿位于中下部，上为圆柱形，下部稍外鼓，由沿口呈弧线过渡到上部。发展到清代，柱础的式样则以鼓墩形为主，相比明代的柱础显

图22　明代建筑范宅鼓式柱础

图23　明代建筑范宅毡帽式柱础

得细高秀挺。发展到晚期柱础的形式变化丰富，且在柱础上出现多种题材的雕饰，显得华丽繁复（图 19）。

4．大门：大门是划分民居内外空间的主要构件，在宁波现存的传统民居中，早期以屋宇式大门为主，有单开间和三开间等，砖木结构，雕刻简朴。清代时，砖雕门楼占据主要地位，门楣上用砖堆砌或雕饰成木构形状。至清末到民国时期，因受西洋建筑的影响，门楣上的装饰也发生了变化，出现了山花、几何图形等，门框既有原来的石材，同时也慢慢出现了磨石子材料，显得更为现代化。

五　结语

宁波地区多山、多水，地形复杂，各区块经济条件、风俗习惯并不完全相同，因此各地的传统民居建筑特征虽基本一致，但也存在着个体的差异，各有其特色。如慈溪鸣鹤镇的水乡建筑、象山石浦镇具有渔港传统风貌的乡土建筑，宁海天童镇具有天台特色的传统民居等等，这些都还有待于今后不断的探索和研究。

另外一个值得特别注意的现象是，由于历年来旧城改造、新农村建设的破坏与影响，同时也由于砖木结构建筑的年久老化，宁波地区传统民居的数量和质量都在日益萎缩，因此，如何保护这些传统建筑的本体及其空间环境，并从单体的保护延伸到街区与城镇的保护，如何合理利用这些传统民居，以使这些珍贵的历史遗产得以健康、可持续地发展，无疑是我们当前面临和需要思考的首要课题。

参考文献：

[一] 孙大章：《中国民居研究》，中国建筑工业出版社，2004 年版。

[二] 中国建筑设计研究院建筑历史研究所：《浙江民居》，中国建筑工业出版社，2007 年版。

[三] 王其钧：《中国民居三十讲》，中国建筑工业出版社，2005 年版。

[四] 楼庆西：《乡土建筑装饰艺术》，中国建筑工业出版社，2006 年版。

[五] 罗哲文：《中国古代建筑》，上海古籍出版社，2001 年版。

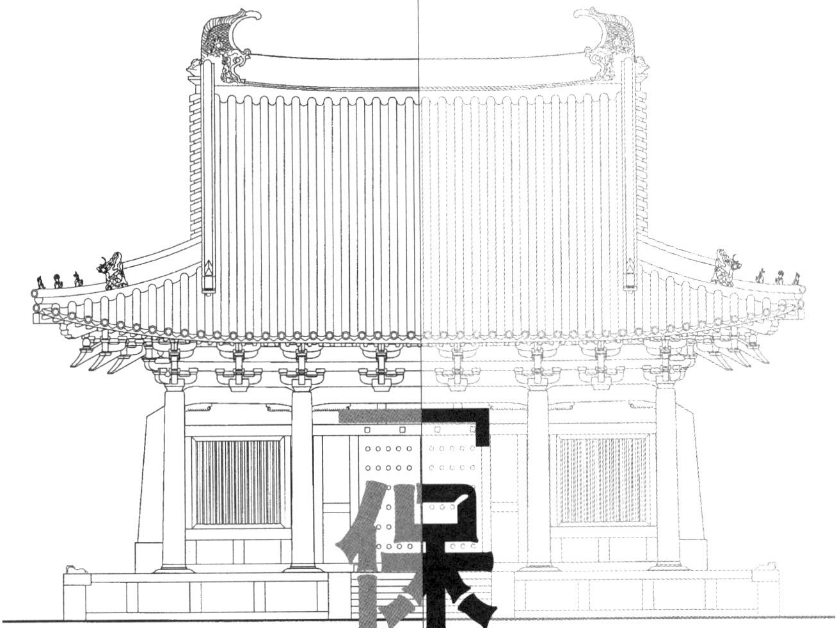

「保国寺研究」

叁

【论保国寺北宋大殿的特点与价值】

余如龙 · 宁波市保国寺古建筑博物馆

一　历史沿革

保国寺坐落在宁波市北郊的灵山山腰，背枕鄮峰，左辅象鼻，右弼狮岩，宅幽而势阻，地廊而形藏，寺院若隐若现于云雾中，非到寺门口不见寺院之影踪。寺院四周群山环抱，古树名木随处可见，空气清新，环境优美。

保国寺的创建年代为东汉建武年间。据清嘉庆《保国寺志》记载，"……灵山，山上有寺，名保国寺，我邑之名胜也。此山又名骠骑山，东汉世祖时，张侯名意者，为骠骑将军，其子中书郎，名齐芳，隐居此山，今之寺基即其宅基。"佛教传入，舍宅为寺，因在灵山上，初名灵山寺。《寺志》称初次建置[一]。

唐会昌五年（845 年）诏毁天下佛寺，灵山寺亦在其中。唐广明元年（880 年）复崇佛教，乡人因诣明州（宁波）城内国宁寺（即今天宁寺）僧可恭鸣之刺史，上书朝廷，奏请建复。唐僖宗赐额保国寺，又赐紫衣一袭于可恭，命主持。可恭为保国寺始祖。《寺志》称二次建置。

其后，天禧年间和明道、庆历年间，寺院多次修建、扩建。北宋大中祥符四年（1011 年），僧德贤、德诚主持保国寺。《寺志》称三次建置。

宋治平年间（1064 年）保国寺改额"精进院"，不久即复。

元、明及至清康熙年间、乾隆年间，保国寺均有修建。

清嘉庆元年（1796 年）始，保国寺住持僧敏庵逐一修缮殿堂、楼阁、台馆、井池。《寺志》称四次建置。

民国九年（1920 年），保国寺监院一斋开山新辟寺基，建造藏经楼等建筑，并对主要殿堂作了维修。《寺志》称五次建置。

其后，寺院渐趋凋蔽、颓败，僧侣云散，又以抗日战争时期为甚。

保国寺并不是以其宗教寺庙闻名于世，而是因其精湛绝伦的建筑工艺令人叹为观止。现存保国寺大殿重建于北宋大中祥符六年（1013 年），是长江以南最古老、保存最完整的木结构建筑之一。清康熙二十三年（1684 年）

[一] 清嘉庆版《保国寺志》

在大殿东、南、西三面增建了下檐，成为重檐歇山顶形式。大殿重建至今虽经多次维修，但原制结构没有变动。其他殿宇都是清康熙以后陆续重建或增建的。1983 年从宁波市区迁入明代厅堂三间。1984 年迁入唐代经幢两座。现在保国寺已成为拥有汉（骠骑井）、唐（经幢）、宋（大雄宝殿）、明（藏经阁）、清（观音殿、钟鼓楼、天王殿）和民国（藏经楼）各个时期的古建筑群体。占地面积两万平方米，建筑面积七千余平方米，四周自然山林 28.8 公顷。

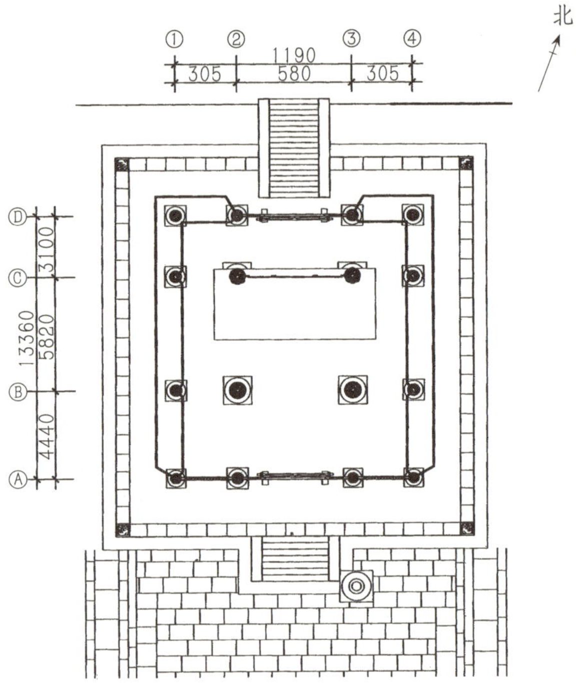

图1　大殿复原平面图　1 0 1 2 3米

二　北宋大殿构造特点

大殿，又称大雄宝殿、佛殿和祥符殿。坐北朝南偏东 36 度。大殿原为单檐九脊殿，清康熙二十三年（1684 年）又在前檐和两侧山面加了一檐，便成为现在的重檐歇山顶形式。其主要特点有：

1. 平面布置进深大于面阔。原大殿面阔、进深都是三间，通面阔 11.83 米，通进深 13.38 米，呈纵长方形，这与唐、宋以来全国小型佛寺殿堂中普遍使用的正方形或横向长方形不同，出于实用目的，前槽空间较大，更显得佛台上佛像高大。殿的正面虽设前廊，但其余三面皆包以墙壁；前廊各间的面阔与殿内不一致。

图2　大殿内柱网、梁架结构

2．柱子呈瓜棱状。原大殿的平面施用檐柱12根（图1），柱头以阑额联系，构成外槽框架；殿内用四根内柱、与内额襻间枋及顺栿串组成内槽；并在前内柱缝的四根柱间置阑额，与前檐四柱形成前槽。

大殿所用的16根柱都作瓜棱状（图2），其瓜棱数因柱的位置不同，分作三种：一种是周围都作瓜棱，为八瓣，用于前檐四柱、殿内四根内柱及前内柱缝两檐柱；其二作四瓣瓜棱，用于后檐两角柱和前内柱缝东檐柱；第三为二瓣状，用于后檐两平柱、后内柱缝两檐柱。后两种柱皆是朝外一面有瓣，向殿内部分作圆弧状，无瓣。瓜棱柱有两种做法：一曰“包镶作”，是采用以小拼大的手法，在一根较小直径的木料周围，根据实际需要再用许多根一定厚度的小木料镶嵌而成比较大的柱子；另一种是一根柱子用同样大小的四块木料做榫卯拼合而成，称“四段合”。这些方法既解决了大木料来源困难的问题，又具有很强的装饰效果，美观大方。

图3　斗拱结构一组

柱础有四种：有鼓形，直统形，须弥座式和覆盆状木质式四种。柱子有收分，柱头以及部分柱脚略有卷刹。

3．阑额作月梁形。正面及山面靠南一间，阑额作月梁形，并施“七朱八白”彩绘。按《营造法式》“阑额”条，“两肩各以四瓣卷刹，每瓣长八分”，显然是月梁形式，可是在黄河流域的辽、宋、金木构建筑中，尚未发现此种样式，独此保国寺大殿的阑额与《法式》所述类似，可说是异常宝贵的证物。山面第二、第三间及后檐柱用两层阑额，两额间在补间铺作位置下方施一短木垫撑，此木为长方形，这种使用两层额的方法乃是沿用了唐以来的做法。另外，额在隅柱外侧不出头；额上亦不施普柏枋，也都是唐代的建造风格。

4．斗拱结构复杂。保国寺大殿斗拱结构复杂（图3）。大殿所施斗拱

图4　大殿正内面

繁多，用料较大。其材高在21.5～22厘米间，厚13.5～14.1厘米，比例是3∶1.9，基本为《法式》的五等材。藻井用材小一些，其广×厚为17厘米×11.5厘米，栔高7厘米，相当于《法式》七等材。斗拱中各种斗的耳、平、欹比例在2∶1∶2左右，拱亦砍出卷刹。大殿的斗拱大体可分作：外檐斗拱、前槽斗拱（包括藻井、天花部分）和内槽斗拱三大类。

5．藻井各具特色。前槽三间，各置有一藻井（图4），中间的大，左右略小。这是装饰、通风、音响的需要。

(1)　当心间藻井：由算程枋构成正方形，

在四个角内再置短枋，组成八角外井，在各交角处施华拱两跳，第一跳偷心，第二跳上置令拱，承随瓣枋，枋上垂直齐心斗处施竖向弧形阳马，集于中心八角明镜，另于阳马背上依其弧线形势施木环七圈，使透空藻井成穹窿状。

(2) 次间藻井：算程枋构成一南北向的长方形，各边角出二跳华拱，第一跳偷心，第二跳施令拱，托上层算程枋，南北方向的令拱拱端与相邻令拱成鸳鸯交手拱，在南北方向加二枋，使之成正方形，并在四角置短枋，便为八角井，竖向弧形的阳马下至各交角处，上集中心八角明镜，阳马背上施木环五圈。

(3) 天花：前槽当心间的藻井左右，分别置长方形的天花，于此长方形四角及二长边中点施华拱二跳，以托天花之程，其上覆背板而成。其中藻井、平闇、平敧三者合一，在一个局部互相结合体现出来，这在古建筑中较为少见

6．梁架结构。大殿梁架作抬梁式（图 5)，其侧样：八架椽屋，前三椽栿后乳栿用四柱。全部梁架由周圈檐柱及内柱四根承托。梁栿多作明栿，月梁造。当心间两缝梁架的蜀柱间，使用顺脊串，作梁架的勾搭连接之用。

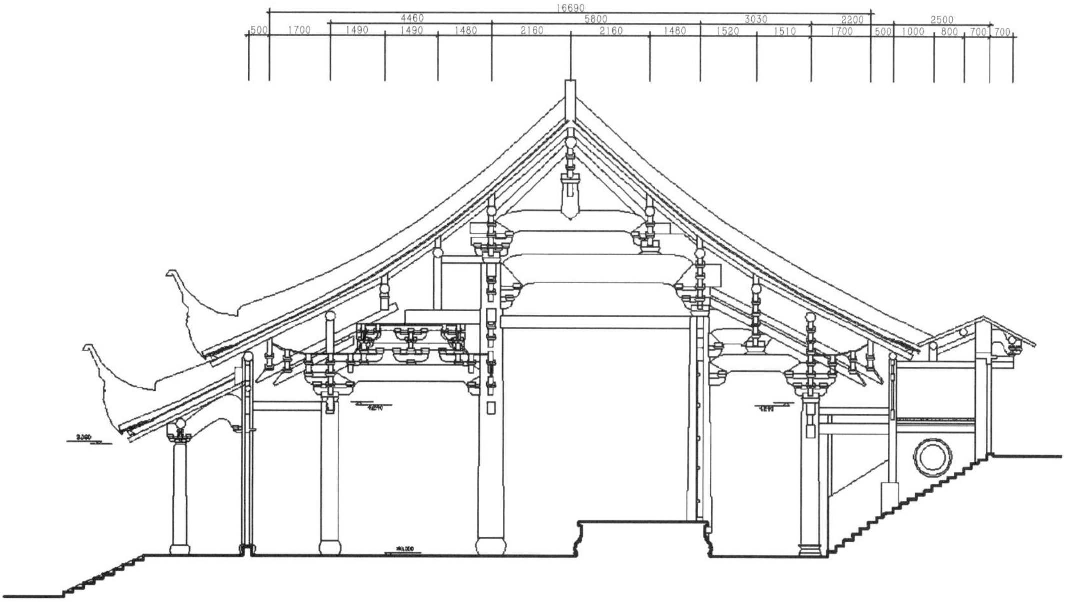

图5　大殿现状剖面图

内槽三椽栿下还施有顺栿串，这些对增强大殿整体构架的抗震动、抗冲击性起着一定的作用。

就其结构形制来看，与《法式》卷三一大木作所载："七架椽屋前后乳栿用四柱"大体相同，即后檐外槽檐柱与金柱间用乳栿及劄牵，前檐外槽用三椽栿。内槽前后金柱间最下用三椽栿，再上为平梁，平梁中间立侏儒柱，柱前后施叉手。两柱间施顺脊串，柱上用栌斗，上施两材襻间。出际于采金上两端立柱以支承平梁，梁上施侏儒柱、叉手、襻间等构成草架。

7．七朱八白。所有的阑额都作"七朱八白"的彩绘，额上不施普柏枋，额至隅柱不出头。七朱八白转角各四块，每块白 32 厘米×8 厘米。"七朱八白"的装饰，它盛行五代到宋这段时期。

8．屋顶装修。大殿现为重檐歇山顶，但后檐仅作单檐，灰色筒板瓦陇。屋顶举高约 1∶3，坡度较陡。下檐把原大殿的斗拱、柱额全部隐蔽在内部，上下檐的比例、位置不对称。大殿的上檐前后坡分别有 75 陇筒瓦，下檐 91 陇，两山面上檐的筒瓦各 89 陇，下檐只有 90 陇。檐口置勾头滴水。翼角高翘，采用老戗、嫩戗的发戗做法。

山面作山花板，施排山勾滴，勾头坐中。博两外端安博风板，置垂鱼、惹草，形式如同《法式》所制，歇山出标达 35 厘米。

屋面所用脊分别是：正脊、垂脊、岔脊、戗脊、博脊，均为瓦条垒砌，除戗脊外皆透空做毯纹格眼等纹式，多数脊上未按走兽装饰，仅正脊两端置鸱尾。

三　大殿的历史、艺术和科学文化价值

历史价值。大殿是浙江现存最早的、也是唯一的宋代木结构建筑。它重建于北宋大中祥符六年（1013 年），距今已有近千年的历史，早于《营造法式》颁布（1103 年）90 年，也是长江以南最古老、保存最完整的木结构建筑之一。从实测的结果看，有许多构件的尺度和结构形制，是与《法式》相同或接近的，如复杂的斗拱结构、月梁形的阑额、柱径与柱高之比、出檐、挑斡等都接近于《法式》规定。大殿现存的结构，大多保存了重建时的形制和构件，有少量构件年代更为久远。虽然我国南方地区台风多雨、气候潮湿，虫蚁容易孳生繁殖，但大殿仍能保持原建时风貌，巍然屹立于灵山山岙，是国内现存重要的木构古建筑。1961 年 3 月国务院把保国寺列为第一批全国重点文物保护单位。

艺术价值。柱子是大殿建筑的一个具有特色的构件，殿中的 16 根柱子全部做成瓜棱柱，式样有三：全瓜棱式、半瓜棱式、四分之一瓜棱式。采用的数量依其所在位置不同而异，其中以第一种最多，共九根，占一半以上，用于前檐和内柱。这既解决了大料来源少的困难，又具有美观的优点。它是国内已知最早的拼合柱实例，也是宋代拼合柱实物的孤例。

大殿不仅梁栿加工成月梁，就连前檐和进深方向第一间的阑额也都做成两肩卷刹的月梁形式。《法式》中虽有该制，可是在同时期的木构建筑中实例甚少。外檐除了月梁状的阑额外，其余阑额方直，并于阑额下又

施了一道由额，两额之间以间柱上下相连，即为重楣。现存宋以前的建筑多为单阑额的，重楣的做法比较少见。而在唐代佛寺中都能见到，可知这在唐代前期起就是比较盛行的一种建筑手法。此外，斗拱直接坐于阑额上，未用普柏枋，也是唐代和北宋初期的建筑作风。

大殿前槽横置的三个斗八藻井，亦是保国寺大殿的精华所在。殿内前槽三间，各有一藻井，以当心间的为最大、最精。保国寺大殿除了它在结构上的特殊外，还保留了宋代的装饰彩画艺术，这又是一项珍贵的文化遗产，虽经历代修绘，有的因年久日长而褪色，或粉彩剥落残缺，但幸存的仍清晰可见，这些彩绘除斗拱上的红、黄、青、绿、橙五彩披装和红黑白三彩装外，大多绘在最显眼的前槽三个半圆形的镂孔藻井四周及连接的枋子上，与镂孔藻井、斗拱浑然一体，显得玲珑剔透，华丽庄重，还有一部分彩绘在三个藻井附近的天花板上，使天花富丽堂皇、生机勃勃。所有的阑额都作“七朱八白”的彩绘。这些彩画艺术对研究当时建筑上的装饰艺术有着重要的参考价值。

科学文化价值。保国寺大殿除了保留某些唐代建筑的手法和地方作法以外，更是保存了典型的宋代官式作法。它说明了《营造法式》的出现不是偶然的，是中国木构建筑长期发展的必然总结。且《法式》所反映的作法，绝不局限于中原一带。由于保国寺大殿在木构形制与作法上内容丰富，等级较高，又十分接近或吻合《营造法式》，这样它就为深入研究《法式》提供了可贵的线索和重要实例，保国寺大殿建筑形制在力学研究上达到的高水平表现在：

1．柱子排列纵横成行，整齐规则。柱子几乎无生起，却有明显侧脚，即明显地四面向中心倾斜。四面看起来都是梯形（清代发现整座建筑往后倾斜，后檐柱几乎垂直，在后檐加了两根石柱支撑）以增加稳固。

2．复杂的斗拱结构。整座大殿约五十吨的重量，通过梁架、斗拱传递到柱子。斗拱结构又由升、斗、昂、拱等构件组成。斗拱与昂都用榫卯衔接，不用一枚钉子，整座大殿稳巧有致，承托了屋顶的重量，有很好的防风抗震能力。

3．大殿梁架为抬梁式（梁长约 12 米，被天花、藻井遮住，故称无梁殿，讹称无量殿），八架椽屋。全部梁架由周围檐柱及四根内柱承托。在天花藻井以下露明的梁栿采用明栿月梁的做法，制作工整，精丽；而在天花和藻井之上的则草栿造，整体结构有很好的抗冲击能力。

综上所述，保国寺大殿所处我国长江以南地区，在常年多雨潮湿、台风等自然环境条件下，历经千年风雨，尚能留存至今，实在难得。保国寺大殿的价值不仅由于它的历史长久，而且在屈指可数的早期木构建筑中，其保存的历史信息之丰富，特别是在印证《营造法式》方面，更是无与伦比。保国寺大殿在三开间空间处理中，从建筑设计的角度来衡量，是室内设计水平最高的一例，成为后世仿效的楷模。它所采用的木构技术，成为11世纪最先进、最有代表性的范例。这样的技术作法为90年后产生的中国第一部建筑典籍《营造法式》奠定了基础，其木构建筑的科学理念在书中得到提炼，在世界科学史上闪烁着璀璨的光辉。

参考文献

[一] 杨新平等:《保国寺调查报告》。
[二] 保国寺“四有”档案。

【保国寺人物纪事琐考】

徐建成 · 宁波市文化广电新闻出版局

翻阅嘉庆《保国寺志》，细心考证一下先觉小传，会发现人物师徒关系的前后矛盾和错误。由此可以得出，修纂寺志的人并不了解和掌握保国寺的历史信息和人物生平，只是根据口口相传、以讹传讹记录下来。本文通过整理，编年记录公元1579年（明万历七年）～1812年（清嘉庆十七年）保国寺僧人生平和活动纪事，从而串联起保国寺兴衰迹象，对真实反映保国寺历史起到佐证作用。

现编年记录如下：

1579年（明万历七年）七月二十日，豫庵大师生。

豫庵，名德芳，原为慈溪赵氏子。父母早亡。少嗜读书，性沉静，精易义，更工诗。

1599年（明万历二十七年）二月十八日，静斋禅师生。豫庵21岁。

静斋，名兴仁，原为慈溪汪氏子，自幼出家。

1601年（明万历二十九年）三月二十七日，质庵禅师生。豫庵23岁，静斋3岁。

豫庵偶遇也靓戒师，会心禅理。于是在四明演法道场（宁郡城崇教寺）出家。

质庵，名隆义，原为慈溪周氏子，性恬淡。出家时年甚少。

1608年（明万历三十六年）十月初十日，和斋禅师生。豫庵30岁，静斋10岁，质庵8岁。

和斋，名传礼，原为慈溪郑氏子，自幼出家。

1611年（明万历三十九年），33岁的豫庵别出一支为保国寺南房，收13岁的静斋为徒。置田十亩，躬耕食力。时，质庵11岁，和斋4岁。

辨析：静斋与质庵年龄相仿，《寺志》云：质庵为静斋之徒。笔者在此注，存疑？静斋和质庵应同为豫庵之徒。

1624 年（明天启四年）十月初十日，明庵禅师生。豫庵 46 岁，静斋 26 岁，质庵 24 岁，和斋 17 岁。

明庵，名弘道，原为慈溪长石桥王姓子。性爽直，有臂力，不畏强御。

1648 年（清顺治五年）三月初十日，和斋病逝，得年 41 岁，和斋附葬师静斋之墓。

辨析：《寺志》云：和斋为质庵之徒，附葬于静斋之墓。笔者在此注，存疑？和斋先于静斋亡，何来附葬？既然和斋为质庵之徒，应附葬于质庵之墓？是则表明，有可能，静斋收和斋为徒。而和斋收明庵为徒也应当存疑，明庵应为质庵之徒。要么，静斋葬后，和斋墓移葬于静斋之墓旁。

豫庵 70 岁，静斋 50 岁，质庵 48 岁，明庵 25 岁。

1653 年（清顺治十年），静斋圆寂，葬于法堂后山乾隅，享年 55 岁。豫庵 75 岁，质庵 53 岁，明庵 30 岁。

1658 年（清顺治十五年）三月十五日，显斋禅师生。豫庵 80 岁，质庵 58 岁，明庵 35 岁。

显斋，名继法，原为鄞县鲍姓子。父早亡，母邵氏。性聪明。

1665 年（清康熙四年）十二月初六日，豫庵端坐而逝，寿年 87 岁。葬于寺前山南园。

辨析：豫庵遗命，一庵一斋，祖孙同行，世世相传。质庵 65 岁，明庵 42 岁，显斋 8 岁。

1667 年（清康熙六年），44 岁明庵收 10 岁显斋为徒。显斋读书一览成诵。质庵 67 岁。

辨析：由于“斋”之系断脉，“庵”之辈收“斋”之系为徒。

1673 年（清康熙十二年）十月十一日，景庵禅师生。质庵 73 岁，明庵 50 岁，显斋 16 岁。

景庵，名祖辉，原为灵山脚下苏氏子。

1675 年（清康熙十四年）18 岁的显斋监视院事，才能服众，明庵器重之。质庵 75 岁，明庵 52 岁，景庵 3 岁。

1679 年（清康熙十八年）八月初七日，明庵圆寂，寿年 56 岁。显斋操持后事，葬于山麓石柱牌乾隅。质庵 79 岁，显斋 22 岁，景庵 7 岁。

1682 年（清康熙二十一年），25 岁的显斋收 10 岁的景庵为徒。质庵 82 岁。

1684 年（清康熙二十三年），显斋扩基八尺，增设大殿重檐。重塑罗汉。质庵 84 岁，显斋 27 岁，景庵 12 岁。

1686 年（清康熙二十五年）七月廿一日，质庵无病苦，侧卧而逝，寿 86 岁。显斋操持后事，附葬师静斋之墓。显斋 29 岁，景庵 14 岁。

辨析：质庵附葬师静斋，存疑？清初时期保国寺南房第一次衰落，仅剩下师徒两人的凄景。

1695 年（清康熙三十四年），日斋生。显斋 38 岁，景庵 23 岁。

日斋，名佛光，原为慈溪唐氏子。

1698 年（清康熙三十七年）八月初一日，唯庵禅师生。显斋 41 岁，景庵 26 岁，日斋 4 岁。

唯庵，名果一，原为杭城夏氏子。声音洪亮。

1708年（清康熙四十七年）十月廿七日，体斋禅师生。36岁景庵同收14岁的日斋和11岁的唯庵为徒。显斋51岁。

体斋，名圆相，原为慈溪长石桥王姓子。

辨析：《寺志》云，唯庵为日斋之徒。笔者以为，两者年龄相仿，存疑？

1711年(清康熙五十年)十二月廿二日，常斋生。显斋54岁，景庵39岁，日斋17岁，唯庵14岁。4岁的体斋尚未进山门。

常斋，名普恒，原为慈溪赵氏子。

1714年（清康熙五十三年）悦庵生。显斋57岁，景庵42岁，日斋20岁，唯庵17岁，7岁的体斋可能已进保国寺山门，4岁的常斋未进山门。

悦庵，名明粹，原为慈溪成氏子。

辨析：清初保国寺南房出现第二次僧丁兴旺。

1715年（清康熙五十四年）九月廿一日，日斋卒，得年仅21岁。58岁的显斋，建樊公闸，郡侯尚公赠额"功高千古"，樊公赠文"禅宿罕俦"。18岁的唯庵斋收8岁体斋为之徒。时，景庵43岁。5岁常斋和2岁悦庵尚未进山门。

1722年（清康熙六十一年）十一月初一日，理斋生。

理斋，名正初，原为慈溪陈氏子。显斋65岁，景庵50岁，唯庵25岁，体斋15岁，常斋12岁，悦庵9岁。

辨析：《寺志》云，悦庵为体斋之徒，常斋为悦庵之徒，笔者以为体斋、悦庵两者年龄相差不大，体斋、悦庵为师徒关系存疑？

1724年（清雍正二年）十二月十六日，巨庵生。显斋67岁，景庵52岁，唯庵27岁，体斋17岁，常斋14岁，悦庵11岁，理斋3岁。

巨庵，名成隆，原为慈溪黄氏子。

辨析：《寺志》云：理斋为巨庵之徒，而理斋年龄大于巨庵，显然也是不妥的。

1725年（清雍正三年）四月十七日，悦庵卒，得年12岁。显斋68岁，景庵53岁，唯庵28岁，体斋18岁，常斋15岁，理斋4岁，巨庵2岁。

辨析：常斋年龄大于悦庵，12岁的悦庵不幸夭行，不可为常斋之师。《寺志》显然存在错误。

1727年(清雍正五年)巨庵四岁,父母亡,出家。性聪慧,显斋甚爱之。显斋70岁,景庵55岁,唯庵30岁,体斋20岁,常斋17岁,理斋6岁。

1729年(清雍正七年)闰七月初四日,景庵卒,得年57岁。精书法,笔锋近董其昌。附葬显斋之墓。显斋72岁,唯庵32岁,体斋22岁,常斋19岁,理斋8岁,巨庵6岁。

1736年(清乾隆元年)显斋与唯庵卜居法堂。性慷慨而严毅。好读书,手不释卷,所著记诗赋甚多,遗稿散弃。与天童寺主持龙山为挚友。显斋79岁,唯庵39岁,体斋29岁,常斋26岁,理斋15岁,巨庵13岁。

1737年(清乾隆二年)二月十二日,80岁的显斋端坐而逝,与母邵氏共葬于钟楼东隅山地。师自题其墓:玉几为屏,迎旭晓开千嶂锦;铁沙似带,环山日涌两江潮。唯庵40岁,体斋30岁,常斋27岁,理斋16岁,巨庵14岁。

1745年(清乾隆十年)唯庵与体斋重修大殿,次年落成。唯庵谢院事,体斋主持。唯庵48岁,体斋38岁,常斋35岁,理斋24岁,巨庵22岁。

1748年(清乾隆十三年)敏庵禅师生。唯庵51岁,体斋41岁,常斋38岁,理斋27岁,巨庵25岁。

敏庵,名觉性,原为慈溪王氏子。

1750年(清乾隆十五年)唯庵长逝,得年53岁。(志书得年五十岁有误。)葬于天王殿东竹园。师最勤笔墨,书《法华经》一部。体斋43岁,常斋40岁,理斋29岁,巨庵27岁,敏庵3岁。

1755年(清乾隆二十年)敏庵8岁,双亲逝,出家。体斋48岁,常斋45岁,理斋34岁,巨庵32岁。

1761年(清乾隆二十六年)十一月廿九日,巨庵圆寂,得年38岁。附葬唯庵师之墓。体斋54岁,常斋51岁,理斋40岁,敏庵14岁。

1764年(清乾隆二十九年)永斋生。体斋57岁,常斋54岁,理斋43岁,敏庵17岁。

永斋,名广远,原为慈溪王氏子。

1771年(清乾隆三十六年)永斋8岁出家。体斋64岁,常斋61岁,理斋50岁,敏庵24岁。

1774年(清乾隆三十九年)八月初九日,理斋圆寂,得年53岁。葬于天王殿东竹园。体斋67岁,常斋64岁,敏庵27岁,永斋11岁。

1780年(清乾隆四十五年)十二月二十日,体斋圆寂,寿年73岁,葬于天王殿东竹园。常斋70岁,敏庵33岁,永斋17岁。

常斋建文武帝殿于叠锦亭内,又于天王殿高低转弯处,新构一亭,悬“东来第一山”之额。

1781年(清乾隆四十六年)山门大殿,悉被狂风吹坏,几无完屋。71岁常斋主持修葺。敏庵34岁,永斋18岁。

1789年(清乾隆五十四年)常斋卒,寿年79岁,葬于天王殿东竹园。敏庵42岁,永斋26岁。

1802年(清嘉庆七年)敏庵开方丈说大戒。求戒弟子53人。敏庵55岁,永斋39岁。

注:敏庵迎来保国寺中兴。

1812 年（清嘉庆十七年）敏庵重建落成法堂。九月，偶染微疾，后临戒期，尚未痊愈，登堂说戒，谆谆如无疾然。十二月初七日黎明，敏庵跏趺而逝，终年 65 岁，葬于山下平田石柱右方。时，永斋 49 岁。

人物师徒关系琐考如下：

1. 根据《寺志》，则为：

豫庵（1579 ～ 1665 年）—静斋（1599 ～ 1653 年）—质庵（1601 ～ 1686 年）—和斋（1608 ～ 1648 年）—明庵（1624 ～ 1679 年）—显斋（1658 ～ 1737 年）—景庵（1673 ～ 1729 年）—日斋（1695 ～ 1715 年）—唯庵（1698 ～ 1750 年）—体斋（1708 ～ 1780 年）—悦庵（1714 ～ 1725 年）—常斋（1711 ～ 1789 年）—巨庵（1724 ～ 1761 年）—理斋（1722 ～ 1774 年）—敏庵（1748 ～ 1812 年）—永斋（1764 ～ ? 年）

2. 笔者考证，则为：

豫庵—静斋—和斋
　　—质庵—明庵—显斋—景庵—日斋
　　　　　　　　　　　　—唯庵—体斋—理斋—敏庵—永斋—心斋
　　　　　　　　　　　　　　　—悦庵　　　　　　　　—端斋
　　　　　　　　　　　　　　　—常斋—巨庵　　　　　—丹庵
　　　　　　　　　　　　　　　　　　　　　　　　　　—峰斋
　　　　　　　　　　　　　　　　　　　　　　　　　　—胜庵

【保国寺观音殿与宁波传统民居之比较】

沈惠耀 · 宁波市保国寺古建筑博物馆

宁波保国寺观音殿，原名法堂，根据明嘉庆《保国寺志》记载，始建于南宋绍兴年间，清康熙二十三年（1684 年）曾重修，乾隆元年（1736 年）法堂两厢在原有的荒基上建起从它处迁来的两栋楼房，此为法堂有东西楼之始，在此以前，法堂仅仅为一座单栋的殿宇。乾隆五年（1740 年），重建了东西楼，乾隆五十年（1785 年）又一次重建东西楼，乾隆五十二年（1787 年）重建了法堂，奠定了今日所见的样子。民国九年（1920 年）曾经进行过翻建，从现存的柱网和构架来看，建筑后部向后扩展了 2.9 米，对前檐梁架装修等也进行了翻修，其他部分基本维持了乾隆年间的原来面貌（图 1，线图 1）。

图1　保国寺古建筑群全景

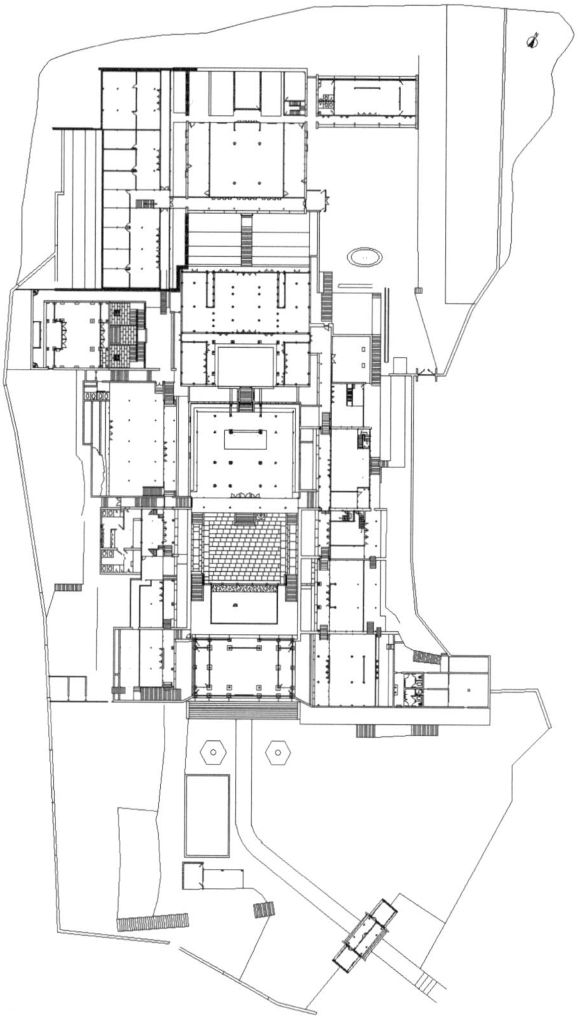

线图1　保国寺总平面图

一　观音殿建筑结构与特点

（一）建筑构造

观音殿平面为三合院式建筑，主楼面宽七间，进深六间，通面宽 24.8 米，通进深 12.57 米，为单檐歇山顶构造，楼下檐设前廊和附加后檐，从正面和背面看皆有两重屋檐。建筑的当中三开间室内仅有一层空间，两端的梢间、尽间内部为两层，楼下辟出 1.3 米宽的一条窄廊，多立了一排柱子，这个建筑的柱网布局极不规则（线图 2、3）。当心间两缝前后布置了 7 根柱子，次间两缝除与当心间对位的柱子之外，在柱间又增加了 4 根，前后布置了 11 根柱子，梢间两缝楼下廊子前后有 4 根柱子，

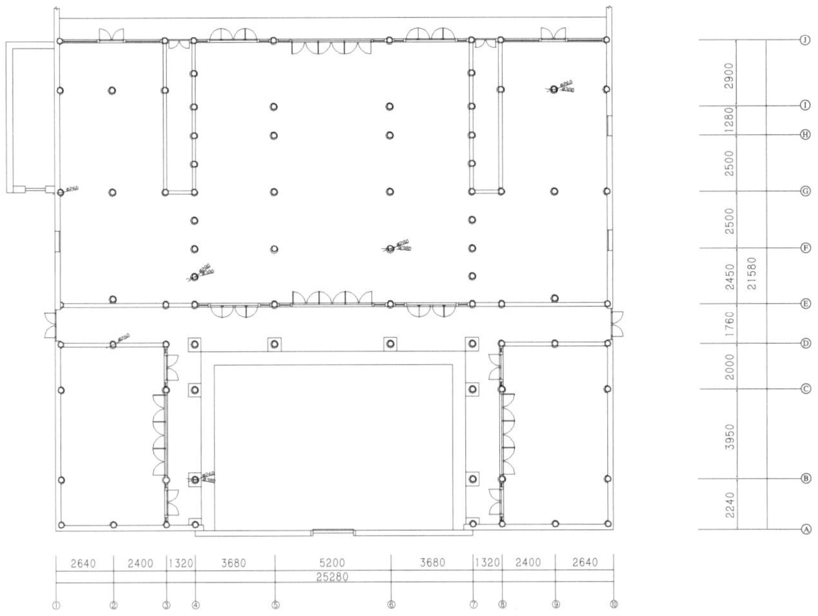

线图2　保国寺观音殿一层平面图

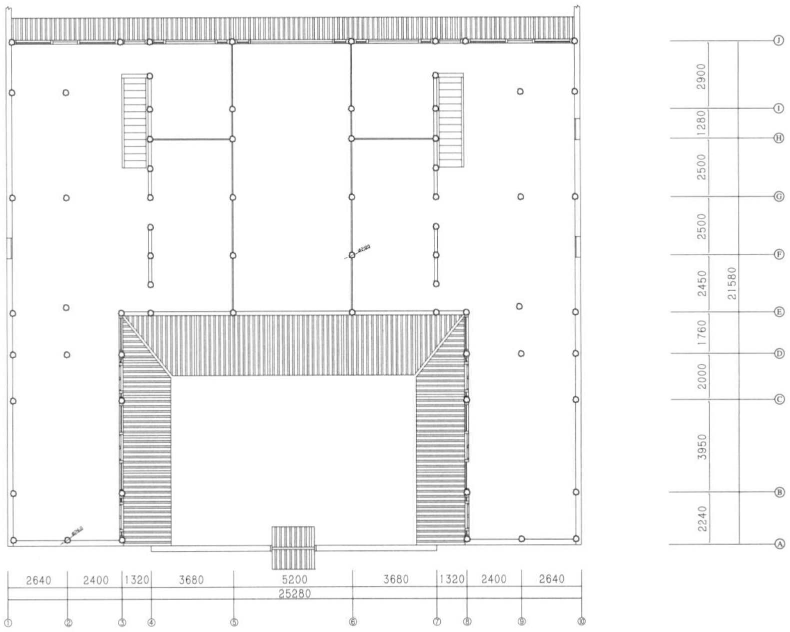

线图3　保国寺观音殿二层平面图

到了梢间与尽间之间的一缝则只布3根柱子，前廊处利用两厢楼房柱子，且与当心间、次间不对位，而与两厢房的楼房柱网连通，山墙处的柱子也如此。整体梁架具有穿斗式构架特点，柱间距很近，梁的断面瘦高，穿入柱身（线图4、5、6、7、8、9）。从其不规则的柱网和梁架形式可以看出，这些结构均是历代多次修缮、不断扩建所留下的痕迹。前檐及梁垫处大量使用了斗拱装饰，其形式为出七参凤头昂式斗拱，属清末至民初江浙一带民居建筑所常见（线图10、11，图2、3）。

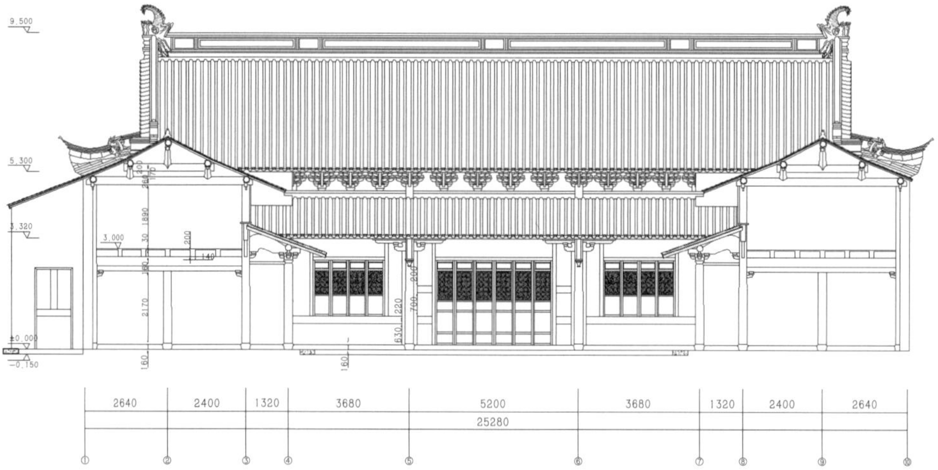

线图4　保国寺观音殿剖面图

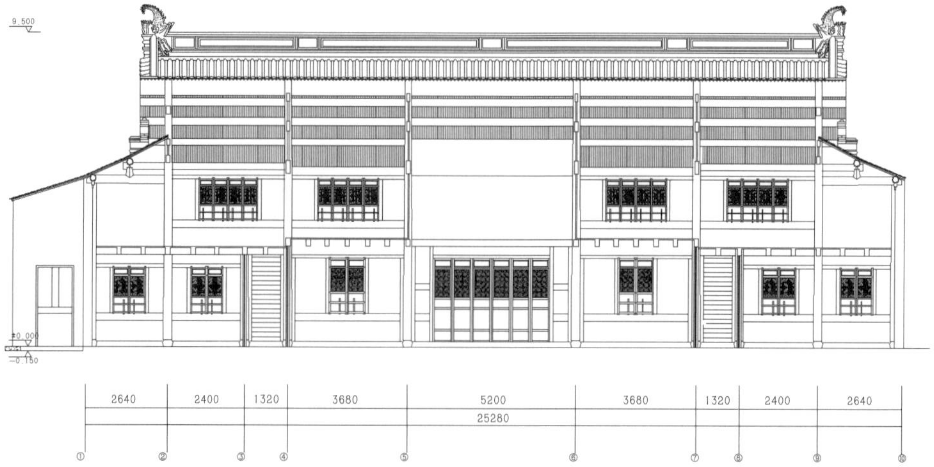

线图5　保国寺观音殿剖面图

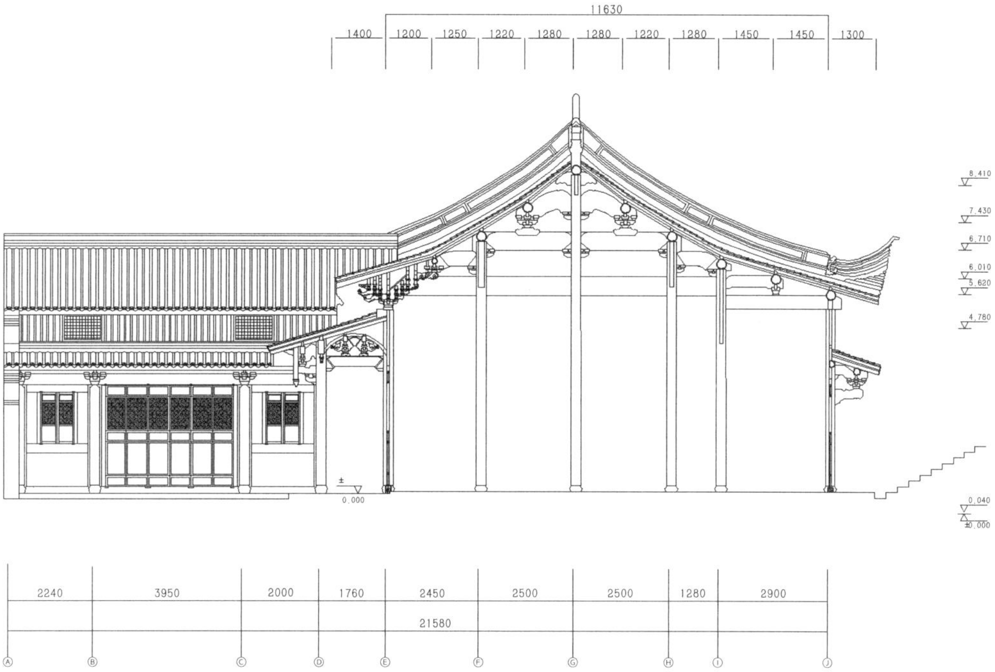

线图6　保国寺观音殿剖面图

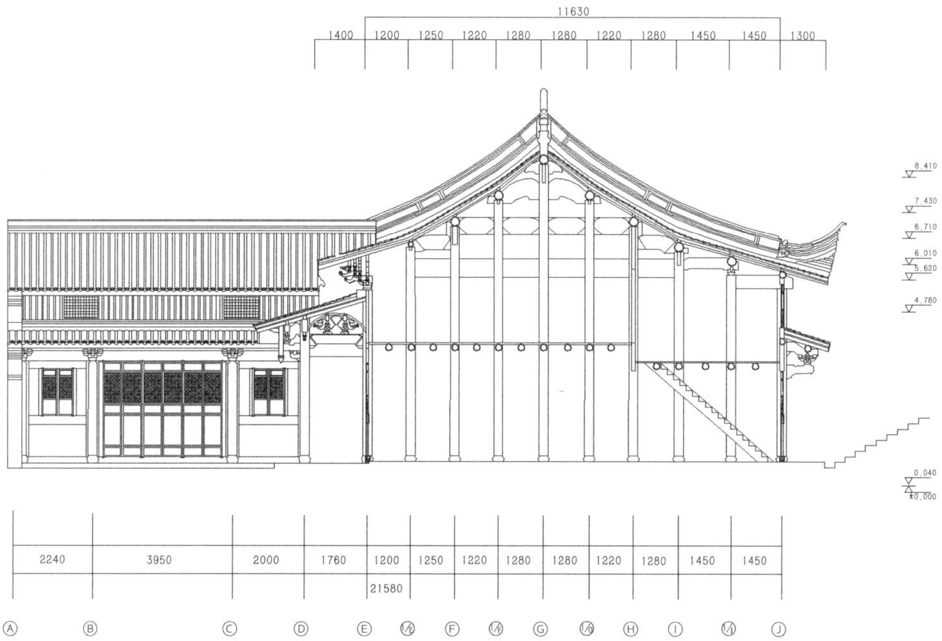

线图7　保国寺观音殿剖面图

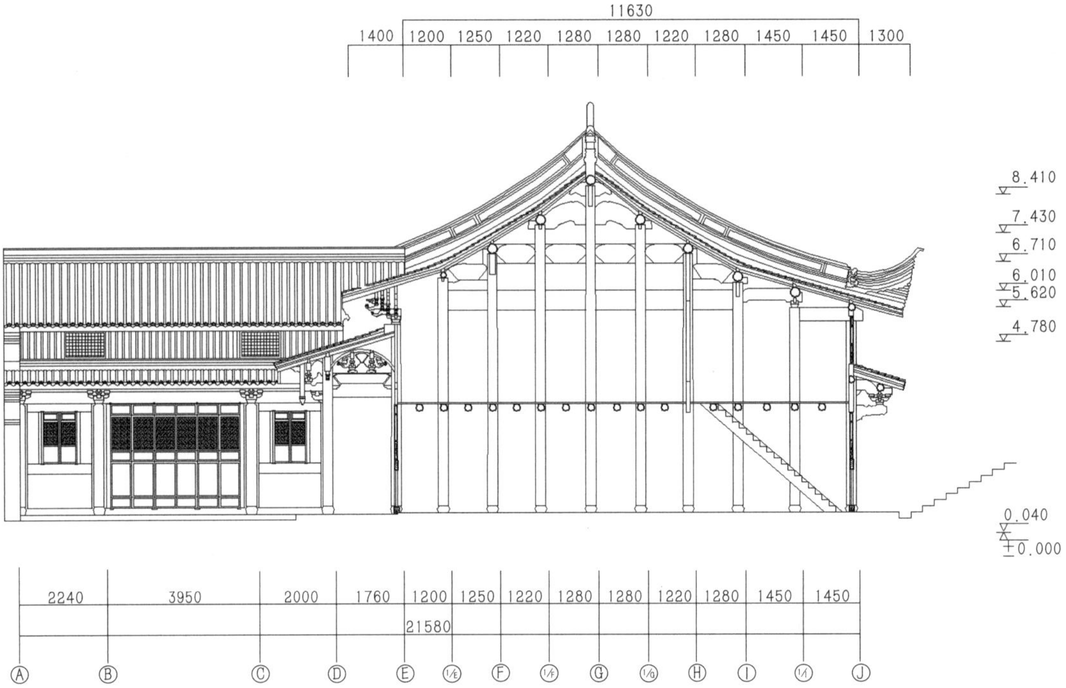

线图8　保国寺观音殿剖面图

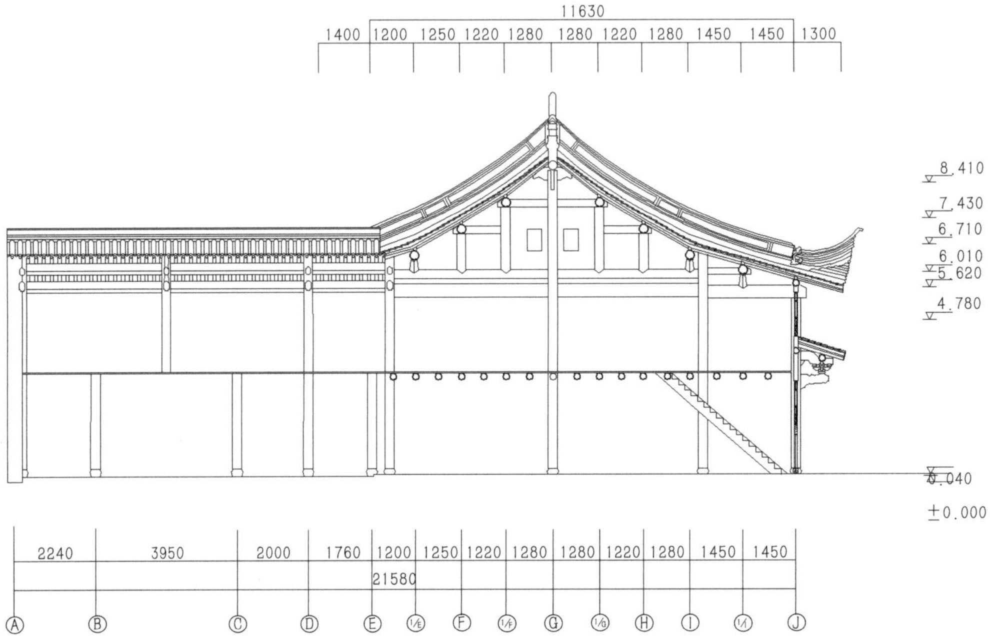

线图9　保国寺观音殿剖面图

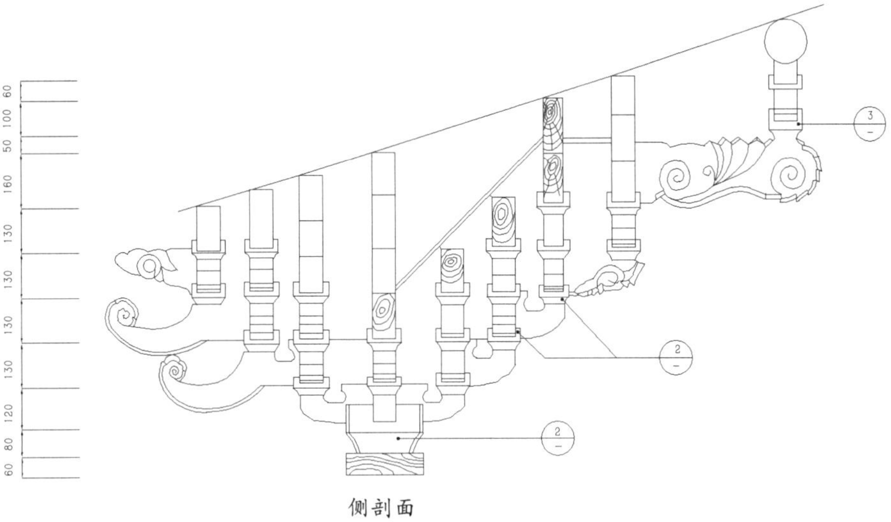

线图10　保国寺观音殿斗拱侧视图

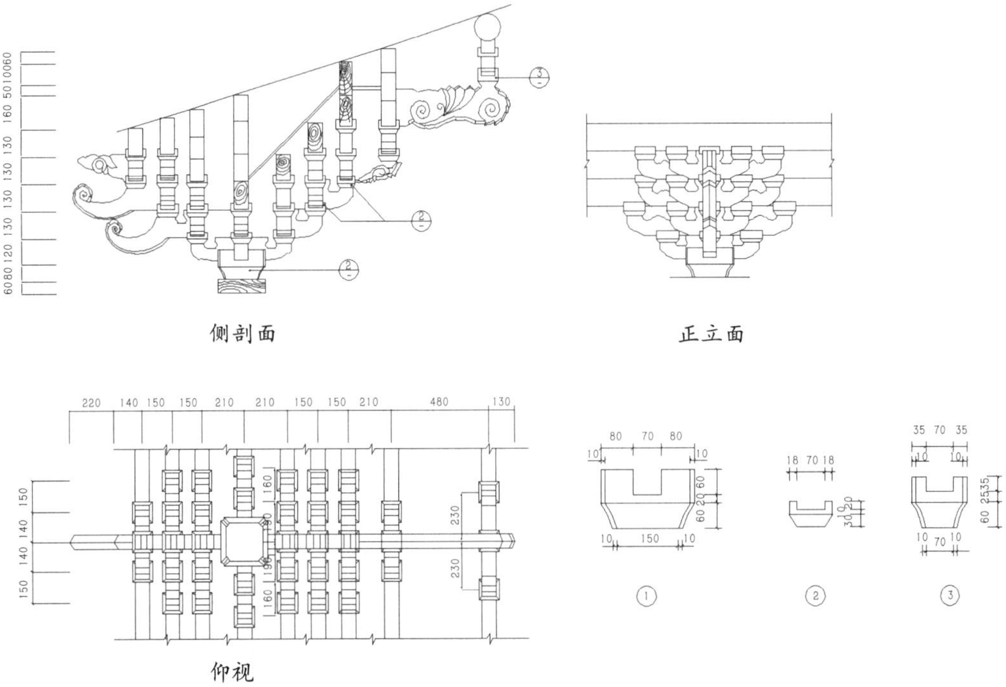

线图11　保国寺观音殿斗拱样图

图2 保国寺观音殿斗拱

图3 保国寺观音殿斗拱

图4 保国寺观音殿廊檐

（二）布局特点与特色

观音殿为三合院式建筑，主楼前部附加有卷棚式前廊，廊做成船篷轩形式，轩梁似月梁，其上荷包梁的梁端带有精美的人物与花鸟虫草类雕刻，前檐轩柱的柱头作成垂莲状柱等以为装饰，使前廊的构架与其装饰相结合，从而在功能上也使得这道前廊不但成为解决两厢楼连通的过道，更为主楼与厢楼间的两楼相连形成自然的过渡接檐，且在建

线图12 保国寺观音殿廊檐侧视图

筑的空间与艺术处理上，使得尺度高大的主楼与两厢楼之间达成了尺度上的和谐，更增加了法堂建筑的艺术装饰氛围，成为了法堂建筑的点睛之笔（线图 12，图 4、5）。

观音殿的东、西厢楼为两层小三开间楼房，内穿斗、抬梁混合式梁架建筑，用四柱五檩，结构装饰皆简，文静素雅，地面铺砌石板，整洁规正。当年楼下作客厅，楼上为居室。

此外，东、西厢楼与观音殿连接处宽度只有 6 米，其三开间面宽也不超过 10 米，由于主殿和东、西厢楼均设一层前廊，在主殿的前廊利用挑出的小小垂莲柱，与东、西厢楼柱相接，再利用南侧大殿后围墙上的小门与之呼应，使得虽窄小的空间尺度也亲切宜人。由于保国寺利用山地建寺，地形限制较大，观音殿与大殿间的距离受到地势和空间限制影响。因此，古代匠师在其有限的空间里，因势利导地处理好大殿与观音殿间的建筑分配以及基本功能及实际结构的需要，这一种小空间建筑布局，满足了功能使用的要求，同时也符合了江南民居建筑特点的主房配厢房的“三合院”布局作法。

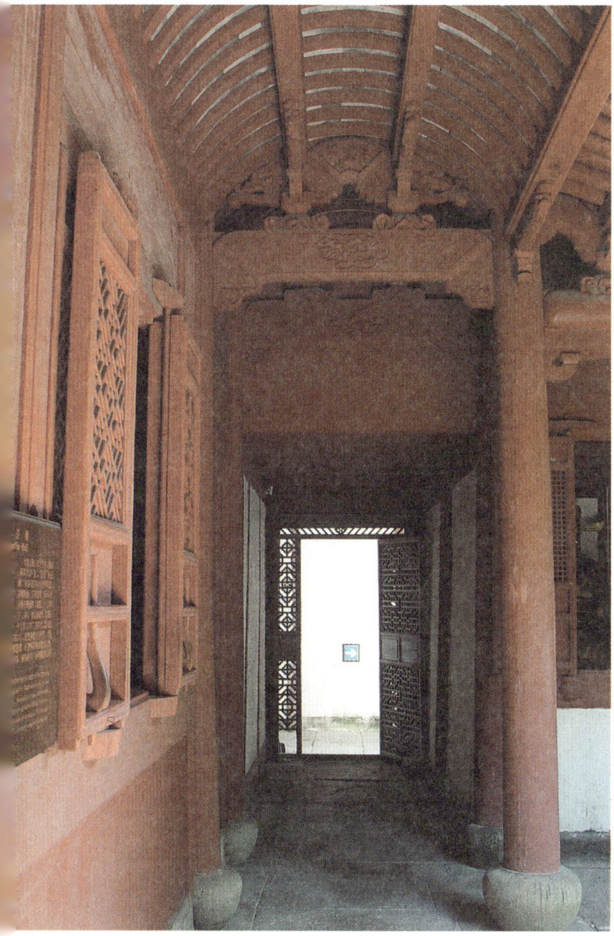

图5　保国寺观音殿廊檐

二　宁波传统民居建筑基本特点与其比较

（一）观音殿建筑布局与三合院民居的一致性

宁波民居普遍的平

面布局方式和北方的四合院大致相同，只是一般布置相对紧凑，院落占地面积较小，以适应当地人口密度较高，要求占用农田少的特点。住宅的大门多开在中轴线上，再配以东南角小门，大门正对主房大厅，如是两个建筑区域布置，其主房的后面院落一般常是二层楼房或小平房。由院落房子和大门及围墙圈成的小院子通常称作为“天井”，此地作为整个建筑的采光、排水、活动、乘凉等用地，是建筑院落不可或缺的重要部分，并有传统建筑之风水理念的“四水归堂”、“肥水不流外人田”的潜意识上的积累与收归之涵意。

传统的“四水归堂式”民居住宅，其建筑平面布局分割以“间”为基本单元，房屋的开间数量多为奇数，一般从三间到七间居多。每间面阔也在 3 ～ 5 米之间，进深多为五檩至九檩，每檩间距也在 1.3 ～ 1.8 米间。整个院落里的各个单体建筑之间多以廊子相互连接起来，所有建筑、院墙或单独围墙，围住建筑形成封闭式院落，这是宁波民居建筑的基本布局特点。为了院落与外部更好地通风，也会在院墙上开些漏窗，房屋也一样，会开出前后亮窗。这类适合江南地区，并因应势利导的地形地势利用，其布置的灵活，体型的美观，材料的合理使用的江南民居建筑，表现出的清新活泼面貌，适合南方地少人多地方特点的最合理选择。

宁波民居建筑的山墙木结构大多为穿斗式结构，即不用抬梁，以柱子直接承载檩条，柱外围用较薄的砖砌空斗墙或编竹抹灰墙，墙面用蛎灰粉刷成白色，墙脚下部常砌块石墙裙。室内多铺石板或木地板，以起防潮作用。建筑室内一般以中间作为客厅，其次安排为居住或其他用途，居室随着使用目的的不同，多采用传统的罩、木鬲扇、屏门、屏风等进行自由分隔或隔断。在建筑的梁架上，仅加少量精致的雕刻，再涂栗、褐、灰等色，或进行雕刻的贴金点彩，一般不施浓重的彩绘。在房屋外部的木构上，部分用褐、黑、墨绿等颜色彩饰，与建筑白墙、灰瓦相映之间，更显得整体色调雅素明净，并与周围自然环境的协调结合，构成了一幅美丽如画的江南水乡景色风貌。

图6　宁波传统民居三合院

观音殿的建筑布局，真实地反映出了宁波民居建筑这一特点，其风格的一致性，全然显映于此。

（二）观音殿的建筑功能与民居建筑的一致性

早期的多进三合院，位于三合院建筑中轴线上的空间多作为家庭生活的中心，分前后为两部分，前面的空间称为堂，后面则称为厅，前堂中间用于供神祭祖，被称为“堂前间”。家庭成员平日于此祭祖、聚会，家长拥有绝对权威。堂前自然成为了民居平面布局的中心，也是家庭精神的中心。

宁波民居建筑的正房位置，一般是整个院落或中轴线最重要的建筑，总位于中轴线中心或稍偏后的位置上，其基本开间数制为三开间，当心间多为开敞式的灰空间堂前间，即明间对天井的堂前面一间，天井上有天空，下有大地，是天地的象征，堂前间对着它，也即对着天与地，因此堂前间一般作为接待客人或设立祖宗牌位地方，是重要礼仪和祖宗祖先的象征，在我国礼仪的本义就是文化，所以堂前间成为了中国一个家庭对天地、对祖宗、对礼仪的文化场所（图 6）。

观音殿的明间也属于敬祀观音的场所，而观音在宁波民间则是慈善长者的象征，因此，其作用与意义也与家庭堂前功能基本一致，是在整个建筑中重要的布局位置上，其功用的特殊性与建筑实际结构混然一体。

三　结论

综上所述，保国寺观音殿风格，应当是一座按宁波民居建筑模式建造起来的宗教祭祀与活动场所，是浙东地区宗教建筑中采用不多的建筑模式，其平面格局的特殊性在宁波宗教建筑中尚属少见，其宗教建筑在建造模式上的大胆应用民居格局实属不易，所表示的宗教与世俗之间的观念，已在建筑中得到了体现，其功能也已与民居建筑基本类似，是座浙东地区宗教建筑民居式的实例，其特色归纳如下：

（一）体现宁波民居建筑的特点

因保国寺地处山岙，全年气候湿润，相对温度较高。一般民居在建房时，除墙基和柱础常用石作外，建筑的外墙多用烧砖砌筑，且多为空斗砖砌法砌墙。空斗墙有较好的防寒隔热效果，其所用的薄片砖，一般厚度仅为砖长的 1/10，砌砖工艺是立顺砌和立丁砌法两种方式形成交互插接空斗墙，空斗内一般可填碎砖瓦砾及灰土，以增强墙体承重能力与保温效果，亦可不填，观音殿的这种砌筑法，完全体现了宁波民居建筑山墙的共同特点。建筑内部木结构的构架与形制，是典型的穿斗式结构与三合院式建筑风格，

图7 宁波传统民居三合院

图8 宁波传统民居三合院

也与宁波当地民居建筑相一致（图 7、8）。

（二）体现宗教建筑技术与日常生活艺术的互鉴

通过对宁波保国寺观音殿的建筑的选址、布局、空间结构等各个方面观察，其建筑受到地域特定的自然生态、经济技术、社会体系和文化、宗教观念等因素影响，形成了特定历史脉络。也是当地居民日常生活真实发生的社会场所的一部分，是我们了解民居的构成和发展，及其延续的建筑文化之一，观音殿在建筑上更重要的是汲取了民居原型中的经验，在新的材料条件、新的建造技术和新的文化环境下，创新出一种符合当时人们要求的、符合人们心理的时代性极强宗教与民居结合的建筑艺术，是人们追求精神与现实理性在建筑上的一种体现。

观音殿建筑的粉墙黛瓦，别致不大的天井，局部雕凿精细的装饰，均一定程度受到时代思想的影响，在风格上呈现出了浓厚的浙东地域特色和文化内涵，是宁波传统民居在宗教寺院里最真实的例子与类型。

【浅析保国寺古建筑群虫害的防治】

符映红 · 宁波市保国寺古建筑博物馆

保国寺古建筑博物馆的虫害有鞘翅目的小蠹虫科蠹虫和天牛科的天牛、等翅目的白蚁和膜翅目的红足木蜂等。其中白蚁、木蜂、蠹虫主要危害古建筑，天牛主要危害树木。而木蜂、天牛和蠹虫的危害很容易发现。

害虫的防治方法有生物防治、物理防治、化学防治、生态防治等，具体手段有触杀、胃毒、内吸等。触杀就是直接将药物洒在害虫身上；胃毒是通过食用有毒物质引起中毒；内吸则是将药物附在植物各部让害虫食后中毒死亡。

蠹虫类害虫的防治：蠹虫类害虫是木材害虫内体型较小的一类，它包括有粉蠹、窃蠹、长蠹、小蠹、长小蠹和象鼻虫等等。种类不同，个体大小不等。该类害虫幼虫蛀入木材内取食为害，成虫羽化后，咬破木材表面飞出，故被蛀木材表面常常留下大小不等，分布不均的虫眼。成虫飞出后立即交尾并在木材的缝隙处或导管内（某些个体细小的害虫，如粉蠹）产卵。成虫交尾产卵期间不需要再吃其他东西（补充营养），而且卵可以在木材含水率极低的情况下孵化为幼虫，因此只要条件合适它们可以在木材内无限制地繁殖下去，直至将木材蛀空、蛀垮为止。这一类害虫的生理结构相似——均以木材为营养，生存环境相同。因此可以用相同的药剂和方法进行防治。

红足木蜂的防治：木蜂属蜜蜂科，生活习性与蜜蜂相似，采花粉，以花粉为食，但不酿蜜。它的一大特点是繁殖时，在木材中钻洞，蛀洞比较直，在洞中贮存花粉，并在其中产卵，花粉作为幼虫孵化后的食物。产卵完毕后，将洞用泥土封死，然后在外端再继续产卵，封死……

从生活习性看，除了做好木材的有效的防虫防腐处理，搞好环境卫生，抓紧繁殖季节打药杀虫外，还可以采用蛀洞中杀死虫卵和幼虫的方法。具体做法是：发现木材上的蛀洞后，先用脱脂棉紧密堵住洞口，再用医用注射器向洞内注射杀虫剂，充分注满直至溢出。

木蜂除了做好木材的有效的防虫防腐处理，搞好环境卫生，抓紧繁殖季节打药杀虫外，还可以采用蛀洞中杀死虫卵和幼虫的方法。

近几年，木蜂通过繁殖季节发动员工捕杀，数量已大幅减少，而蠹虫也没发现。现在保国寺古建筑博物馆的虫害主要是白蚁，下面就简单地对保国寺古建筑博物馆遭受白蚁危害的原因、白蚁的种类和习性及防治进行介绍：

一 保国寺古建筑博物馆遭受白蚁危害的原因

保国寺区域属亚热带季风气候，四季分明，雨量充沛，日照长；冬季受蒙古冷高压控制，以晴冷干燥天气为主；春末夏初，极锋开始稳定我省，冷暖空气交替，成梅雨季，夏秋七、八月间处于太平洋副热带控制，天气晴热少雨，有台风侵入，常带大风和强降雨。这种环境十分适宜白蚁成长。

山上植被多为松树，另有少量的枫树、樟树、桂花、银杏、杂木，状况良好。保国寺周边历史上有八大水脉，现有小型水库一座（蓄水量约 600 立方米），供消防用水。

保国寺是一组有近百间房屋的建筑群，占地面积 2 万平方米，建筑面积 7 千平方米。寺院在半山腰的一块缓坡地上，东南低，西北高，建筑物随着地形高低错落，鳞次栉比。坐北朝南，略偏东。在中轴线上布置了三进院落，四座建筑，即天王殿、大殿、观音殿、藏经楼，后又建山门。另大殿前有净土池，大殿前月台的左右有钟楼和鼓楼。由于院落地势一进比一进抬高，各座单体建筑也在不同的高度上。几座主殿在寺院组群内处于突出地位。

在中轴线的两侧，无配殿，仅作一些僧房、客堂等附属建筑，并以围墙与轴线上的主要建筑分隔，附属建筑均南北长，东西窄，面向中轴线，大都相互紧贴，随着地势自由布局，东侧的一列屋前有廊相连，从天王殿的东偏门一直抵达藏经楼的东侧空地。

树木、以木结构为主的建筑为白蚁更充分地提供了其所必须的温度，湿度，食料及水分生长繁殖条件，从而促使白蚁对建筑的危害日益猖獗，其严峻形式决定了建筑要进行白蚁预防处理。

二 保国寺古建筑博物馆白蚁的种类及习性

宁波现有报道白蚁种类三科 11 属 19 种，而在保国寺建筑物及附近山坡、数木上发现的白蚁有二科四属六种，其中危害房屋的有五种。宁波地区常见的鼻白蚁科乳白属台湾乳白蚁、散白蚁属黄胸散白蚁、黑胸散白蚁；白蚁科大白蚁属黄翅大白蚁，土白蚁属黑翅土白蚁五种白蚁，在保国寺都能见到。危害较严重的是乳白蚁属和散白蚁属。每年 4～5 月，天气闷热下雨前或雨后能看到大量有翅成虫分飞。

台湾乳白蚁，木材被蛀食后，外表似完好，内部多成条形沟状。巢较大，筑于室内地下、受害物中，或树干和树根下。有主副巢之分，高层建筑物有水源处，亦可筑巢。5～7 月大雨前后闷热的傍晚分飞；黄胸散白蚁群体小而分散，蛀食木材成不规则的坑道，危害部位一般近地面潮湿木构件。2～4 月中午前后闷热的天气分飞；黑胸散白蚁危害程度较黄胸散白蚁重，可危害到建筑物的较高部位。4 ～ 5 月中午前后；黑翅土白蚁筑巢于地下 1 ～ 2 米，主巢附近有菌圃，主要危害山地旁边的房屋。多在 4 ～ 6 月傍晚天气闷热或暴雨时分飞；黄翅大白蚁地下筑巢，为培菌白蚁，泥被泥线较粗大；偶尔入室，破坏木结构。4 ～ 6 月凌晨分飞。

三　保国寺古建筑白蚁防治的措施

在白蚁防治中，我们应注意“预防为主、综合防治”的方针，具体做法应是无蚁早防，有蚁必治。根据白蚁的生活习性和扩散传播主要途径，“分飞”、“行爬”和“携带”，采取有效的方法杜绝白蚁入室危害。

由于白蚁的生物特性，除在分飞季节看到有翅成虫外，一般情况下看不到，等发现时往往危害已经产生。但也不是说，没有一点蛛丝马迹，我们可通过查看排泄物、分飞孔、通气孔、蚁路等外露特征，发现白蚁痕迹。

排泄物俗称“白蚁坭”是褐色或棕色的疏松坭块，是工蚁建巢时从巢内搬出的沙坭、加上排泄物和唾液加工的物质。排积物通常堆积在巢的外围。如门框两旁、梁或柱与墙地交接处。大树基部或树基近地面稍下有蚁巢。在树干上或树枝分叉处往往就有白蚁的排积物。

分飞孔是有翅繁殖蚁分飞出孔口，多数在蚁巢上方，有的与蚁巢相连。地下巢的分飞孔可离巢几米至 10 米以上。分飞孔外形似长条形、长 1 ～ 5 厘米，也有呈不规则颗粒状、肾状。平时孔口有坭堵住呈微凸起。通气孔是白蚁调节巢内体温、湿度的小孔。孔口直径 1 厘米，呈圆形似针孔状，小米状或芝麻状。孔口有坭堵塞，非近看不易发现。通气孔有几个至数十个，呈不规则排列成梅花状、虚线状，时常与排积物、分飞孔连在一起。

蚁路是白蚁寻找食物，联系巢群，通往分飞孔、通气孔的通路，也是白蚁外出活动，保护自已免受天敌侵袭和避光保湿的掩体。蚁路分两种：一是表露在外，用泥作掩体，呈条状的“泥路”，另一种隐蔽在地下或木材中称作“隧道”。通常越近蚁巢，蚁路越密集，越粗大，兵蚁也特别多。

通过查看排泄物、分飞孔、通气孔等，再针对不同的检查结果采取不同的防治措施。

首先回顾一下保国寺古建筑白蚁防治的情况。早在 1973 ～ 1975 年间，在大殿整修时，对屋架、屋面、椽子、望板、柱子和沿墙四周进行白蚁预处理。1987 年起，曾多次委托宁波市白蚁防治所对保国寺的主要建筑进行蚁害调查对发现有蚁害的部位进行防治。但是，这样只能局部暂时解决一下，只能治标不能治本。在1992年发现白蚁危害仍是保国寺古建筑的一大隐患，整个建筑群凡是靠墙的、落地的和比较潮湿的建筑木结构均不同程度地遭受到白蚁危害，几乎每幢建筑都遭到白蚁危害。1995年开始实施总体维修。采用熏蒸法和布药诱蚁出木二法相结合，具体为在建筑物外围设置隔离带，即毒土带和开辟无植皮杂草带（防火隔离带）；建筑物白蚁的防治分基础处理和木构件处理。药物有氯丹乳剂、氯丹油剂、灭蚁灵。由于这些药物毒性强，对环境危害大，2004年后更换为新型高效低毒的天鹰20%杀白蚁乳油。

布药诱蚁出木，利用白蚁群体生活的生物学特征，出外寻找食物的白蚁，必然与主巢中的白蚁有往来联系的规律，白蚁各品级和个体之间相互爱抚、清洁及工蚁饲喂幼蚁、兵蚁、蚁王、蚁后等习性，把白蚁引诱到诱杀箱中集中施药，使白蚁个体携带这种慢性中毒药剂回主巢，相互传染，最后全巢中毒死亡。

其操作简单，成本低廉，对建筑物无破坏。

这都只能对发现的白蚁采取措施，不能监测白蚁的动向。故2008年启动了白蚁监控诱杀系统，即0.5%心居康杀白蚁诱剂，这是目前国际上最为先进和环保的白蚁防治技术之一。在保国寺古建筑群四周安放了两种类型的诱杀站：地上型诱杀站及地下型诱杀站。地上型诱杀站可直接用于受白蚁危害且白蚁尚未逃离的地方（图1）。地下型诱杀站则是安装在室外建设物周围的地下（图2）。对乳

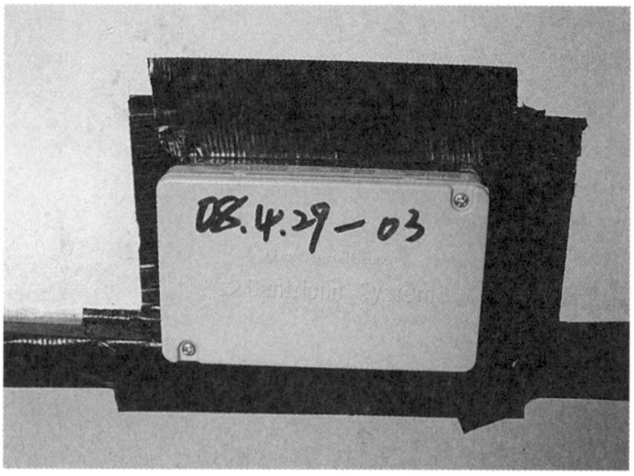

图1　地上型饵站

图2　地下型饵站

白蚁、散白蚁、土白蚁、大白蚁等都能有效控制。采用饵剂灭治法防治白蚁，可明显减少用药量，满足IPM“少用化学杀虫剂”的原则。同时，每次灭治工作结束后，剩余材料可回收处理或再利用，大大减少药剂对环境的污染。此外，采用诱杀站作白蚁活动监控系统，可以对白蚁的发生、危害作长期监控。如果在大范围区域长期使用，可使该区域白蚁密度明显降低或基本无白蚁。

通过“诱捕、处理、释放”在诱捕的白蚁体表涂敷药剂，然后释放到诱捕点，利用白蚁独特的生物学习性，携药白蚁通过多种

途径将药剂传递给其他白蚁个体，从而在群体水平上消灭白蚁的方法。

该方法理念先进、环保，但需要消耗比较多的人工和时间。原理是通过消灭工蚁，达到消灭蚁害。过一段时间，查看工蚁的数量，数量有少到多，再到少。

现在我们的监测系统只针对古建筑和古树名目。但保国寺由于身处山林，要彻底防治白蚁，必须对山林白蚁采取一定的措施，才能有效地保护古建筑群。

建议采取如下措施：在古建筑群四周围墙外设置地下型诱杀站，随时监测山林白蚁的数量、分布等动态信息；消灭有翅成虫，防止新群体产生。群体内的有翅成虫是新群体的创造者，每年分飞繁殖期间可利用趋光性，在山林设置灯光诱杀；保护天敌，使山林白蚁达到动态平衡；在新移植树木种植、新建筑构件入库前进行白蚁灭杀，杜绝新带入白蚁；环境整治，及时清理枯树，使环境不适合白蚁生存等。

总之，在保国寺古建筑博物馆内对建筑群内和山林采取不同的措施，对建筑群内做到无蚁防治，有蚁灭治，继续实施白蚁监测系统，并不断维护。在建筑群外围墙四周新建立地下型诱杀系统，既防治山林白蚁进入建筑群，又可以动态监测白蚁数量。在山林诱杀、生态等多管齐下，使白蚁达到动态平衡。

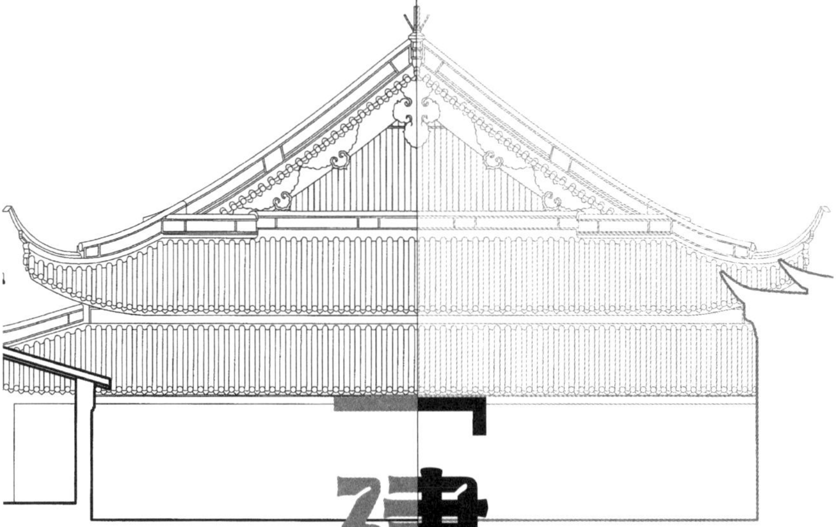

「建筑美学」

肆

【宁波祠堂建筑的代表】

——浅议秦氏支祠建筑特色及艺术内涵

张波 · 宁波市天一阁博物馆

位于宁波市海曙区马衙街74号的秦氏支祠，南临马眼漕，北靠天一阁东园，东邻闻家祠堂、陈氏宗祠，西挨天一阁书画馆，在天一阁博物馆开放区建筑群中轴线的南端，是天一阁博物馆的重要组成部分。秦氏支祠以其独特的建筑风格、精湛的建筑工艺而成为南方近代优秀祠堂建筑的代表，成为宁波近代建筑的辉煌作品。2004年被评为全国重点文物保护单位。笔者就秦氏支祠所具有的建筑风格浅析其建筑特色及文化内涵，不当之处谨请诸位专家指正。

一　祠堂由来

祠堂是一种纪念性的建筑，祠堂可分为两类，一类是民众集资修建，用以纪念出身于当地为官并有建树的人物。另一类则是同一姓氏的族人为祭祀其祖先而立。其用途均为纪念、祭祀、议事、娱乐场所。这类祠堂建筑的特点是：平面布局多属四合院形式，其建筑规模的大小，是根据族人繁衍人口及权势、财势大小来决定。

宁波是一个工商城市，近代的宁波商帮对中国商业的发展有着巨大的贡献和独特地位，秦氏宗族的代表人物、秦氏支祠的始祖秦君安即其中著名者。宁波商帮在从事商业活动的同时，又受到传统儒家思想与价值观的影响，所以他们在经商成功后，往往把大量的积蓄携归乡里，用来建造祠堂、庙宇、书院、学塾、桥梁、道路等等，反映了他们处儒、行商两不悖离的民俗民风。秦氏支祠便是宁波地区极具代表性的私家祠堂之一，它的建造者秦君安像其他宁波帮商人一样靠经商致富，秦君安的生平业绩具有甬商文化的一些特征，即重利、爱乡、僭越封建礼制等。据宗谱载，秦君安从事贸易诚信无欺，联络在沪乡人，同时善于预测市场，掌握市场动态，追求商业利润最大化。经商致富后，曾为家乡赈灾恤贫举善事。1923年，为光宗耀祖秦君安返乡不惜重金建造了这座独具风格的祠堂。富丽堂皇的秦

图1　马头墙

氏支祠正是这种遗风的延续，规范的祭祀场所、考究的建筑装饰、精巧别致的戏台等都体现了这种传统观念意识。秦氏支祠就是在这种理念的驱使下造就的。

二　建筑风格

自古有“无山无水不成居”之说。秦氏祠堂恰位于风景秀丽的月湖之畔。远处望去粉墙、青瓦、马头墙、砖木石雕以及层楼叠院、高脊飞檐等的和谐组合，突现徽派建筑的基调。整组建筑共三进，坐北朝南，平面布局呈纵向长方形，占地面积二千余平方米。以南北为中轴线，由照墙、门厅、戏台、中厅、后楼，左右厢房组成一个规模宏大的木结构建筑群。秦氏支祠每幢建筑台基从前至后（从南至北）逐幢抬高，使整个建筑群呈前低后高之势。马头墙墙脚用青石砌成须弥座式，墙体素面，水磨青砖砌筑，柱头、额枋、斗拱、椽子等构件采用相同青砖雕刻磨制而成。采用马头山墙的建筑造型，将房屋两端的山墙升高超过屋面及屋脊。为了避免山墙檐距屋面的高差过大，采取了向屋檐方向逐渐跌落的形式，既节约了材料，又使山墙高低错落，富于变化。这原是为了防火，故俗称“封火墙”(图 1)。祠内朱金木雕、石雕、砖雕、堆作、拷作手艺彼彼皆是，气势宏伟，更现一派富丽堂皇。廊墙、隔断墙全部采用拷作法，花式有八六十、正方体等。檐柱全部采用石柱，安四角形雕花磉石，柱上刻对联。廊全部采用卷棚式廊轩。磉石种类繁多，有四角形、八角形、坐鼓式等。位于戏台与正殿间的天井是徽派建筑中最基本的建筑格式，从建筑功能上看，这种设计不但使得屋内光线充足，空气流通，且

图2　秦氏支祠戏台

有利于排水。据说这叫四水归堂，寓意肥水不流外人田，雨天周边的水会通过天井流入自家的地井中，可能原于商人精明的经商意识吧，这充分体现了甬商文化中的精打细算、重利的特点。戏台卷棚盘龙结凤、雀替、台梁精雕细刻，镂空技艺卓绝，飞檐阳刻技艺高超。周边厢房均为二层，为家属看戏之处，可以想象唱戏之时，锣鼓喧天，热闹非凡，盛极一时。虽历经岁月沧桑，该祠堂曾作为医药仓库办公之用，尽管维修前历史痕迹显现，但祠堂文化风韵犹存（图 2）。

三　建筑特色

祠堂整体的建筑结构沿用了清末徽派的建筑风格，并与宁波的朱金木雕工艺相结合，产生了精致、富丽但不失儒雅的效果。

图3　朱金木雕

（一）独具一格的朱金木雕工艺（图 3）

朱金漆木雕，简称“朱金木雕”。是以樟木、椴木、银杏等优质木材为原材料，通过浮雕、圆雕、透雕等技法，雕刻成各种人物、动植物等图案花纹，运用贴金饰彩，结合沙金、碾金、碾银、沥粉、描金、开金等工艺手段，撒上云母或蚌壳碎末，再涂上传统的中国大漆制成，图案造型古朴，刀法浑厚，金碧映辉。古有“三分雕刻，七分漆匠”的话，这是宁波朱金漆木雕艺人的经验总结。可见木雕和漆工必须通力合作，才能造就朱金漆木雕工艺的完美。朱金漆木雕的特色主要在于漆（即漆料和漆艺）而不在雕。由于依靠贴金箔和漆朱红进行装饰，因此其雕刻并不十分精细，但漆工的修磨、刮填、上彩、贴金、描花却十分讲究。正是这种工艺使朱金漆木雕产生了富丽堂皇、金光灿烂的效果。秦氏支祠的戏台，可以说是整座建筑中最华丽的部分，它与门厅连为一体，平面呈正方形，处处是精美的朱金木雕。戏台面阔、进深各为 5.9 米，建筑面积 30.25 平方米，是一个“虚华实境”特殊天地。它的“天”就是戏台上方的穹形藻井，俗称鸡笼顶，设计最为巧妙（图 4）。由斗拱花板昂嘴组成的 16 条几何曲线盘旋而上直至穹窿顶会集，中间覆以

图4　穹形藻井

“明镜”，仰视如步入奇妙境界。“地”即是正方形戏台，反映了天圆地方的宇宙观。戏台三围为美人靠，间隔朱金木雕吉祥图案的节子，栏杆上四周刻有座狮，下围板饰朱金木雕通体莲花纹和几何纹。戏台后装有高浮雕贴金屏风门八屏，图案一面为八仙过海，另一面内容有“凤凰牡丹、雀梅报春、莲叶花草”等，将中国的传统故事以及风俗风情融入其中。油饰为广漆、贴金、拨朱、上彩，显得富丽堂皇、高贵典雅，不失为宁波朱金木雕传统工艺的杰出代表。

（二）精湛别致的砖雕艺术（图5）

砖雕是中国传统建筑特有的一种装饰工艺，与木雕、石雕合称为建筑三雕，并在工艺和造型上相互借鉴。中国砖雕历经千年演变，技艺炉火纯青，文化沉积厚重，风格流派众多。南方砖雕技法丰富，造型精致，层次感强，风格或典雅或绮丽，颇具阴柔之美。秦氏支祠的砖雕颇具特色，在屋脊、照壁、花墙、漏窗等处嵌以各种砖雕的人物故事和吉祥图案，造型生动逼真，雕刻刀法细腻圆润，独具风采。

在第一进门厅的正脊中饰“慎”、“终”、“追”、“远”四块刻字砖雕，垂脊饰人物与瑞兽，正吻为卷龙。第二进正厅的正脊中正面饰“双龙戏珠”，背面饰“凤穿牡丹”砖雕，正面刻有“保”、“世”、“滋”、“大”，背面刻有“暗八仙”，正吻为卷龙。第三进后厅的正脊中饰“淑、慎、世、泽”四字。戏台的正脊中堆塑“福禄寿”三星，戗脊、垂脊处均饰瑞兽，正吻为卷龙。第二进厢房的正脊中亦刻有“福禄寿”三星，旁刻“保”、“世”、“滋”、“大”等字。犹存堂的正脊为四线连球脊，中间堆塑“福禄寿”三星，旁砖雕“克”、“昌”、“厥”、“后”，几乎每一处屋脊都有精湛别致的砖雕工艺。由此，秦氏支祠的砖雕艺术中对儒家思想以及中国的传统文化的渗透可见一斑。

秦氏支祠的照壁是具有屏障功能的独立墙体，呈八字形，全长 9.789 米，中间 3.94 米，两边分别为 1.944 米。中间屋脊上皮离地面高 6.79 米，两边屋脊上皮离地面高 5.05 米。下础采用青石须弥座，高 0.9 米，厚 0.45 米。勒脚雕凹、凸线，刻结子。墙体正面用磨砖砌体，背面用拷作法，正中堆“福”字，花式为八六十。檐口全部用仿木式砖雕进行装饰。砖雕的装饰重点在壁身部位，用线脚围成方形“池子”，再以四角的“岔花”衬托“中心花”。斗拱采用单翘单昂五踩带枫拱。歇山顶，翼角起翘，正吻为卷龙。筒瓦屋面连球四线脊，正脊中堆塑“福禄寿”三星，背面堆“奎”星，脊边磨砖上雕有仙鹤、蝙蝠、大象等，造型较为别致，工艺手法高超。

图5　砖雕

厢房的花墙上雕饰的纹饰中暗藏透雕孔洞，以便散发潮气。图案内容有婴戏图、渔樵耕读图和岳飞传、三国演义中的人物故事，以及龙凤呈祥、喜鹊登梅等吉祥图案共百余幅，这些图案细腻华美，对建筑起到了升华作用，图案题材和形式具有深厚的传统文化内涵和丰富的寓意，把人的情感和祈愿寄托其上，使之具备了长久不衰的艺术生命力。

（三）繁褥工整的石雕艺术（图 6）

石雕有圆雕、浮雕、透雕等，多用于牌坊、民宅的基础部位、碑刻等处。石雕艺术不仅受限于材料性能，而且受到建筑构件功能的约束，加之各种石质性能不同，要求构图、造型、雕刻方法具有极大的适应性，只有因地制宜，才能因材施艺。秦氏支祠的石雕作品多见于石柱、柱础和祠堂正门的基础部分。祠堂的正殿及后殿的石柱都采用楹联柱。12 条以隶书、楷

图6　石柱石雕

书及行书的字体刻画出的楹联，在字数、字形、字义上自然形成两两相对、左右均分承显对称、和谐之美，前檐石柱中，明间书“荷前朝北阙酬庸荣膺雀服，俾后世西湖承祀群效骏奔。”次间书“系出雄封驷铁车邻存旧倍，祥徵异政麟游凤集缅前贤。”油饰为暗红底色，上广漆、贴金、拨朱、上彩。内容大都赞美秦氏家族幸荣中举得官在祠内配受享祭，而子孙受到阴隙隐含感谢室恩浩荡之意。而石柱的下端柱础上雕刻纹饰则显简洁古朴。秦氏支祠众多柱础的形状可分为：大小弧瓣形、圆柱形、圆孤四方形三种。六等份、八等份的弧瓣形外形似扁圆形，在凸出的扁圆部分雕刻着花草纹饰；圆孤四方形的柱础即在原先垂直的四个面作了圆孤形的变化，方正且圆润。础身绘有花草、如意纹。“门当户对”前有抱鼓石一对，直径1米，高2米。石鼓圆大但不作任何装饰，在“秦氏支祠”匾额的映衬下庄严而大气。

歌德曾赞誉“建筑为凝固的音乐”。它可以像音乐那样唤起人们的美好情感，其本身即具有形体组合的和谐与韵律美，又同时具有可因体现技艺的创新性而产生的新奇美。这就足以说明作为“凝固的音乐”的建筑，能使设计思想、技术手段和艺术形象结合为一个整体，并为其实用的设施功能服务。秦氏支祠这座融古雅、简洁和富丽于一体的近代建筑，以其结构合理、布局协调、清新典雅而著称，同时从精湛的传统工艺中所散发的古朴典雅的文化底蕴和深厚的文化内涵，而弹奏出独特的建筑旋律。不仅成为宁波祠堂建筑的优秀代表，也是研究20世纪20年代建筑和工艺雕刻艺术的重要实物资料。

【说说宁波的古典园林】

周东旭 · 宁波市海曙区文物管理所

文人学士都希望有一个自己的书房或小园，读书之余，玩石赏花，一张一弛，劳逸结合。南宋鄞人王应麟在《困学纪闻 • 考史》里统计了这样一个数据："董仲舒三年不窥园，法真历年不窥园，赵昱历年潜思不窥园门，桓荣十五年不窥家园，何休不窥园者十七年。"董仲舒三年目不窥园，这个典故都很熟悉，其他的人不窥园倒不是特别的熟悉，这个数据一方面显示了这些学者专心致志的苦学精神，二则显示"不窥园"并非无园。所以即使贫困潦倒如曹雪芹、蒲松龄，悼红轩、聊斋是否有其实物，或是空中楼阁亦不得知了。所以可以说文人对造园的兴趣是浓厚的，而且，贯穿中国造园的主题始终是文人思想，园林专家陈从周先生说："中国园林应该说是'文人园'，其主导思想是文人思想，或者说士大夫思想，因为士大夫也属文人。其表现特征就是诗情画意，所追求的是避去烦嚣，寄情山水。"

明末文学家张岱在《陶庵梦忆 • 日月湖》中写道："月湖一泓汪洋，明瑟可爱，直抵南城。城下密密植桃柳，四围湖岸，亦间植名花果木以萦带之。湖中栉比者皆士夫园亭，台榭倾圮，而松石苍老。石上凌霄藤有斗大者，率百年以上物也。四明缙绅，田宅及其子，园亭及其身……"在陶庵哀感清丽的字里行间，我们可知，在明末那段岁月里，宁波城已经是一个园林城市。

宁波在区划分上属江南，气候温和，降雨量丰富，水源充沛，物产丰盛，自然景色优美。在政治经济上，宁波历史上文人学士辈出，宋室南渡，定都杭州，当时的宁波史氏家族出过三个宰辅，世人云："满朝朱衣贵，俱是四明人"。文化昌盛，陶醉风雅，崇尚清高隐逸生活，追求天人合一生活环境，衣锦还乡，归田园居，或是功成身退，或是大隐隐于市的想法，进一步有利于文人产生堆园的想法。从《四明谈助》上不完全统计，从宋代到清代，就有五十余座园林别业。那到现在为止还有哪些园林呢？随着时代的变迁，许多园林，数易其主，正如唐代诗人王维写的："来者复为谁，空悲昔人有？"

借助于文献，笔者进行了一些实地走访，发现宁波的园林几乎很难找到。有“叠山理水”的仅剩下四五处，现在只将有“山水”的园林记述在下，因为通常中国园林的要素，为“建筑、山、水、花木”。真真有造园意义的应该是“堆山”，没有“山水”，没有纳“须弥”于“芥子”，是谈不上中国园的。

一　飞来一山名独秀

独秀山，而今依然在宁波中山公园里面，它的叠山时间为明代弘治十一年，（1498 年）。弘治元年，印绶监太监张公受命出镇宁波，十年后，政通人和，想到明州是以四明山而得名，而城内却无一座山，一年四季无景可观，觉得很遗憾，于是在“廨宇之西”择空地垒石为山，“廨宇”即官舍的意思，用了两个月的时间堆山造园，“假手于民匠”，石头则取于荒野废渍间，有主人的以物易之，工匠的工钱就用公家库藏多余的粮食，既成命名为独秀山。“聚石以为之山，横六□，纵视横居半，高得五分，纵之三。周迴群峰错峙，俯者，仰者，向者，背者；若奔，若蹲，若倚，若斗。左右二小岭绕出其巅。”山巅有适意亭，山下有清凉洞（图 1）、洞外有南北两水池，池里养金鲫、瑞莲。围绕着池边植有松树蟠桧、茂林修竹。还有乐寿轩、牡丹台等园林小品建筑景观，清凉洞北还有古梧两株。整个构园过程，布政司左参政广东人刘洪写了一篇《独秀山记》记录其事始末，现在《独秀山记》碑仍嵌在清凉洞口，年代久远。

光绪十三年（1887 年），无锡人薛福成出任宁绍台道，在宁波执政期间，对道署西面的独秀山加以整修，“杂莳花木，界以竹篱，境渐幽胜”，工作之余，来此小憩。山上有螺髻亭，亭下有清凉洞，又建了揽秀堂、滴翠轩，植梅百株，命名为梅坞，在梅坞东面构一小亭，名为送香亭，为了观赏夏天的荷花。在亭的西边，积土为露台，用来登高望远，四周种上丹桂十余株，谓之小山丛桂。薛福成又自负地说：“尝以谓天下文章奇丽之境，悉在吾园”。把园命名为“后乐园”，取之于北宋范仲淹《岳阳楼记》中：“先天下之忧而忧，后天下之乐而乐”之句。而薛的前任巡道李可琼曾经在独秀山侧构云石山房，在此选出县内的高材生，教育奖励他们。薛福成亦撰有《后乐园记》一文，文中介绍了造园经过，例举许多圣贤仁人志士的爱国情怀，最后说自己也应当“后乐”。

1927 年，由社会各界捐款建造包括后乐园、旧道署等在内的 90 亩土地的公园，经过两年不到的努力，耗资 11 万元，新建各式房屋 21 座、亭台四座、桥五座、廊坊两座，以及围墙、花圃、小河、假山、园径，其占地 60 亩。园内植有名卉嘉木，颇具江南古典园林特色。命名为中山公园，以纪念革命先驱孙中山先生。

二　天一生水宝书楼

天一阁，建于明嘉靖四十年至四十五年（1561 ～ 1566 年）之间，阁主为明兵部右侍郎范钦，他依据《易经》“天一生水、地六成之”理论，取“以水克火”之意，把藏书楼定名为“天一阁”，阁前凿池，名“天一池”。全祖望在《天一阁碑目记》里写道：“阁之初建也，凿一池于其下，环植竹木”。范钦曾孙范光文在天一池边上堆假山，成“九狮一象”。左侧筑半亭，有范钦好友，明代著名书法家丰坊摹《兰亭序》帖石一方。假山后古樟遮天，山石青苔鲜滑，池中游鱼安闲。清静自然绝妙。

现在一般都说天一阁为藏书楼，确切地说应该是一座园林，天一阁为园之主体建筑，楼上用作藏书，楼下做宴乐之用。范饮有一首《上元诸彦集天一阁即事》：“阓城花月拥笙歌，仙客何当结轸过？吟倚鳌峰夸白雪，笑看星驾度银河。苑风应节舒梅柳，径雾含香散绮罗。接席呼卢堪一醉，向来心赏屡蹉跎。”元宵节，范钦在天一阁宴客，还有《书〈本事诗〉后》：“此为唐孟启作，世罕传布。伏日偃仰天一阁中，池林过雨，凉风荐爽，四望无人，蝉鸣高树，遂披襟散帙，漫书此篇。已而云影低昂，新月吐照，欣焉会于予心。据胡床，披鹤氅，停尘尾，抚无弦琴，歌白云之章、清商之曲，啜杯茗而寝，殊忘其为盛暑。城楼已下二鼓矣。晨起，即题其后”。从文章的内容来看，天一阁就是一个园林，休闲的地方。读书，交友，雅聚，都是历代文人的爱好。

图1 清凉洞

图2 天一阁九狮一象

阁前的假山为“九狮一象”(图2)，“狮”谐音于“士”，“象”则谐音于“相”，寓意“九士一相”，同时“狮”又谐音于“思”，“象”又谐音于“想”，“九狮一象”即成“九思一想”。读书是否须要九思一想，才有所得。才有所悟。同时因为是写意堆法，也可把这些堆石想象成其他意境，有说“红袖添香”，也有说“苏武牧羊”的。而且欣赏九狮最好的时候是下雪天，九狮之状毕现，九狮假山的堆法在清代十分流行，在《扬州画舫录》中就记载：“淮安董道士叠九狮山，亦籍籍人口”。在扬州九狮山就不止一处，在宁波下文还会提到在林宅也有一处九狮山。

三　林氏二园今犹存

近性楼，主人林廷鳌，字靖南，别字澹吾。据《四明谈助》记载，林为人“读书尚义，工音律，淡于名利”。民国《鄞县通志》说他“性慷爽，有得辄散诸戚族邻里之困乏者。”他有两位好朋友，一个叫作韩明昆，号朗山，

图3　近性楼（盛氏花厅）

能写诗，善书法，最近我们还在近性楼假山旁发现韩朗山写的书法石刻；一为孙太学浙，号意舟，善图画。三个人雅聚在一起的时候，韩朗山抚琴，孙意舟鼓瑟，林澹吾拨阮，而且“专好古乐，绝时调”。时人绘成《三友图》，图上多位名人题咏（图3）。

看来，林廷鳌、韩明昆、孙浙，三人确实雅得难得，近性楼后为学政盛炳炜所有，所以现在称“盛氏花厅”，为海曙区级文保单位。楼四檐角翼然如飞，旁有假山水池，但年久失修，我们只能看看原来的记载，可以豹窥一斑最初的近性楼，“楼高五丈，分为五室，四旁夹窗，远望若巨舰，故又名‘停舻’。楼中悬佛像一，蓄琴一、瑟一，余皆图书、鼎彝、名画、法帖”。“外则翠竹绿蕉、碧梧苍松，骄阳不炙，清荫互生，杂以时花异卉，娇鸟珍禽”。又说了命名为近性楼的来源：“今司马不役役于富贵，性空诸想于佛近，性任真于琴近，性素洁于瑟近，山近性之静，水近性之灵，竹近性之虚，松近性之坚，梧近性之孤特，蕉近性之卷舒，既入世而出世，视有空如无家，则洵乎楼以所有，皆以求其性之所近也。”

林宅在紫金巷，主人林氏兄弟林钟华、林钟嵩的祖父就是林廷鳌，林宅是宁波老城内最精美的宅子。精雕细琢，尤以砖雕、木雕、石雕称著，据不完全统计，林宅的雕刻有三百五十多幅，“仕女葬花”、“暗八仙”、“琴棋书画”、“唐伯虎点秋香”几乎是一座雕刻博物馆，题材丰富，精美绝伦。宅之西南隅有幽雅小园，并藏有明代画家董其昌所书的，明文学家陈继儒题跋的《兰亭序》刻石二方。假山

图4　林宅

也是“九狮一象”，一象尚在，九只狮子已残缺，而根据林氏后人回忆，园的东面有佛堂，西面有长廊和六角亭，园中植以名贵茶花和两株丹桂树（图 4）。

除这四处假山之外，还有几处民国时期的园林，这里不予讨论。纵观以上四园，笔者简单概括一下宁波园林的特色：

第一，面积很小。除独秀山外，私家园林，几乎是庭园，只在于住宅的一隅，叠石成山。天一阁在阁前挖池叠山，林宅在宅西一角挖池叠山，近性楼假山水池都在东侧。

第二，山均为小品山，除独秀山外，天一阁、林宅均是“九狮一象”。可以临登攀爬，水池只在山前，以活水居多。宁波在三江之畔，中有日月二湖，城中小河无数，天一阁前天一池与月湖水相通，终岁不干。林宅水池亦与外面的河相通。堆山之石均是就地取材，假山堆石一般均采用太湖石。太湖石，玲珑多姿，符合清代李渔所说的石要“瘦、漏、透”三字原则。为历代造园主所青睐，但宁波的园林是不是太湖石所堆，令人很难分辨，太湖石为石灰石，为白色为多，而宁波的山石，呈灰土色，就地取材，《独秀山记》里这样写：“石取于荒野废渍间，有主者以物易之”。

第三，花木种类众多，布局有法。现今虽然看不到一些造园时种植的花木，但根据文献，就可以知道。江南气候土壤适合花木生长。如近性楼有竹、松、梧、蕉，终年翠绿为园林衬色。而且很符合园林栽花木以“君子比德”

的思想出发选栽。

第四，名园名楼名墨宝名记，一座园林是否有名，有时并非取决于园林本身，有时取决于名人，或者一篇文章，园以人传，园以文传，而且园中都有墨宝帖石，而且都有藏书楼。

“不到园林，怎知春色如许？”宁波的园林虽然无法比予苏州园林，但也不失精巧秀美，是研究宁波园林和宁波人居住环境宝贵的实物资料。

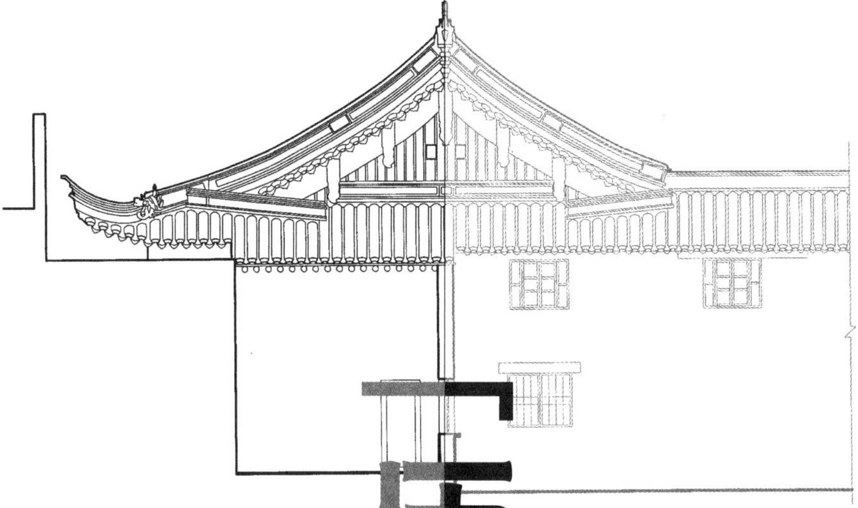

「历史村镇」

伍

【走近珠街阁】[一]

——朱家角古镇的历史建筑探析

雷冬霞 · 上海建科结构新技术工程有限公司

李浈 · 同济大学建筑与城市规划学院

朱家角是明清时期发展繁荣起来的一个典型的江南市镇，它的形成和发展都建立在以水运为主的交通方式的基础上，其布局形态也呈现明显的水乡古镇特征。现存历史建筑面积总计约 18 万平方米。约总体来讲，漕港河北岸的历史建筑呈Π字形分布，多建于明末清初，建筑规模较小，只有少数几处较好的厅堂建筑；而南岸的建筑，沿人字形河道两侧分布，面积与数量约为北岸的五倍，且市河、瑚玠港、东西湖、东市河、祥凝浜等多条水系贯穿其中，沿河而成多条商业大街，如北大街、漕河街、大新街等（图 1）。这部分历史建筑形成较早，甚至保留有明代的厅堂，形式多样，规模较大。保存较好者多位于非中心区域，如胜利街南端的王剑山宅，西湖街的金宅，西井街的马家花园，以及镇南圣塘浜附近的柳亚子别墅、杨家别墅等。

[一]“十一五”国家科技支撑项目“不同地域特色村镇住宅建筑设计模式研究”，编号：2008BAJ08B04。

一　建筑风貌现状分析与评价

为了更好地认识古镇内的建筑遗产，把古镇区内所有的建筑进行风貌分类评价。分为四类：

1．一类风貌。指保存完好的传统建筑和按风貌要求重新修复过的风貌建筑。

2．二类风貌。指原有传统建筑风貌基本保留，但门窗等装饰细部构件有不同程度的破坏者。

3．三类风貌。即原有建筑形式基本保留，但门窗墙体已经严重破坏，或门窗被重新开设和更换，建筑质量较好但风貌欠佳的建筑。

4．四类风貌。即违章搭建的棚以及非传统材料建造或装饰的与古镇环境冲突的建筑形体。

课植园、涓水园、江南第一茶楼等建筑经过整修后，成为古镇风貌区的亮点，吸引了众多游客，属于一类风貌建筑。北大街、西井街及大新街局部沿街建筑门面经过整修，屋瓦整齐，整体风格一致，为二类风貌建筑。

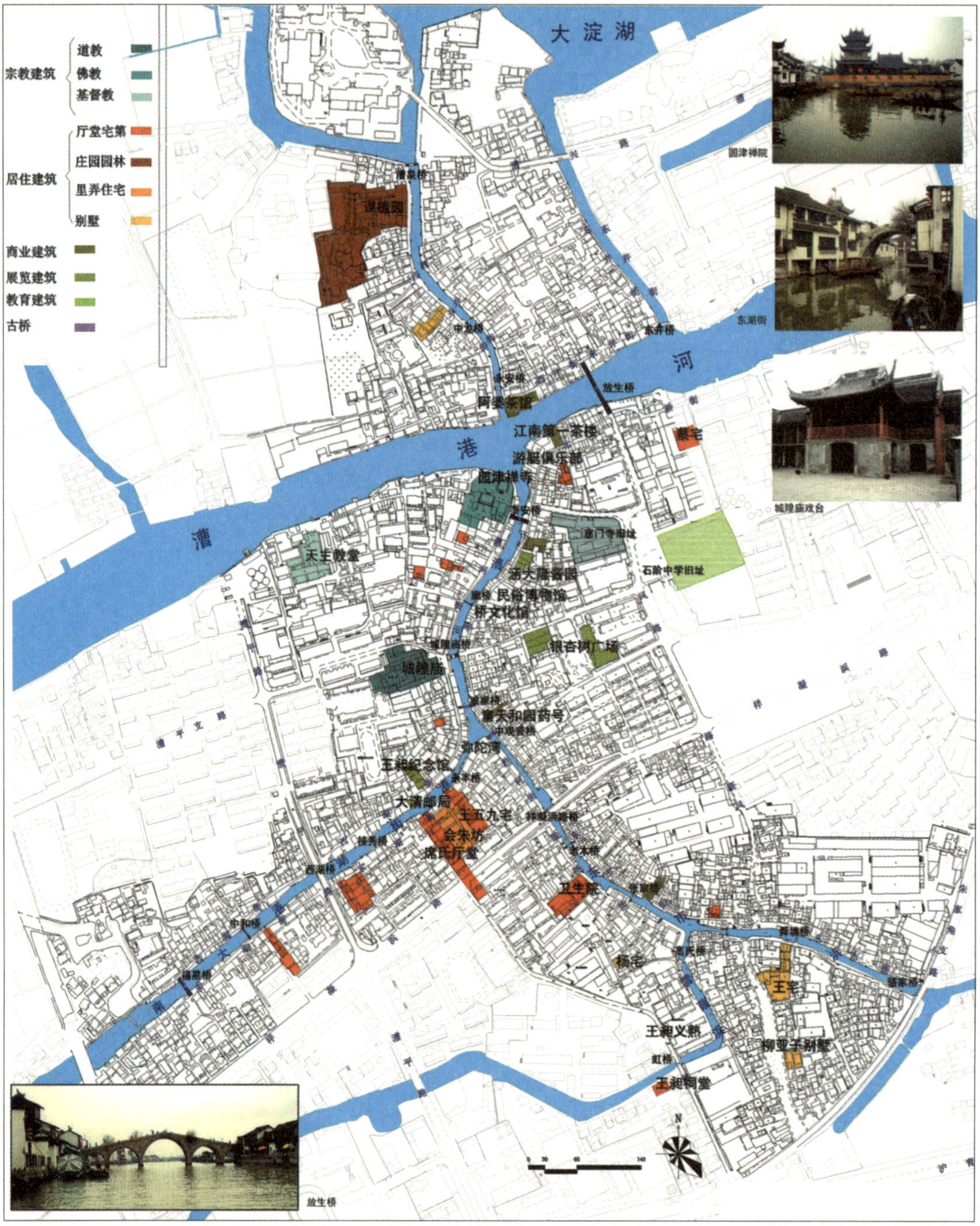

图1 朱家角历史建筑分布图

散布在传统民居建筑群中的一些保留较好的厅堂、别墅等也属二类风貌。东市街、胜利街、东湖街以及漕平路以西的西湖街的沿街建筑屋面瓦盖杂乱，墙面斑驳剥落，门窗风格不一，为三类风貌建筑。此外，除古镇沿街（北大街，西井街，东湖街等老街）建筑外，此沿交通线附近的建筑群也多数风貌三类。沿漕港河两岸的油脂厂、粮管所以及义仁泰食品厂等现代工业厂房位于地理位置重要的放生桥附近，对古镇传统风貌的影响比较大，属较差的四类风貌建筑。在传统建筑群中出现的一些新建的双层现代住宅，其马赛克贴面、铝合金钢窗与周围建筑格格不入。分居古镇西端的淀湖新村、乐湖新村以及新风路和漕平路两侧的新风新村是现代的多层住宅小区，以及散布在古镇周边地带的独立住宅区，均属于四类风貌。分类建筑所得比例如表 1。

二　建筑年代的调查

根据古镇内历史建筑的时代特征，将建筑划分四类历史时段：明清建筑、民国建筑、1949 年至 20 世纪 80 年代建筑、20 世纪 80 年以后建筑。可针对不同历史时段的建筑特征进行不同的分类保护措施。

虽然古镇有一千七百多年的历史，但大多数传统建筑建于民国时期，少数可以追溯到明清。其他大部分建筑建于八九十年代。其分布比例如表 2。

三　建筑质量的调查与评估

通过普查的方式对现有的建筑（包括历史建筑）的质量进行排摸。标

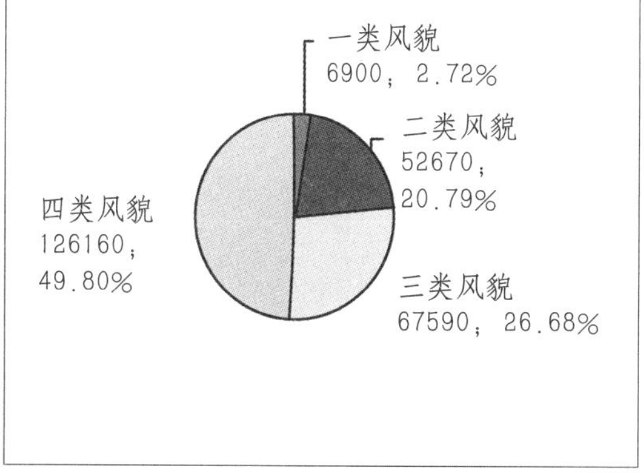

表1　建筑风貌评价（平方米或%）

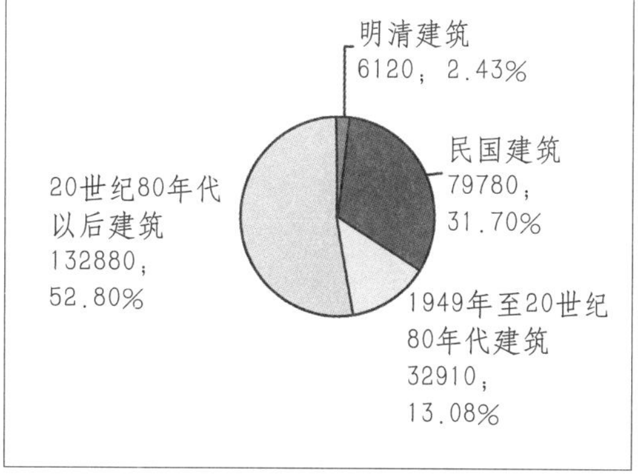

表2　建筑年代评价（平方米或%）

准分为四类：

质量一类。指建筑质量完好者。包括八九十年代新建的砖混结构建筑，包括联排式和独立式住宅、工业建筑；已经经过整修的文物点；部分在功能使用与转换中整修得较好的传统建筑。

质量二类。指建筑质量大部分完好者。包括新中国建立后至20世纪80年代兴建的砖混结构建筑中维护得较好的建筑；部分日常维护得较好的传统木构建筑。

质量三类。指建筑质量尚可者。包括由于缺乏日常维护的传统木构建筑，虽然原有建筑形式基本保留且安全，但门窗、墙体和屋顶已有较大程度的损坏。

质量四类。危房。包括墙体严重倾斜，屋顶破损严重者；违章搭建的简棚；等等。

就现状而言，古镇区的传统建筑除景点建筑属一类，已开发的北大街及西井街沿街建筑质量属二类外，多数住宅多为质量三类，有些为四类质量。其他现代住宅为质量一类。详见表3统计。

四 建筑高度现状调查

古镇内传统建筑高度多为一至二层，少有三层及三层以上的建筑出现（漕港河北岸有两栋），和谐的高度创造出了宜人的河道空间及街道空间。现代住宅及主要公共建筑（包括厂房）的高度也多控制六层以内（详见表4）。

历史建筑的功能类型：

朱家角的历史建筑，按其使用性质大致可分为宗教、商业、居住、展馆、教育五类，见表5。

（一）商业建筑

1. 涵大隆酱园。涵大隆酱园为百年老店。早在1915年，涵大隆的产品在巴拿马万国博览会上获金奖。现在店前石库门，以及柜台摆设，都是原物。店堂不大，经营中国名酒、美味酱油、花色乳腐、各种酱菜、各色调味品，价廉物美，声名远播（图2）。

2. 义仁泰酱园。义仁泰酱园由杭州人丁松开设，总店在松江。清光绪年间，丁设分店到朱家角镇，店名了义盛，后同姚姓合作，

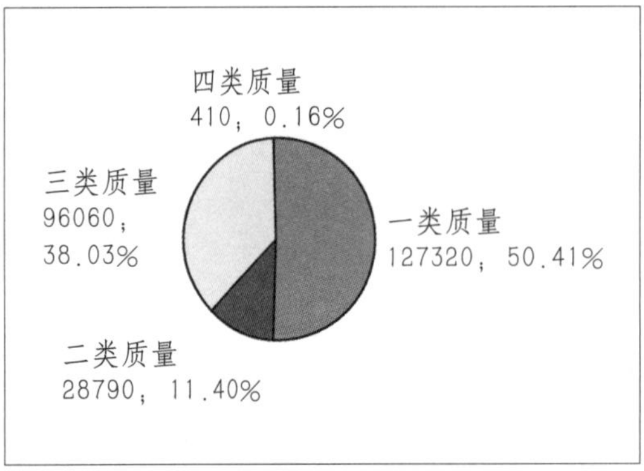

表3 建筑质量评价（平方米或%）

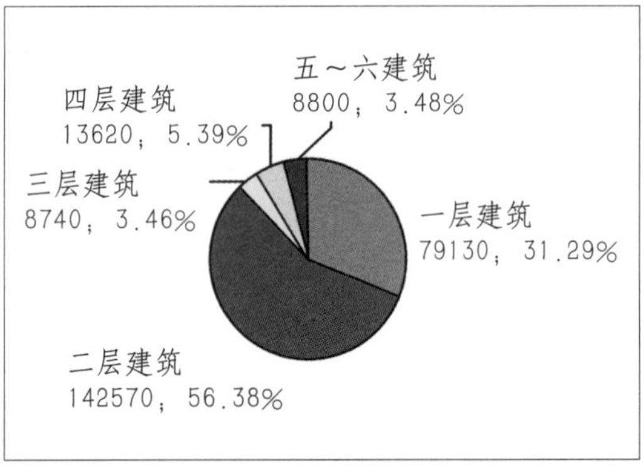

表4 建筑高度现状调查评价（平方米或%）

改名为义仁泰酱园。该店产品各具特色，有的酱菜按时序供应，如醉蟹、人参萝卜。特产乳腐有双糟、红方、箱方、大方四种。酱油选用大粒黄豆，天然发酵，有白油、红油、特晒、双套、单套等。陈酒制法，尤为考究，专门汲取镇北大淀湖水酿制，味香醇厚，年销 6 万公斤。其中玫瑰露酒和双套晒油，曾分别在巴拿马万国博览会、南洋劝业会和国货展览会上获奖。新中国建立后义仁泰仍为镇上最大酱园。1956 年与涵大隆、恒隆如合并，并吸收 18 家小店，组成朱家角酒酱业合营商店。1958年厂店分开，建立朱家角酿造厂，现名上海义仁泰食品 。

图2　涵大隆酱园之入口

3. 童天和国药号。童天和国药号于清光绪三年（1877 年）重修金字招牌。光绪十六年扩大经营，资本约占全镇七家国药店的 1/3 以上。该店素以挑选精良药材，自设工场，精工炮制饮片而负盛名。药号还聘名医坐堂处方。名医良药，相得益彰。现存国药号的石库门仍为原物。

4. 江南第一茶楼。茶馆创建于清末。茶室在二楼，店堂宽敞，生意鼎盛。茶楼依街傍水，有临河雅座，河港帆影，尽收眼底。

5. 米行。带拱门的骑楼横跨胜利街，前部大厅保存完好，现为民宅。

（二）展馆建筑

1. 大清邮局。位于西湖街王昶纪念馆附近。馆内陈列着各种邮信、邮差制服、邮局章印及版图。邮局门前的邮筒是清朝留下的古物。

2. 合丰米行。即稻米乡情馆，位于北大街涵大隆酱房一侧。生动再现了北大街繁华的历史风貌。以春耕、夏耘、秋收、冬藏和各种农历节气的艺术组合，营造了田园牧歌式的场景。

3. 渔人之家。位于美周弄银杏树旁。陈列了江南水乡特有的水上工具——木筏、独木舟、网具等等，以及精致的模型。展现了各种捕鱼方式和渔俗文化，在呈现渔民劳动和生活景象的同时，展示了人类生存的一种状态和智慧。

4. 王昶纪念馆。在西湖街。按照清乾隆刑部郎中王昶的身世家业和活动的情况，建造了王昶纪念馆。馆为一幢二层楼房，庭院树木花卉宁静雅致，

表 5　　建筑类型调查表一

分类	小类	建筑	年代	位置
宗教建筑	道教	城隍庙	清乾隆二十八年（1763 年）	祥凝浜
	佛教	圆津禅院	清（近代复建）	漕港河边
		报国寺	明（近代复建）	淀峰大桥桥边
		慈门寺	明万历 （现仅存雌雄古银杏各一株）	现为朱家角人民医院住院部
	天主教	天主教堂	清末民国	漕港河边
	基督教	基督教堂	近代	
	祠堂	王氏祠堂、陆氏祠堂、高氏祠堂　现均已无存		
居住建筑	厅堂宅第	席氏厅堂	明代嘉靖年间	东湖街席家弄
		仲家大宅	清末民国	东市街祥凝浜桥下
		蔡家大宅	清末民国	义仁泰食品厂内
		叶家大宅	清末民国	胜利街龙木桥
		王家大宅	清末民国	席家弄内
		群惠堂、孝友堂、乐天庐、澹香别业、岁寒山馆、菊隐轩、双桐书屋、过斋、瞻斋、饮香楼、萝月山房、开卷楼、鹤采堂　现均已无存		
	庄园、园林	课植园	清代	西井街
		珠溪园	近代	318 国道的入口处
		怡园、修竹吾庐、嵩少山房、西隐山房、赐书堂、保闲堂、一枝棲、三泖渔庄、西樵村居　现均已无存		
	别墅	王家别墅	民国年间	东市街
		柳亚子别墅	民国年间	圣堂浜
		杨家别墅	民国年间	雪葭浜小学附近
		被烧的别墅	民国年间	东市街三岔河道口
	里弄住宅	会朱坊	民国年间	席家花园旁

分类	小类 建筑	年代	位置
商业建筑	涵大隆酱园	清代（1886 年）	北大街 237 号
	义仁泰酱园	清光绪年间	
	童天和国药号	清光绪年间	大新街 60 号
	江南第一茶楼	清末	漕港湖南岸北大街中段
	米行	民国年间	胜利街中段
展馆建筑	大清邮局	清（近代复建）	西湖街
	稻米乡情馆	近代	美周弄
	鱼米之乡	近代	北大街
	王昶纪念馆	清末民国	西湖街
教育建筑	石街中学旧址	清宣统元年	新风路
	社学、淀湖书院、沈氏义塾、王氏义塾、珠溪书院 现均已无存		

透出一种浓浓的文化气息。

5. 上海远古文化展示馆。位于美周弄银杏树旁。展示了中国最早的水井、石犁、文字等上海先民的重要发明，以及从上海地区发掘的精美玉器和陶器，并以独特的表现手法展示了上海先民的聪明才智和无穷的创造力。

（三）教育建筑

1. 淀湖书院。旧址在慈门寺侧，为清康熙年建，现已无存。

2. 石街中学旧址。位于新风路、镇政府对面。石街中学前身为一隅小学，由朱家角首富蔡承烈于宣统元年所建，是当时全县最大、设施最完善的一所小学。新中国成立后改为石街中学，于 20 世纪 90 年代被完全拆建成了财苑宾馆，如今只剩宾馆前的一条石阶路。

（四）居住建筑

1. 里弄建筑。位于东湖街席家花园旁的会朱坊，是由上海的一家面粉厂出资，按照上海里弄建筑布局建造的建筑。虽然是里弄建筑，但其建筑外貌还是白墙黛瓦，建筑用材及色彩都遵从古镇的传统建筑风貌。

2. 厅堂建筑。放生桥以南至湖街港地段原是富商云集之地，多为名门望族的私家宅第，建筑多临河而建，宅前路很窄，宅院开间很小，门面普通，但内部厅堂罗列，花园荷池一应俱全，厅堂梁枋还有精致的雕刻。

图3　里弄式建筑——会珠坊

（五）宗教建筑

有城隍庙、圆津禅院、报国寺、慈门寺等。

六　历史建筑的布局与结构特征

按其布局形式，主要可以分为三类，即里弄式，传统合院式和宅园式。

里弄式如位于东湖街49弄2－40号，建于上世纪20年代的会珠坊。这种布局与上海市区的老式里弄相似，但又有区别。它们都是由主弄到支弄，联排式布局。但市区内的老式里弄的建筑之间更注重独立性和私密性，它的布局一般都有独立的天井空间，由次弄进入院落时通常设置石库门。但朱家角的里弄式建筑天井多是开放的，相互之间的联系关系更强。可能这与其原始功能有关系。因会珠坊原本是作为大东南烟草公司的仓库使用的（图3）。

院落式布局方式与传统的四合院相近。以天井院为组织手段，纵向布置建筑，形成几进院落（图4）。常见的平面形式有凹字形，如柳亚子别墅；回字形，如王家厅；H字形，如美周弄70-5号；日字形，如蔡承业宅；此外还有一些复合式。

宅园式也是朱家角历史建筑的一种布局方式，又可分为两种类型，一种是以王剑山宅为代表的后花园式，即以厅堂式建筑为主，在建筑主体后部设置面积较大的花园，园内种植各种花草树木；另一种以课植园为代表（图5），是庄园式。园林乃当初建设的主体，而建筑是附属品。

按其使用方式，其历史建筑一般又可分以为三类。即下店上宅式、前店后宅式和坊宅混合式。

大量的历史建筑特别沿河沿街者，可谓亦店亦宅。这类建筑的底层多设店板门，随时可以打开，便于经商和运货，而二层主要是居住（图6）。又可以分为三种方式：一种是下店上宅式，是水乡民居中常见的布局形态；另一种是前店后宅式，主人多以贩运、批发生意为主，如木行、米行、竹行等；后一种为坊宅混合式，这类建筑的主人一般从事手工业活动，民国时也有从事小型工业生产活动者。如朱家角油脂厂的前身元号、全号油厂，漕港河街的珠浦电厂等。珠浦电厂原建筑有前后两埭，沿街一埭作为办公及居住使用，后部第二埭原为平房式机房，在上世纪 90 年代拆除。这些坊宅混合式建筑，规模大，占地广，对商业性交通要求高，一般分布在朱家角的黄金水道漕港河两岸。

如果按风格和特色分类，朱家角的历史建筑大体还可分为中国传统式和近现代两类，详见表 6。

中国传统式建筑构成了朱家角古镇的主要建筑风貌，是主流的建筑风格。它的形成与朱家角的地域位置有关。它靠近太湖，明清时就受到了江南大环境下社会、经济、文化和建筑意识形态方面的辐射与影响，是香山帮技术的主要影响地带，一直传承和延续到近世（图 7）。

而中西合璧式建筑（图 8），主要建于清末民初，数量少，所占历史建筑的比例小，并以点状分布。从这类建筑的发展过程，也极具时代特征。最初建筑形态，往往以砖墙代替传统木柱承重，而主次梁等尚保持传统型制，混凝土等新材料是辅助的、局部

图4　传统合院式建筑

图5　宅园式建筑——课植园

表 6　　　　建筑类型调查表二

建筑类型		分布状况	现状说明	保护措施
中国传统式	传统民居建筑	临河、临街、临浜而建，白墙黛瓦，是构成古镇中心传统风貌区的主体。	以建于民国时期建筑为主体，少量院落和厅堂建于清朝，并得以较好的维护与维修。	重点保护为主，并改善内部使用设施。
	中西合璧式建筑	主要集中于东湖街、席宅附近的会朱坊。	建筑的整体布局表现在现代里弄形式和传统院落布局的糅合，建筑的细部多分布在墙体雕饰、门窗形式之中。	重点保护为主，并改善内部使用设施。
	近代西洋式建筑	分散于古镇的各个角落。	多为独立式的小洋房，或独立式封闭院落。	重点保护为主，可适当进行功能置换，对其进行再利用性保护。
近现代式	现代低层平顶和坡顶居住建筑	主要分布在古镇区周边近农郊地带。少量在古镇区传统建筑群中搭建而成	此类建筑多为解放后建造。	在重点地段的现代低层平顶建筑以平改坡为主，其他以改善居住条件为主。
	现代多层居住建筑	主要分布在古镇区外围和入口处。	分现代多层录顶、现代多层马头墙坡顶、现代多层平顶。	以环境整治为主。
	近现代工业厂房和仓储用房	主要分布在河道的两岸，少量紧邻古镇中心区。	多为近代建造的大跨度厂房建筑，风貌较差。	一部分再利用保护；一部分拆除搬迁。

图7　传统木构建筑

性的材料；而后，混凝土作为一种新型的建筑材料开始普及，它不仅承担结构作用，如柱、梁、檩等，还兼有装饰作用。因之，建筑的结构形式也发生了戏剧性的变化，由传统的木构体系，渐变为砖木混合体系，继而又演化为砖混体系。随之而来的是，建筑的细部，从屋顶、屋脊、墙体砌法、封火墙、墀头、门窗、铺地甚至河埠、缆石等都有了相应的一些变化。一些西洋式的花饰也伴随着近代化的过程出现并开始风靡。

总之，由于朱家角所处的特殊的地域性，其历史建筑的风格、布局、空间以及文化形态等方面均表现出自身的一些特性。一方面，它受太湖流域吴文化的影响，古镇空间结构上有浓郁的中国江南水乡特征，历史建筑布局上以南方小天井合院式特点为主，在营造技术上以苏州香山帮匠艺为主要特征；另一方面，由于与

图6　北大街商业建筑

上海的近缘关系，以及开埠后殖民化、近代化的影响，部分建筑风格有明显的“沪派”烙印。如一些民族资本萌芽时期的近代工业遗产建筑，以及受上海影响的西洋式建筑。从纵向上看，朱家角的历史建筑是保留有清末以来各个时期特点的标本。从而，研究朱家角的历史建筑，从中可以清晰地领略和体验两种不同的文化相互博弈与融合的过程。这也正是朱家角历史建筑的价值所在，魅力所在。

参考文献

[一] 孙洪刚：《江南水乡魅力探源》，《时代建筑》，1994（2），第 52 ～ 55 页。
[二] 崔晋余：《香山帮建筑》，北京，中国建筑工业出版社，2004 年版。
[三] 李浈、雷冬霞：《朱家角古镇保护规划》，上海同济城市规划设计研究院，2002，10（未刊稿）。
[四] 罗小未、伍江：《上海里弄》，上海，人民美术出版社，1986 年版。
[五] 樊树志：《明清江南市镇探微》，上海，复旦大学出版社，1990 年版。
[六] 瞿洁莹：《上海市朱家角古镇历史建筑初探》，同济大学硕士学位论文，1997 年。

图8　中西合璧式建筑——大清邮局

【浙东丘陵盆地地区民居初探】

——以宁海县前童镇为例

孙慧芳 · 同济大学建筑历史与城市规划学院

浙江属于亚热带季风气候，四季分明，光照充足，降水充沛；冬季寒冷但是持续时间较短，夏季酷热，春温多变，秋温陡降，春夏多雨，秋冬干旱。这些气候特点使得浙江民居呈现出结构轻盈、出檐深远的总体特点，有别于北方和干旱地区的居民。但认真研究起来，浙江民居的类型和形式的变化很多很大。

浙江的地形很丰富，东部沿海，多岛屿，西南部多山，北部是冲积平原，整个地势自西向南东北倾斜，境内的河流数量多而短，多是发源于本省又在本省入海，流域众多而独立。多山造成的交通不便使得各流域文化之间的封闭程度加深，这是造成地域性特别丰富的基本原因。西南－东北走向的几大山脉和富春江把整个浙江大致分成了以下几个文化区，这种分区并不是绝对的，只是为了更好地通过比较加深对浙东民居的认识。

杭嘉湖平原与宁绍平原：是浙江最大的堆积平原，地势低平，地面形成东、南高起而向西、北降低的，以太湖为中心的浅碟形洼地。土壤肥沃，平原上水网稠密，自古以来便是有名的鱼米之乡。经济发达而多商埠大镇。此处与苏南、上海同属长江三角洲－太湖流域，即一般狭义所指的“江南”核心区，春秋时同属于吴国，在文化上自古相通，方言相近，生活生产习性也相近。与稠密的水网相适应的是典型的江南水乡村镇，以河成街，街桥相连，依河筑屋，水镇一体，比如浙江的西塘、南浔和乌镇，江苏的周庄、同里、角直，无论是空间意向和文化底蕴都是相似的。另外，苏南的匠作如香山帮等也多在这一带活动，故民居的细部装饰多带有苏式的特征。

金衢盆地：金华、衢州、梅城一带的衢江、兰江、新安江、金华江河谷地带，位于两座主要山脉之间，呈狭长的西南－东北走向，向西一直延伸进入江西境内，这里与邻省江西、安徽的地理气候较为相似，文化交流也多于与省内其他地区，民居明显带有徽派建筑的特征，如建德、兰溪、江山等地居民，少开敞院落而多高深天井。

浙东丘陵地区：高低起伏，坡度较缓，由连绵不断的低矮山丘组成的地形，局部多小盆地，小河流，有建造在山上的民居但数量较少，人口多集中在有河流经过的小盆地，耕地虽然肥沃但是数量较少，农业生产的精耕细作程度较大。虽距海很近，但由于四周山丘的阻挡，夏季受台风的影响不是很大；降水量很大，并且终年湿度很大，6月至7月间有梅雨季，夏季午后多雷阵雨；山区中冬季湿冷，夏季闷热，四季温差较大。对通风的要求较高，故院落空间较为开敞。体现在民居上的特点可总结如下：

气候特点：

1. 降雨多，但仍有伏旱威胁——建筑多设披檐，且出檐较大；路边多设沟渠以利排水引水。

2. 梅雨季节长、湿气大——院落空间开敞，建筑多为二层，上层为主要居住、储藏空间（杆栏建筑特点），墙基多用溪石或其他当地石材垒砌以防潮。

地理特点：

1. 多山，平地少——建筑布局整体较为紧凑，道路多狭小。

2. 河流一般较小较浅不适合饮用——饮用水依靠地下水，井台成为当地生活的重要场所。

一　实例——前童

前童镇属于宁波市宁海县，是浙江目前保存完好的最大自然村之一，属于典型的浙东丘陵盆地地形。自然环境较为优越，它位于状元峰和梁皇山之间的谷地，两山皆从天台山脉而来，呈西南—东北走向，可以阻隔台风的影响。村东有孤山塔山，仅高100米左右，相传因山上有塔而得名；村西有鹿山，名虽为山，但高度仅40米，实为土坡，坡缓草茵，少乱石杂树，是休憩佳所，犹如整个村镇后花园。二水环村，西北而来的梁皇溪与西南而来的白溪在村东交汇，向东流入三门湾。二溪均为浅水，汛期与旱期河道宽度变化大，溪中多产卵石，是当地民居常用的材料之一。

前童的历史相当悠久，根据族谱记载，南宋绍定六年（1233年），始祖童潢游历之时看中这块环水靠山的风水宝地，举家从黄岩迁徙至此，经过七百六十多年的发展，已成为一个拥有一千六百余户，五千余人的巨村大族。靠着严格的族规和相对封闭的自然环境，村中始终保持着童式独姓，目前仍占总人口的九成以上。历代重视对于族谱的修编，故该村的历史发展十分清晰，为研究该地的民俗民居文化提供了不可多得的第一手材料。

正是因为整个村镇发展的延续性以及整个单姓血亲家族的凝聚力，整个村镇布局较为合理完整，两条溪水引入村落后通过精心规划（八卦风水原则），主要村道伴有水渠，既供汛期排水，又可供村民日常生活之用，严格的族规以及族人长久以来形成的认同感，村民相当爱护这些水渠，无人倾倒赃物，每年定期去淤排污，故水渠得保长年清澈。渠旁民宅多开便门，通过石板小桥通向卵石路面，形成一种独特的“小桥流水人家”之美（图1）。

（一）村落布局紧凑，尺度均匀

作为一个单姓血亲家族，前童比较注

重家族的公共利益，除致力于治水、办学等公共事业外，又采用各种办法帮助贫困的族人，如设置祀田和祀山以低利供给其租种等等。故虽经历了七百六十多年，族人间的贫富差距并不十分明显；自力更生为主的小农经济下，父母过世后兄弟分家，三代小家庭是主要的生产和生活单元。这两点很明显的反映在布局上，以院落为主要单元组织起来的村落，院落与院落之间在尺度、结构上区别很小：整个前童现存历史建筑绝大多数为单院，仅

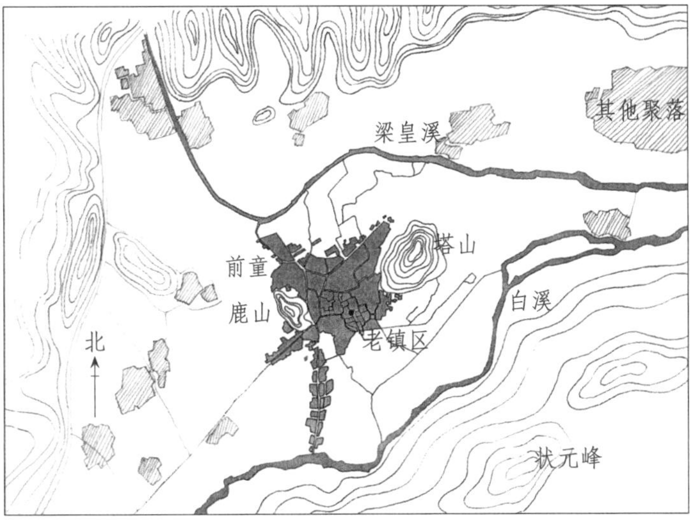

图1　前童镇地理环境及小桥、流水、人家

圣旨楼一处可见两进院落。贫富之别多体现在细部装饰上，富者多精美雕饰，贫者仅为简单木构（图 2）。

前童的地理气候条件十分适于水稻的种植，但位于大山之间，可耕地的数量较为有限，这直接导致了两个结果：一是土地的精耕细作程度相当高，如当地言“四耕四耙可插秧”，而一般稻作区只耕两到三遍。因此土地产量高，经济较为富裕，在历史上塔山童氏一直是浙东有名的望族，经济发达人多地少使得手工业十分发达，其中尤以木匠为最，民居与家具具有雕饰精美细腻的特点；二是由于人口增长同土地减少的矛盾，民居以一种相对紧凑的方式聚合在一起，户与户间村道较为狭小，一般有沟渠处宽为 3～4 米，其中沟渠 1.5 米，无沟渠处仅为 2 米，巷道空间感很强，形成了整个村镇独特的静谧气氛，不同于太湖流域水街的开敞，也不同于徽商建筑高墙窄弄的压抑。

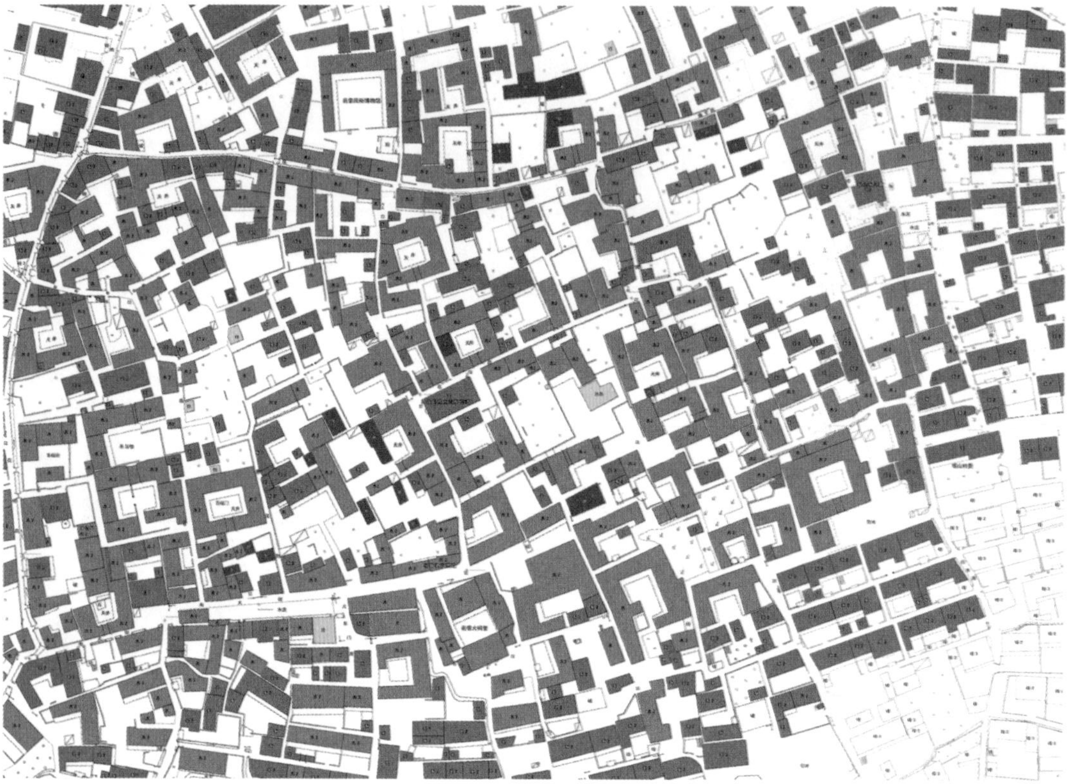

图2　老镇区肌理

（二）公共空间丰富

富裕的农耕生活加上传统儒家思想的影响使当地呈现出一种典型的耕读文化特征。首先是注重明确亲族间的伦序，重祭祖，重祖训家教，热心于科举，并设置了大量族产以保永世祭祀之费。故此村中有宗祠、支祠多处，其中最大的童氏宗祠位于主要商业街—前童老街的一端，内设戏台，是祭祖、集会、演戏的场所，也是宣传族规、议事、宴请的地点，是整个前童最为重要的公共建筑。

前童原有慧明寺，现已不存，但应是历史上重要的活动场所。前童镇名的由来即是“寺前童氏”的简称。寺虽不存，但它对整个前童布局的影响尚在，寺前老街为前童旧时最重要的商业街，就是在寺前的集市场所基础上发展起来的。寺前原有两条玉尺河，村民在 1912 年将内河填平，外河铺设石板改为暗河，后又在道路两旁建起店铺，逐渐形成了现如今的老街。

慧明寺的正门称大前门，倾颓已久，现只余两个柱顶石和填河前的石桥残迹可以证明它的曾经存在。但作为老街当年标志性的建筑，它的场所感始终存在，它变成了一个地名，石桥是老人们闲聊的地点，人们已经熟识了没有大车门（当地人对大前门的俗称）的大车门。在老街保护开发的过程中，复建大车门一直是一个热点，也是一个难点，但原地复建反而会破坏现有的场所感。

值得一提的是，早在明代洪武年间，童氏家族就在此地办起了家族学校“石镜精舍”，并延请了大儒方孝儒前来讲学。此后，历代坚持办学，先后建造了众多书院书斋，现虽多已不存在，但说明了前童村镇中公共建筑的丰富性。

除上述公共建筑外，前童在七百六十多年的发展中自然生成的公共空间也十分丰富，值得作为研究对象。最典型如井台周边、水渠埠头等，村人尤其是妇女常在此一边劳作一边闲话家常，是交流活动发生最密集的场所。上文已有分析，水渠和井台空间的形成有其必然性，是由当地的地理气候条件促成的，快速排水的需要和浅表小溪不适合饮用的特点，使当地发明了水渠与水井两层用水系统，并通过长时间的积累体现在了景观和文化上。

自然生成的村落道路曲折，分割而来的各家宅基地多为不规则的形状，为了争取使用面积，建筑多撑满边界，但又可以见到当地人对于公共空间的尊重。如下层墙角若遇路口多倒角，遇路面狭窄处则舍去二层披檐，以免影响路面的采光，老街两侧商铺即多无披檐（图 3)。

（三）单体院落与平面布局特点

作为一个典型的浙东丘陵盆地民居，前童具有院落开敞，出檐深远的

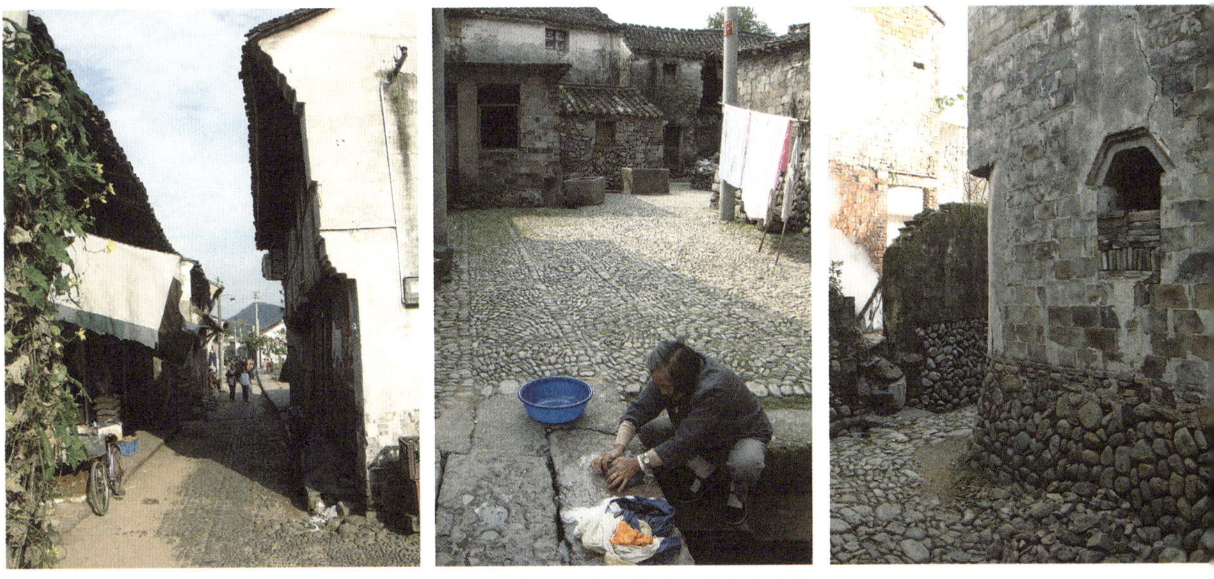

图3 老街街口、水渠埠头、转角切角处理

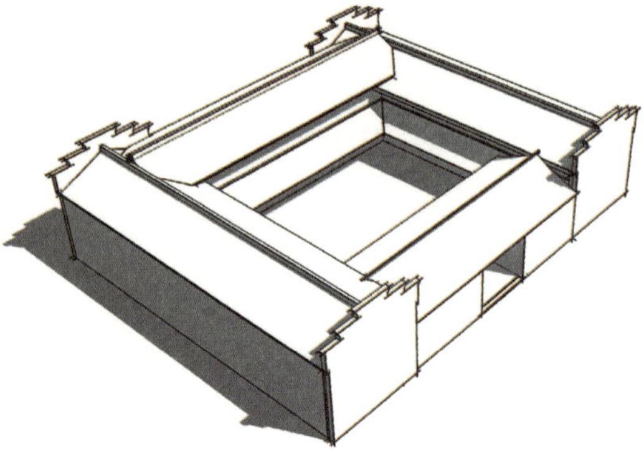

图4　典型院落

特点。合院的披檐连在一起，形成一个连续的挡雨蔽日的廊下空间，当地称为“檐头口”。一般主入口面对道路，不强求南向。南向建筑一般略高于两侧厢房，形成明显的主次关系，当中一间称为“堂前”，是整个家庭的公用空间，婚丧嫁娶、祭祀、会客等均在此进行，最大的特点是多开敞不设门户。其余居住空间按东尊西卑的礼法顺序由父母、兄、弟居住。当地方言称院落为“道地”，多以卵石铺就各种吉祥图案。同大多数中国传统合院一样，前童的院落也表现出一种内向性，院内立面均为木构，木质门窗轻盈精美；但面向道路的后檐墙多为空斗砖墙，直砌至檐口，间有小窗也嵌以石雕窗格，通向水井沟渠的便门多采用板门，不事雕饰，朴实厚重，与院内形成明显的对比（图4）。

（四）结构与材料

民居取材多就地，前童也不例外。附近山上树木虽多，但粗大挺直可供建造者甚少，这限制了该地民居的尺度，一般堂前的面阔在3～4米左右，正房脊高6～7米，厢房更小。

檩距：当地木匠有一套成熟的关于屋顶檩距和举架设计方法。五檩一般称为“二八踏四”，即前后檐各八尺（当地木工尺约27.8厘米）的步架再加后檐一个四尺的步架，形成前檐后檐低的效果。

举架：当地做法一般第一举四举，第二举四五举，以此类推，但脊步在此基础上再加高三寸，以利排水。因多为五檩、七檩建筑，举架数小，故屋面总体坡度较缓，适合当地多雨少雪天气。

穿斗式梁架结构：因所用多为小材，故柱距较小，但当地工匠常根据实际合理安排。一般山墙处梁架选择中柱落地以增加结构的稳定性，中部梁架采用偏柱落地以适应平面使用，也有上下层柱错位的，上层柱落于下层横梁之上。

当地工匠巧妙利用弯木，中间分开后形成一对对称的弯梁，线条优美又起到了预应

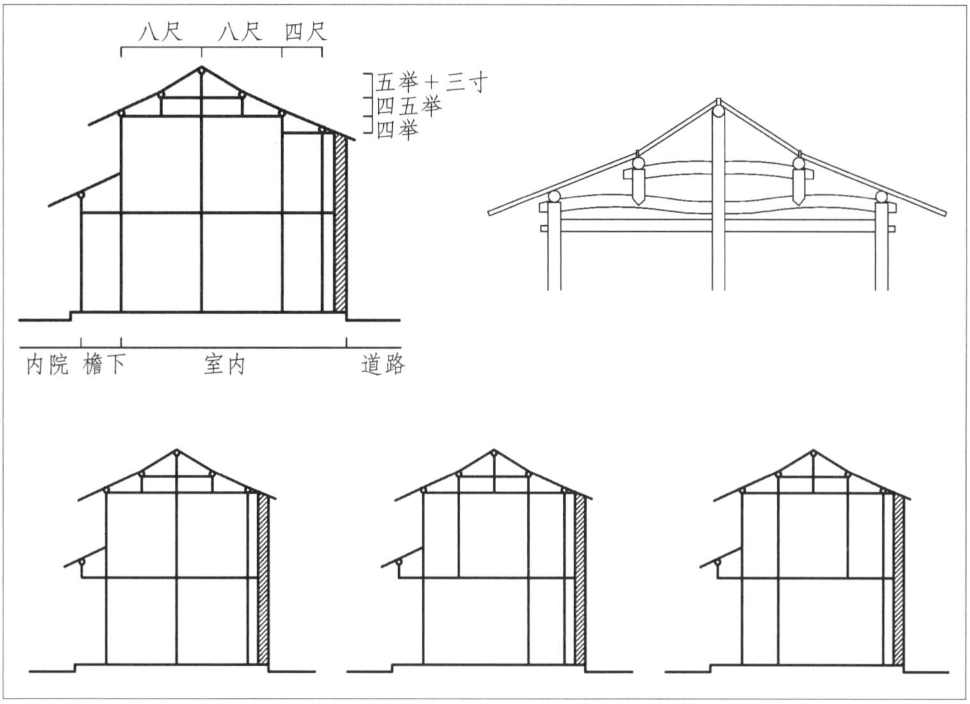

图5 “二八踏四”做法、弯木梁、梁架组合

力的作用（图 5）。

披檐：内院披檐出檐较大，故多设檐柱承重，披檐檐下是整个建筑装饰的重点，多用海老梁，枋头垫板雕刻有吉祥图案或故事画。少数飞合院的单体建筑披檐较前者为小，多用挑檐的形式（图 6）。

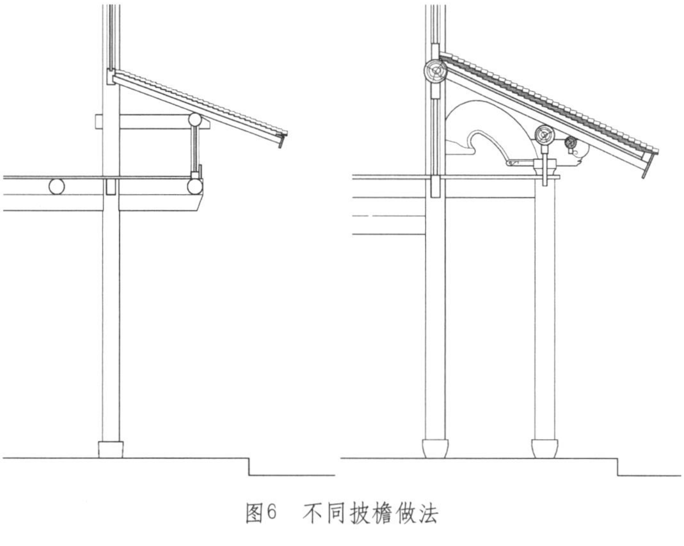

图6 不同披檐做法

外墙：山墙与后檐墙多为空斗砖砌，底部多用溪石垒砌两尺到三尺墙基，以防潮及保护砖墙。因当地湿度大的特点，边柱一般不入墙，而是与外墙保持一尺左右的距离以利通风。墙与柱相对松散的关系还表现在平面组织上，柱网排列整齐有规律，符合一般穿斗式建筑特点，而墙体多沿基地轮廓布置，尽可能的扩大室内使用面积。

墙体的这种特点十分不利于墙体本身的稳固，故当地采用了一些辅助手法，如枋头入墙，下厚上薄的梯形墙身等，但时间一长歪斜十分明显，是保护这些民居的难点。

铺地：道路、院落地面多用卵石，这是浙东丘陵地区最常见的铺地方式，也是最大的特点之一。卵石铺地有众多优点，一是原材料丰富易得，二是施工方面简易，在功能上既利于就地排水又可减少夏季室外地面对室内的辐射热。在长期的发展中，产生了一套成熟的施工方法以及各种美妙的图案，是人与自然和谐统一的美丽风景（图7）。

二　结语

什么是影响村镇形态的因素？从客观上说，首先是当地的自然条件，除去对建筑形式的直接影响，地理、气候、水资源等等，决定了该地的农业生产方式；土壤的肥沃程度决定了，每公倾土地可以养活的人的数量，在人口依附于耕地的农耕文明里，这就决定了聚落分布的密度和规模。另一个影响因素是经济发达程度，富裕地区居民多带有精致的装饰木雕、石雕、瓦件等等，细腻精致；山地等贫瘠之处居民多就地取材，呈现一种自然朴实的美感。农耕社会中经济仍受耕地制约，归根结底是自然条件的因素。

还有人的因素。虽然各个地区的农耕文

图7　铺地方式

明在发展上有各自的独立性，但文化交流的作用不容小视。在过去交通工具不发达的条件下，地区间的自然障碍成了地区间交流的密度与深度的决定因素。湘楚文化、燕赵文化、巴蜀文化、吴越文化等中国传统文化区，从战国时代至今地理范围并无太大改变，可以很好地解释这点。

这样说，不是自然条件是决定聚落形态的唯一因素，只是强调了它的重要性。居住文化是一件如此复杂的事情，千头万绪不知从何入手，也许是受地缘政治学说的影响，使笔者在考虑居民的时候更多地关注形式产生的根本原因。

笔者的家乡距离前童只有约 80 公里的直线距离，同样是浙东丘陵盆地，同样是历史悠久的家族村落，规模、建筑形式也相近，但是由于过快的经济发展，武断的规划，老房子已几乎不可寻，在前童短短半个月时间的探访，更感觉到了研究、保护的迫切性。前童的村落布局和建筑特点丰富而复杂，上文仅是针对浙东建筑共有的基本特性做了一些肤浅的分析。浙东山区向来不是主流的文化区，故针对它的民居研究不是很丰富，希望能有更多更深入的考察研究，以更好地保护她，利用她。

参考文献

[一] 顾希佳、王兴满：《前童古村落》，吉林摄影出版社，2002 年版。
[二] 陈志华：《浙江民居》，江苏美术出版社，2000 年版。
[三] 陆元鼎：《中国传统民居与文化》，中国建筑工业出版社，1992 年版。

【浙东古村建筑与村落文化】

杨古城 · 宁波工艺美术协会

说起浙东古村，记忆最深的是宋代诗人陆游的“莫笑农家腊酒浑，丰年留客足鸡豚。山重水复疑无路，柳暗花明又一村。”

一　浙东古村落的形成

1973 年 6 月，余姚县罗江公社在建造姚江抽水机站时，一群农民在江畔挖到三米多深处，突然发现一批鹿角，继而发现木柱和陶片，从此揭开了世界文化史上闪烁光辉的河姆渡古村落的文化遗存。此后又陆续发现了宁波江北区的八字桥村、鄞州卢家桥村、余姚鲻山村、北仑白峰村、奉化茗山后村、慈溪童家岙村、象山塔山村等一批浙东古村落的雏型。

然而，这批先民聚集的古村落，终因海水或山洪而被淹埋于地下。直到近三千年之前的春秋战国时代，我国进入以父系氏族为特征的封建社会之后，村落的组合以姓氏家族为主体的群落特征，于是村庄、村落成为城池之外的最基础的人聚群体建筑。成书于宋乾道五年（1169 年）的《四明图经》称“秦併百越，分天下三十六郡。”浙东属古越会稽郡，在浙东的姜、夏、黄、姚、虞等诸姓成为首批本土望族名村。

但是可惜的是千年以上的古村落竟没有一座保存至今！我们只能从出土的建筑构件和材料形制之中探知浙东史前古村落的雏型。

如河姆渡先民群聚在近水靠山的缓坡平川土地上构木为居，制陶为器，群居性的建筑有利于农耕渔猎，干栏式和卯榫木构适应江南湿热的自然环境，人字庇式的屋顶有利于抗风和泻水。这从“巢居” 进化而来的原始村落的建筑和群居方式一直延续到封建社会的初期和中晚期。

中国古村落在封建社会初期的周代秦汉时代，最初称为“社”、“里”，这是远古氏族制度的遗制。然而封建伦理道德观念制约了群落建筑的等级和格局，如宗庙社堂建筑的对称格局，同一族姓的院落式建筑逐步成熟，以就地取材的木石土砖草竹为材的建筑各呈风采。在 1300 年前的隋代时，以“百家为里，五百家为乡”。唐代时始有“在邑者为坊，在野者为村”。 以氏族姓为群体特征的村落成为村落文化的主体，祠堂宗庙成为村落的精神和物质的依赖。如黄帝第108代后裔黄晟从福建迁入鄞东姜山里，唐景福元年（892年）任明州刺史，筑罗城。城内建坊，城外设里社，城内灵应庙等神庙成为里坊群中的主体建筑。而在城外的里社，宗庙祖庙祠堂成为村居群落中的显要公共建筑。因此宋代时鄞县城外有十三“里”，每一“里”则有1～3个村落。每一村百户左右，至少都必建1～2处祠庙（图1)。保留至今宋代鄞县村落名称有高桥村、沈店村（现属海曙区）、盛垫村、张村、定桥陈村、北渡村、栎社村、黄公林村、林村、姜山、铜盆浦、宝幢村、东吴村等。这批以村落自然环境和宗姓为村落名称，无不建有祠堂和庙社，在旧时代庙社是定居聚族的精神依托，如果散居的小村或远离群体的个体村居，也必寻找附近的庙社为依托。故旧时的庙社必有“庙脚”，大者数千户，小者数十户，他们既是庙社的供养者，又是庙社的受庇佑者。

据地方史载，宋代时奉化县原有25村，如今留下的古村名还有长汀、茗山、龙潭、白杜、石桥、双溪、固海、晦溪、陆照、公塘、曹村等。慈溪当时有22村，定海县（今含江北、镇海、北仑一部分）有31村等。如奉化的曹村，其实村民并不姓曹，而是姓庄。据《曹

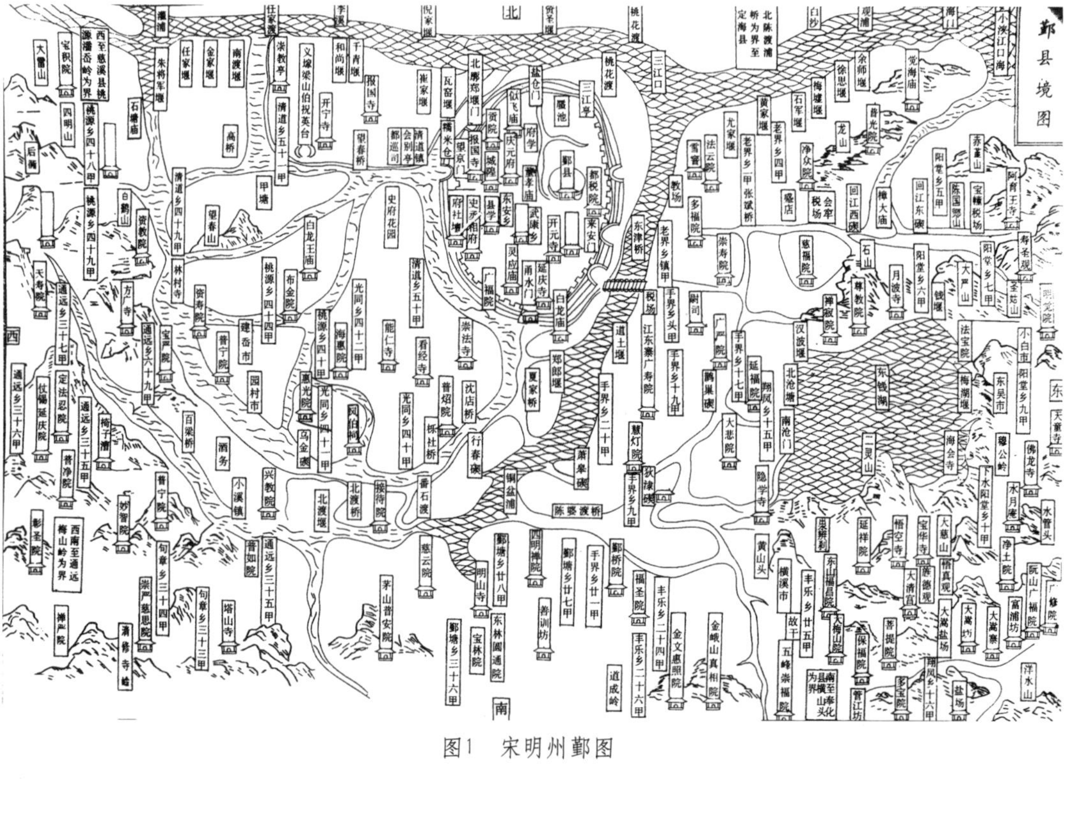

图1　宋明州鄞图

村庄氏宗谱》，北宋初年名将曹彬兵围苏州，庄氏家族等出逃时得到曹彬的帮助，在象山港北岸定居后，形成了三处村落都在村前建曹王庙，且都以曹名村名溪，可见浙东古村落的形成与自然和社会变革有直接关连，两晋南北朝与五代战乱，宋金交战，大批移民涌入浙东，新增许多古村落。

公元1279年，元代统一中国后，又实行乡都制，鄞县分成55都，因此在现在的乡村老地名中还有“四都庄”、“五都王”等地名。在元代至正年间（1341～1368年），又分为社，于是鄞州的“栎社”，可能就是这时候的老地名，而这些乡、里、都、社、村之制以及民居的建筑规制有的直到清代仍尚有沿袭旧制。

二　宁波古村落的迁徙和发展

西汉晚期至南北朝（25～589年），由于北方、中原战乱，首批移民迁入浙东。如鄞西蜃蛟魏氏在东汉建安元年（196年）从山东迁入，余姚严氏从湖北迁入。又有三国吴孙权的太子太傅阚泽趁乱归隐于慈湖。吴氏后裔一支在战乱中迁入甬东，建东吴村。此外，鄞东姜山陈氏晋时从苏州迁入。在宁海，道家葛洪的后裔在此建村。而在本籍的余姚虞氏、慈溪董氏等，都在浙东建立以氏族聚居为特征的古村落。以氏族为主体的古村落突出的是社庙和宗祠，成了村落之中政治经济和文化的特别代表，因此村落中的祠庙建筑的规模规格足以反映村落的经济和文化，在封建宗法时代，宗祠庙堂相当现代的社会管理部门，对于家族与社会起到协调监理的作用，浙东古村落的发展应该与祠庙有关。如鄞东将唐代观察使裴肃尊为神灵，在鄞东建近五十处裴君庙，纪念先贤，弘扬正气，赏善罚恶，起到了心理上的抚慰作用。

唐开元二十六年（738年），浙东始设明州治于小溪（鄞江），因任职明州刺使，应彪家族迁入鄞东下应和樟溪密岩。世居瑯琊的钟氏也迁樟溪定居。而原籍福建的孙氏也因防卫边寨于唐代晚期(907年)迁居宁海西店。“五代十国”时中原争战不休，大批贵族或在浙东任职，或逃难来浙东又形成一批村落。其中有沈氏从淮南避乱于宁海建沈坑岙村；祖籍河南的郑氏迁入明州；宁海下浦魏氏，原唐太宗近臣魏杞之后，在唐末乱世时迁浙，又转迁宁海；宁海东仓叶氏唐末避乱居此。鄞县四大望族的史、楼、丰、郑及宁海马岙俞氏、奉化庙后周、余姚金岙都是这一战乱时代迁入。

北宋末年（1127 年），金兵锋芒直逼江南，宋高宗率众大臣、富户过江，浙东陡增万户，一跃而成为浙江十州中人口最多的州府。鄞县城内人口 6.5 万，城外乡村人口 5.6 万，迁入的氏族达五百余支，移民总数已超过了本籍的总量。其中著名的如章氏，原任宋高宗枢密院都承旨，随高宗南渡定居于宁海南乡；如邬氏，在宋金交战时，自山西太原迁入奉化东乡，建邬花楼村，氏族发展后又分脉西邬、东邬，又分迁宁海、奉化城内和鄞县。其他如鄞西朱氏原籍安徽，也随宋皇南渡任职明州而举家迁鄞。山阴陆寘，是著名诗人陆游的祖父，也迁入鄞东。鄞西汪氏北宋末挈家四明；余姚大隐村，原是北宋大学士舒亶故里，又有南宋礼部尚书汪大猷故里；余姚车厩牌门头村、上庄、下庄，却因为南宋丞相史嵩之墓而形成村落，这与鄞东史家码村（原称史家墓）的形成相似。像山东陈村，大海环其东，姆岭屏村北，陈氏始祖于南宋初由福建从海途迁此。可见南宋时代是浙东古村落发展的最繁荣时期。明代洪武七年（1381 年），明州更名为宁波府，乡村中仍恢复乡、里和村旧制，宁波府有户口 10 万户，约有二千座古村落。其中较大的古村落逐步发展为集市，如鄞县有甬东、宝幢、小白、东吴、下水、韩岭、横溪、小溪（鄞江）、栎社、林村、凤岙、石塘等 16 市；慈溪有文溪、大隐、黄墓（河姆）、车厩、渔溪、兰溪、鸣鹤七市；奉化有江口、蔡桥、尚田、溪口、南渡、泉口、白杜、袁村、公棠等十市；其余还有定海（镇海）四市，象山七市等。一直到了现代，有的村市又发展成乡镇和县城，特别是靠近交通和水脉地段的村落形成了以乡镇县城的聚落中心之后，浙东宁波成为东南沿海的都会也就顺理成章了。

三　浙东古村的环境空间

现境空间，是浙东古村落孕育和兴衰最主要的条件，其中包含社会环境的安定和自然环境的宜居。

宋明之后，浙东古村落的规模和形制已经稳定，村落已由原始定居型趋向主动开发型，这是地域经济和文化的发展，明代晚期允许平民建祠堂祭祖，氏族规模扩大，原有村落环境不适应生活起居的需求所致。

据有关资料统计，北宋末年（1127 年），镇海每户有耕田 20 亩，人均 9 亩，在南宋嘉定年（1224 年），每户 14.5 亩，到了清代中叶（1880 年），宁波府人均耕田 1.47 亩，这就促使不少村落和氏族寻求新的环境空间。

如南宋四明史氏，至第四代，五个儿子分居明州城内和城东，第六代迁居东钱湖周边，第七代又迁分东吴、象山，再分支于余姚、北仑、宁海，远至福建、四川和贵州。

慈溪的沈师桥村，由明州市舶司管内劝农使沈恒于乾道六年（1170 年）迁入，在此授教讲学，建了一座“沈师”桥。数百年之后沈师桥村繁延为数千户大村，于明代初年（1368 年），沈氏一支迁到四明山“丹山赤水”亦耕亦读，栽柿植竹，于是村名称为“柿林”，雅称为“士林”（图 2）。

宁海三门湾畔的海隅僻地，在南宋时代才有福建移民在此建有陈、周、王、郑、褚等小村庄，至明代之后，其中周氏的分支迁居三门沙柳、路上周、路下周、下畈周、下洋周等新建独立的氏族村落。

图2 余姚柿林村

地处天台和四明山峦纵深的宁海黄坛镇榧坑村，山高谷深，交通闭塞，然而于北宋大观二年（1108 年）新昌章氏迁此。明代洪武二年（1369 年），又有胡氏迁此。宁海与奉化接界的大蔡村，首先居此的蔡氏艰辛创业，后胡氏迁入，蔡氏另迁别处。鄞州四明山中的茅镬村严氏也选择深山为发族的基业。其他如象山儒雅洋何氏、鄞西李家坑李氏、余姚黄氏、宁海逐步何氏等都从水丰土肥的平原迁往人稀林密的新家园。

像上述这样属于主动迁居、寻找新的发展环境的浙东古村落在明清时代约有数百处之多。清代咸丰二年(1852 年),宁波城内考中最后一位“状元”的章鋆，祖籍宁海和三门，南宋时经象山迁鄞西高桥，于是这一脉章姓明清时在高桥有田阳、旧宅、王家坟、马浦和西山诸村，而在宁海有石舌章、渡头章、东山章、南山章、下章诸村。宁海县南的状元峰年年盼望出状元，如今状元峰下的石舌章、渡头章、东山章村都有一块引以为豪的章状元写的《状元》匾。

浙东古村落也有特殊社会环境中兴废的。

如宁波十个历史文化名村之一的宁海清潭村，始迁祖张质曾任吴越国工部尚书，据称是汉代张良后裔，乱世中隐居宁海深圳的镇亭山南麓里岙。明代建文四年（1402 年）燕王朱棣夺取皇位，宁海学子方孝孺拒绝为朱棣写诏书，遭灭十族之祸。时任监察御史的清潭张岵正在里岙为父母办丧事，闻京城有变，自知在劫难逃，携家族数十人投潭尽节，待灭族的诏书和官兵到达清潭村时，村人早已逃离，村庄化为一片废墟。23 年后朱棣死，村庄才逐渐恢复元气。

与清潭村一样遭受毁村灭族的其中还有一个位于宁海县大佳河镇溪畔的方孝孺故里——溪上方村，村民逃离村庄毁平。幸而有族人方克浩一家逃到宁海与三门交界的高山，改姓郑，数十年后建文帝死，又改姓方，这个村庄后来称为“山藏方”，又称“山上方”（图3）。

战乱曾经使千万人流离颠沛，明清的沿海倭患也使数以百计的村落荒弃，官府和盗贼也曾经给平静的古村落造成血火之灾，宁海县黄坛镇深山峡谷中有一座“留五扇”的古村，诉述着这样一个历史故事：

宁海黄坛村，原称“松坛”，甬台古驿道穿越村前，宋代时，唐末名相杨国忠后裔迁居此地，称“松坛杨”。南宋绍熙（1190～1193年），族人杨景思任职三省枢密使。元代至元二十六年（1289年），为反抗元代统治，村人杨镇龙率众起义，后遭十万元军围剿血洗，黑夜之中仅杨三教一家挟带五扇屏风逃到深山隐居，现有杨姓百户，近四百人，山名“五扇岭头”，村名“留五扇”。

四　浙东古村的建筑与村落文化

古村落，是先民聚居的生活场所，《史记·五帝本记》中认为“一年而所居成聚，稍筑室宅，遂成聚落。”但古代村落，经数百年乃至上千年的沧桑变迁，保存比较完整历史文脉的村落（又称乡土建筑），并不很多，宁波市及各县市2006年由城建规划和文化部门评选的十座历史文化名村（见文末），一般具有两大特征，一是村落整体环境完整性，其中包括建筑物、道路、桥梁、植被、水脉等，具有规模和原有历史风貌；二是除了物态遗存以外，还保存了较多的乡土文化，如祠、庙、宗谱、习俗等（图4）。

图3　宁海山上方村

如鄞州走马塘陈氏曾经以一门76进士而成为“中国进士第一村”；宁海前童村在明清二代有秀才以上功名234人，村内书院十余处，在近现代有博士、教授、高工、留学生达四百余人。宁海清潭村地处深山，旧称“里岙”，宋明时任县以上官职三十余人，进士和秀才55人；象山黄埠在山隅海浜，明初发族，子孙勤耕苦读，文风亦盛，也多举人，秀才有41人，留下来的牌坊、祠堂、古庙、古墓、书斋、道地、闾门等十余处。其他如鄞州韩岭村傍山面水，宋代时已形成市墟，然而是12大姓48小姓聚集一村而和谐相处。村中双溪三街，二位明代兵部尚书的府第就位于村落中心。在近现代，鄞县第一家民众从教育馆就办在韩岭村（图5）。浙东还有很多村庄都各有不同的文化背景和迁涉脉络，留下的物质文化和非物质文化都相应丰厚。

古村的建筑物是最被人注目的“不可移动文物”。浙东最初的建筑物是从原始蒙昧时代的“巢居”发展而成为“干栏式”。这是与江南湿热多雨的自然环境有关。《旧唐书·

图4　前童祭祖

南蛮传》记载："山有毒草及虱蝮蛇，人并楼居，登梯而上，称为干栏。"从汉唐以来浙东古村民居多以氏族聚集群居于背山面水朝向东南为首选地。宋陆游诗中有"数家临水自成村"之句。宁波地名之中依明水秀水建村的多达三成，如庄家溪、横河、清潭，管江、藕池、云湖、马渚、桃江、姜山、梅湖、邹溪、王家堍、余家坝等，在鄞州，"东乡十八隘、南乡十八埭，西乡十八耷"，都乃水土丰茂的高地。此外选择林木葱郁之山林，约占一成，如樟村、梅林、榧坑、栎斜、柏树下，楝塘等，浙东古村落多以泥石为地，木构梁架穿梁抬梁和砖墙为主要构筑。而在沿海因台风濒繁，房屋低矮，围墙厚实，多开石窗采光通气已成居俗。而山区以卵石砌墙，依山体起伏建房成村，规格较高的建筑多是贵族豪绅或文士隐居避乱的居宅，近年以来在浙东各县市发现不少精美的古建筑不外是当时权贵富豪所用，也是留下文化含量最丰厚的建筑物。

我国木结构建筑中的梁、枋、檩、柱构造，堪称世界上最古老的木构建筑，在浙东尤为普遍应用。由于木构建筑具有良好的弹性缓冲外应力，因此无论山居、水村、海浜、闹市的村落，多以木质梁架承重屋面，即使地震或风暴"墙倒而屋不倒"。乡间的大宅"三合院"和"四合院"更是符合我国儒家尊卑礼制伦理道德的居住形式。如从古村屋面和墙头的戗脊和马头墙来看，既是房主人权势地位的标志，又增加了建筑物外观的壮美，更起到聚居村落的防火隔离作用。因此，浙东古村落，特别以姓氏为特征的古村落，像一部保存完

图5　鄞东韩岭村

图6 奉化村戏

整的浙东建筑史、民俗史和完美的文化史。它的潜在历史文化价值随着社会历史的变迁而愈显现她的不灭光辉。浙东古村落的文化价值还体现在非物质文化方面。如还保存在古村落中的民间传说、故事、诗歌、谚语无不与村落中的历史建筑和历代著名人物有关。宁波古村落中的大隐村、黄古林、大里村、黄贤村都与汉代“商山四皓”的“黄公”有关。又如元代至正十六年（1356年），著名的文士高则诚隐居在鄞西栎社的沈家村，在“瑞光楼”中写成不朽剧作《琵琶记》，而高明诚写的《琵琶记》，就是南宋陆游诗中“斜阳古柳赵家庄，负鼓盲翁正作场。死后是非谁管得，满村听说蔡中郎。”流传在浙东古村中蔡邕和赵五娘悲欢离合的故事。

在浙东的古村落中还保存着丰富的民间音乐、民间舞蹈、民间杂技、戏曲、说唱、歌谣等，浙江古村落中还保存着200座左右的古戏台，近千座的祠堂、堂前等文化建筑，这批“草根文化”，至今还在焕发泥土的芳香（图6）。

浙东古村落中还保存城里已经逐渐在消失的人生礼仪，岁时节令、消费习俗，古村落中还保留了许多民间手工艺、民间饮食和点心，有的还有千万人共同参与的庙会、灯会、舞狮舞龙抬阁会等。因此浙东的古村落“是一部风雨烟霞代代相传的民歌，一部先民精雕细刻的史书。”（前建设部长叶如棠语），近数年来的新农村建设浪潮中，古村落更需要这一代人广泛关注和保护，浙东古村和古村文化将永远激发我们美好的遐思。

附说明

2005年8月公布首批宁波市级历史文化名村名单：

奉化市岩头村，余姚市柿林村、金冠村；宁海县清潭村、象山县黄埠村、儒雅洋村；鄞州区密岩村、走马塘村；东钱湖旅游度假区韩岭村；江北区半浦村。

资料来源

《宝庆四明志》、《鄞县志》、各县市地名志、有关宗谱、笔者调研。

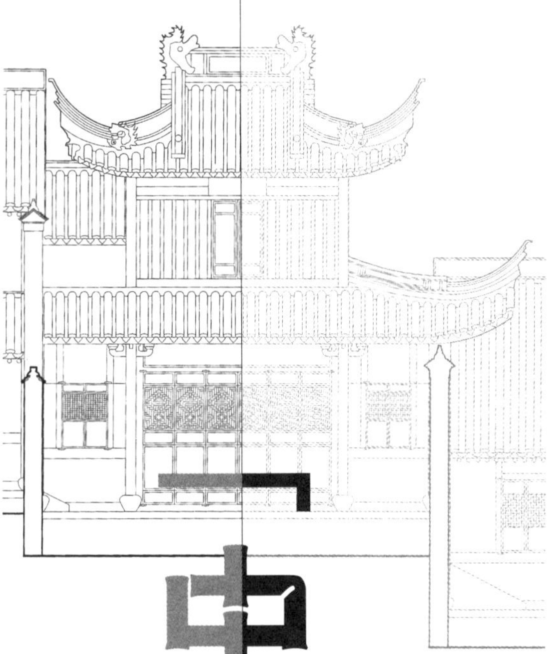

「中外建筑」

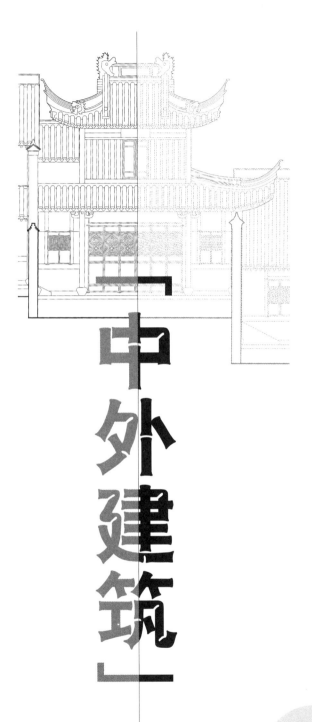

陆

【南宋江南禅寺布局的形式与特点】

张十庆 · 东南大学建筑研究所

宋元江南禅寺布局，代表着中国佛寺发展进程上的一个重要阶段。禅寺的形态由传统寺院的改制和发展而来，脱胎于传统寺院，但又不同于传统寺院，具有自己的个性和特色。禅寺布局经两宋的发展，在形制上达到成熟和完备，开明清汉地佛寺布局的先声。五山十刹图所记南宋禅寺布局，即表现了这一承上启下的形态特征。

禅宗寺院形态的本质性特征，主要表现在其布局形式上。如果说中国佛教寺院反映有宗派特色的差别，那么，伽蓝布局是最重要的表现形式。禅宗五山十刹的繁盛，经宋元两代已是由盛及衰，及至六七百年后的现今，则更是兴废几度，难寻昔日身影。唯伽蓝布局或稍存旧貌痕迹，参照五山十刹图及相关文献，有可能较全面地认识和把握其当初的面貌。此外，日本中世禅寺是宋元江南禅寺的移植与发展，在伽蓝上尤具典型意义，是认识江南宋元禅寺布局的重要参照。

一　江南五山十刹的布局形式

经唐末五代及北宋的发展，至南宋时期可称是禅寺形制发展上最为成熟的鼎盛时期，且在伽蓝布局上形成了严整完备的伽蓝规制。五山十刹图中的江南五山十刹的总体配置图，正记录的是这一时期禅寺布局的典型形式。关于唐宋时期佛寺建筑组群的状况，我们所见大多是如敦煌壁画中所描绘的佛寺组群，然壁画中所表现的毕竟是典型的或概念化的，且往往又是不那么完整的局部，而五山十刹图所记江南禅宗三大寺的布局，则是写实和完整的。从寺院建筑研究的角度而言，五山十刹图中的三大寺伽蓝配置图无疑是五山十刹图中最具意义和价值的内容，在反映南宋禅寺全貌及布局形式上，其详细和准确程度是任何文献记载所不可比拟的。

五山十刹图中记录了南宋江南禅宗三大寺布局，即灵隐、天童及万年三寺的伽蓝布局。三寺中又尤以名列五山第二位的灵隐寺及五山第三位的天童寺的伽蓝布局最具意义，万年寺虽未名列五山，然亦为天台著名大寺[一]。三寺规模宏大，形制齐备，布局严谨，作为当时最高等级的禅宗大寺，其伽蓝布局具有代表性。

中国建筑群体在布局上，极重轴线的作用及建筑的位置。构成要素与轴线间相互的位置关系，表达了特定的意义和地位，如以中为尊，以左为上等。故寺院主体配置的特点及其变化，即主要表现在轴线关系及所相关的要素上。以下根据三寺伽蓝配置图（图1～3），依次将其主体构成的基本要素和相互关系概括表示如下：

（灵隐寺）

		方　丈		
		前方丈		
	祖师堂	法　堂	土地堂	
（西）		卢舍那殿		（东）
	僧　堂	佛殿	库　堂	
	轮　藏		钟　楼	
		山门		

（天童寺）

		方　丈		
		大光明藏		
		寂光堂		
（西）	祖师堂	法　堂	土地堂	（东）
	僧　堂	佛　殿	库　院	
	观音阁	山　门	钟　楼	

（万年寺）

		方　丈		
		大舍堂		
		法　堂		
（西）		罗汉殿		（东）
	僧　堂	佛　殿	库　院	
		山　门		

[一] 天台名山佛寺，尤以万年、国清闻名。南宋·龙泉匮绍翁撰《四朝见闻录》乙集《万年国清》：“孝宗喜占对，宋之瑞面对，上问以所居，之瑞对曰，臣家于天台。上又曰：闻彼多名山胜迹，孰为之冠？之瑞对曰：唯是万年、国清。”此是以“万年国清”作恭维辞语，同时也表明了其时二寺之盛名。

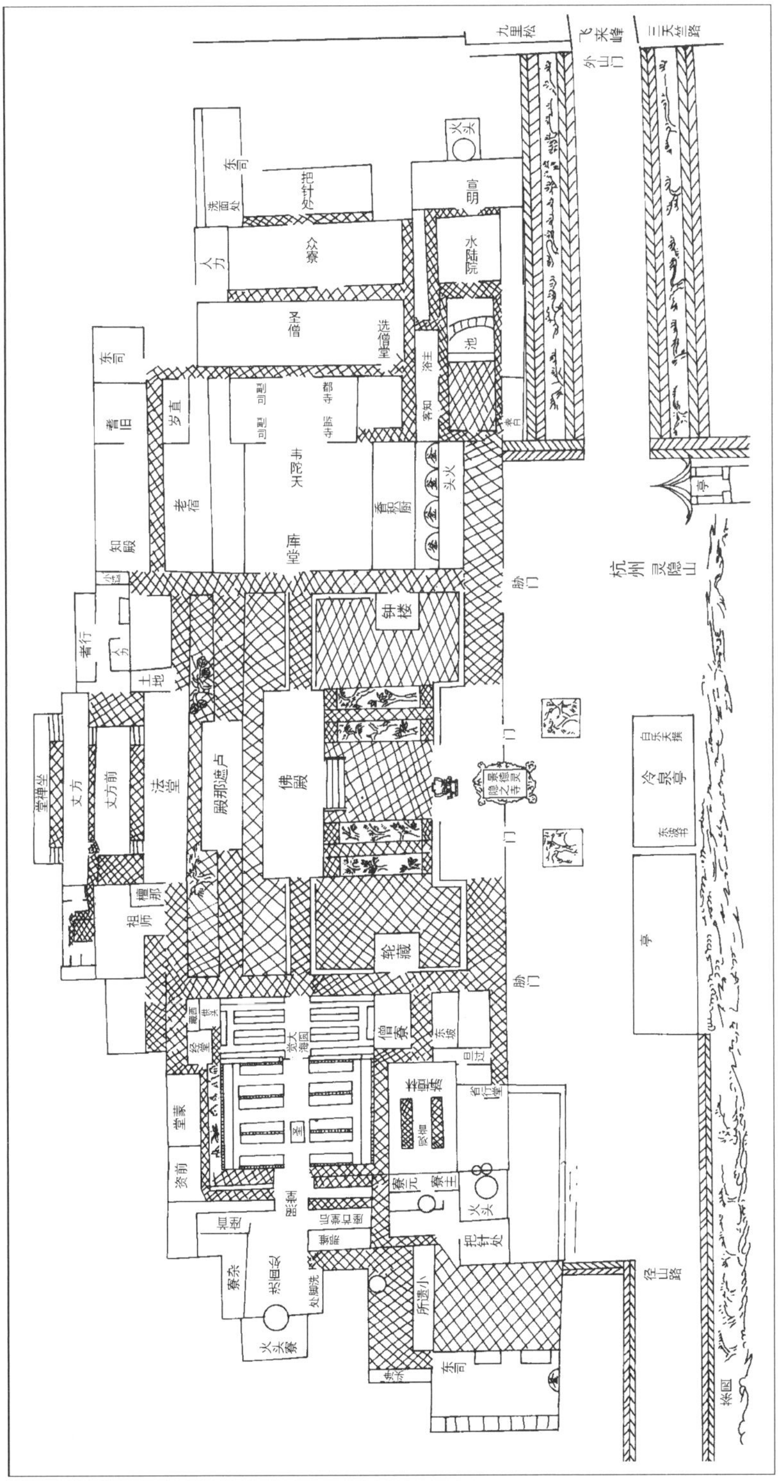

图1 南宋北山灵隐寺伽蓝配置（五山十刹图 东福寺本）

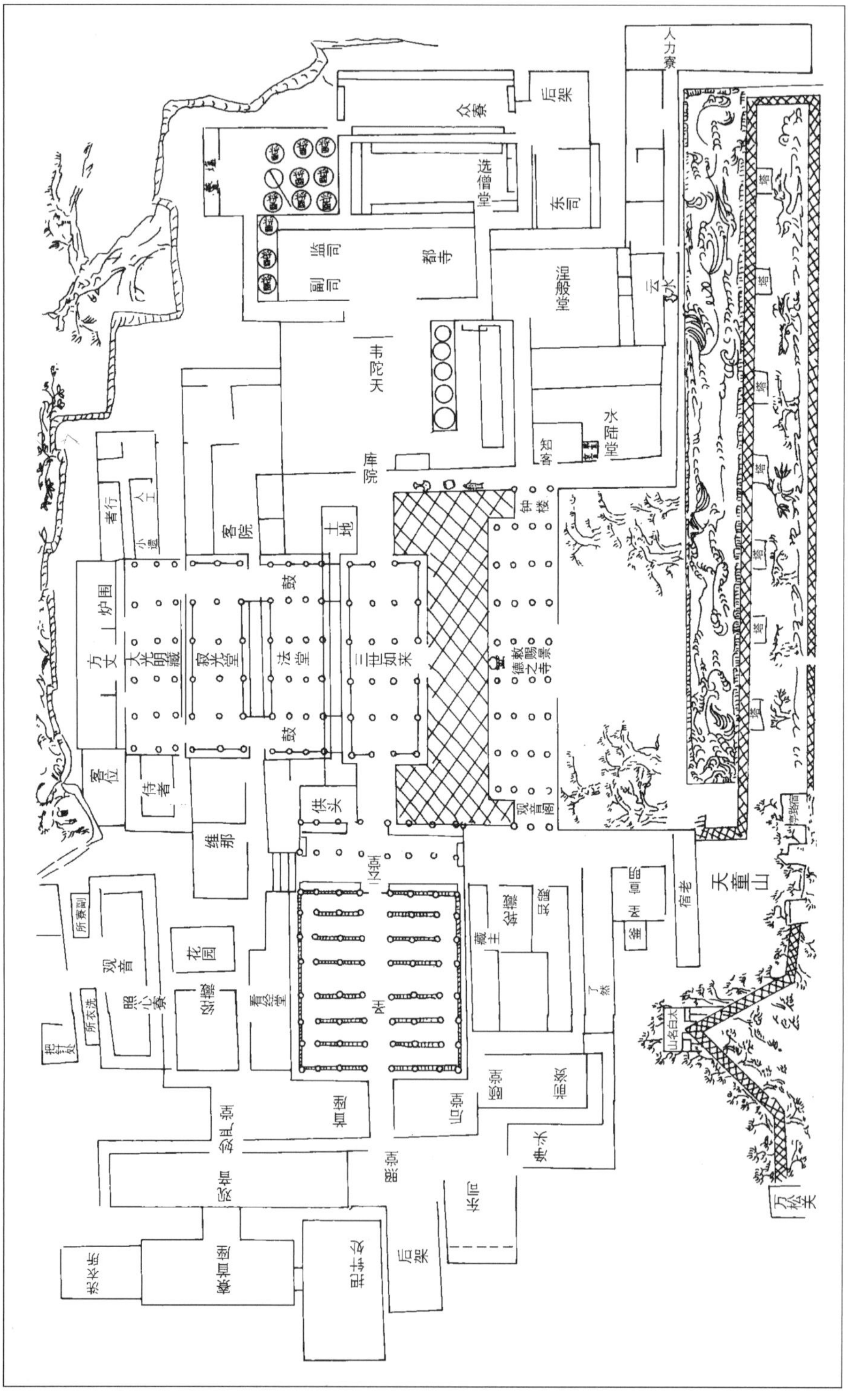

图2　南宋天童山景德寺伽蓝配置（五山十刹图　东福寺本）

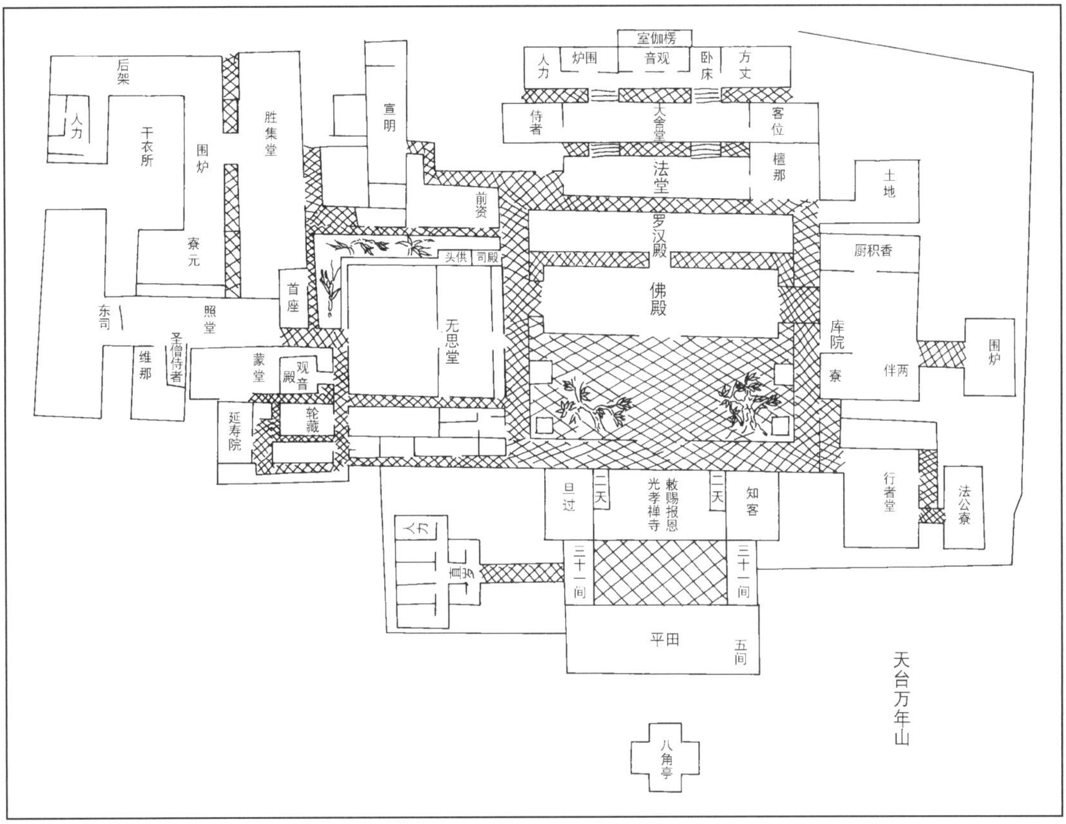

图3　南宋天台山万年寺伽蓝配置（五山十刹图　东福寺本）

分析比较三大寺构成要素及其配置关系，虽相互间在具体形式上稍有变化，但其主体构成要素及相互构成关系具有明显的一致性和相通处。据五山十刹图“诸山额集”可知，天童寺法堂与方丈间的“寂光堂”与“大光明藏”皆为前方丈，万年寺法堂与方丈间的“大舍堂”也为前方丈。故天童、灵隐和万年三寺主体中轴上的配置一致，基本形式为:“山门－佛殿－法堂－前方丈－方丈”，中轴上佛殿及法堂的东西两侧分别配置库院、僧堂及土地堂、祖师堂，也是一致的形式。

据此三大寺的性质和地位推测，其主体的基本布局形式，在当时应具有相当的代表性和普遍意义，对于进一步认识江南禅寺的布局有重要的意义。

除了五山十刹图所记三大寺伽蓝布局以外，当时其他五山伽蓝亦有基本相同的布局形式。其中最重要的是五山之首径山伽蓝布局，据南宋（13世纪前期）布局状况分析，径山寺廊院内佛殿居中，前为山门，厨库、僧堂对置于东西两庑，唯法堂位置不详。然自南北朝和唐宋以来，法堂（讲堂）位于佛殿后的形式，一直是确定不变的，故径山伽蓝主体的布局形式，与五山十刹图所记三大寺基本格局一致吻合。尤其是其厨库、僧堂东西对置的形式，表现了禅寺布局的特色。同时径山之例也表明至南宋中期禅寺以佛殿为中心的特色已十分显著。

二　南宋禅寺布局的基本模式

由五山十刹图所记三大寺伽蓝配置形式大致代表和反映了南宋江南禅寺布局的典型形式和基本格局。这一时期五山伽蓝中枢部分的布局，在构成要素及构成关系上，皆已十分成熟和定型，其核心的构成要素有六，即佛殿、法堂、僧堂、厨库、山门和方丈。其最稳定的构成关系为中轴线上纵列山门、佛殿、法堂、方丈，横轴线上厨库与僧堂对置于佛殿东西两侧，以佛殿为中心的纵横主轴，将六要素组成一稳定的构成关系。其构成模式如下图所示：

		方　丈		
（西）		法　堂		（东）
	僧　堂	佛　殿	库　院	
		山　门		

这种以佛殿为中心的纵横十字轴结构，是宋以后禅寺主体布局上的一个十分成熟和稳定的构成关系，堪称为定式。不同禅寺的布局在规模及具体内容上尽管会有所不同和变化，但其中枢主体部分始终保持着这样一个稳定的同构关系。如五山十刹图所记南宋五山禅寺，虽规模布局庞杂，但主体中枢部分的构成却十分一致，由此形成禅寺布局的共性和特色。

由上述推衍的伽蓝构成模式，对于江南禅寺布局可以有如下几点认识：

1．禅寺形态发展上具有明显的继承与演变关系。相比于排斥佛殿存在的禅寺初创时期，佛殿又再现于伽蓝构成要素中。根据分析，佛殿普遍重现于禅寺，约是在北宋中期以后；而禅寺的构成从法堂中心转向佛殿中心，则约是在南宋中期。如北宋末崇宁二年（1103年）的《禅苑清规》中，几未提及佛殿[一]，这一现象表明至少在北宋中期以前，禅寺中仍无佛殿的位置，或者说即使佛殿又已出现于禅寺，也尚未成为禅寺构成上的一个要素。而南宋中期以后佛殿取代法堂成为寺院中心这一演变，即使从伽蓝布局上祖师、伽蓝二堂的配置关系（以法堂为中心时，祖师、伽蓝二堂配置于法堂的东西两侧，其后渐移置佛殿的东西两侧）以及法堂、佛殿规模体量的转换上也可体察。也就是说，由北宋至南宋，佛殿在江南禅寺中的地位日趋重要。就以佛殿的规模体量而言，南宋中期以前，禅寺中法堂的规模体量多大于佛殿，而在此后，佛殿则渐趋庞大，终超至法堂之上。径山寺在13世纪初的嘉泰再建时，佛殿的中心地位已完全确立。佛殿在禅寺中的再兴并取代法堂的中心地位，成为这一时期禅寺演化上的一个最重要特色。作为比较，日本部分禅寺直至近世，其法堂仍保持着远大于佛殿的规模体量，如京都妙心寺等，表现出早期伽蓝布局以法堂为中心的身影。

2．这一伽蓝构成模式在北宋时应已初成，其最重要的标志有二，一是上述的北宋中期以后佛殿再兴于禅寺；二是北宋时僧堂与厨库对置两侧已成定式。禅寺布局和构成上，以佛殿、法堂为中心的中轴构成，辅以轴线东、西两侧分别以库院和僧堂为中心的组团构成，是南宋禅寺伽蓝构成的不变法则。南宋初圜悟佛果禅师在法堂说法时，以法堂为中心，描述了周边伽蓝的配置："上是天，下是地，左边厨库，右边僧堂，前是佛殿三门，后是寝堂方丈"[二]，很形象概括地表述了两宋之际禅寺构成的基本格局，其中显然表露出以法堂为中心的伽蓝构成观念。南宋禅僧大休正念所言"元来山门朝佛殿，厨库对僧堂"[三]，亦强调的是南宋禅寺厨库和僧堂对置的格局。

3．伽蓝构成要素，在布局形式上都与轴线有紧密的关系。一般而言，构成要素与轴线的位置关系，在一定程度上表达了其意义和地位。上述构成模式中的六要素即由纵横轴线的组织，确定了其在伽蓝构成上的地位和意义。日本所谓的伽蓝七堂之制，也是通过轴线关系将东司、宣明组织到寺院主体构成之中，从而强化了二者的地位和重要性。

4．宋代禅寺伽蓝这一构成模式，可在日本中世宋风寺院布局上得到进一步的确认。由在宋12年并于南宋中期（1214年）归国的日本僧俊芿所建的日本泉涌寺，极力移植南宋伽蓝形制，追求与宋寺无异，甚至于称"大唐诸寺并皆如此"[四]。泉涌寺伽蓝配置正是典型的宋制："三门两廊连栋周接，佛殿法堂重檐中立，僧堂库院左右相对，观堂教序前后分措"[五]，十分简洁地概括了宋风禅寺布局的基本要点。

5．就禅寺形态所表现的内在意义而言，其伽蓝基本结构与丛林组织结构相关联，在很大程度上反映的是丛林组结构的基本形式。所谓丛林组织结构，指禅寺僧职的各种职事形式，其基本结构为"住持—东西两序"形式，也即以住持为中心的东西两序形式。而禅寺布局在基本结构上以法堂为中心的东库院、西僧堂形式，与之有同构对应关系，即"法堂—东库院西僧堂"，同构对应于"住持—东西两序"。唐以后禅寺的僧团组织形式和伽蓝布局形式，即是基于这两个基本结构而发展演化的。

据以上分析，由唐至宋禅寺基本结构的演变推衍如下：

[一] 关于北宋禅寺佛殿的地位，北宋末《禅苑清规》中，有所谓大殿者，但不能肯定即是佛殿，有推测是大藏殿。然清规内容中确已有司掌佛殿的专职，故在北宋中期以后禅寺中佛殿应已出现，但地位和作用仍有限。

[二] 见《圜悟佛果禅师语录》。圜悟克勤，宋四川成都府昭觉寺禅僧，南宋建炎初迁住镇江金山寺，适高宗幸扬州，诏入对，赐号圜悟禅师。《圜悟佛果禅师语录》刊于绍兴三年（1133年）。圜悟禅师在夹山灵泉禅院时，于雪窦颂古百则加垂示、著语和评唱，作成古来誉为禅门第一书的《碧岩录》。

[三] 载《大休录》。

[四] 载日本《泉涌寺殿堂房寮色目》。

[五]《泉涌寺劝进疏》（1211年）中对泉涌寺伽蓝布局的描述。在日本承久二年《泉涌寺殿堂房寮色目》中，又详列寺之三门阁、大佛殿、讲堂、僧堂、祖师堂、方丈、库院堂等，并加说明曰："大唐诸寺并皆如此"，表明了一种直写的心态，故其伽蓝形制可视作纯南宋形式。

							方丈				方丈	
			法堂				法堂				法堂	
法堂	—→	僧堂		库院	—→	僧堂		库院	—→	僧堂	佛殿	库院
							山门				山门	

至于禅寺其他要素皆是各阶段在相应的骨干结构上增减而已，如左祖师堂右伽蓝堂、左钟楼右藏殿等。而方丈这一要素，宋以后渐偏离中轴地位。

随着南宋禅寺形制不断地成熟和完备，伽蓝布局亦更趋整然齐备，章法严谨。在由六要素所构成的主体配置关系以外，其他一些构成要素的配置形式和构成关系也愈显重要，并逐渐趋于稳定，形成新的配置定式。其中最重要的是祖师堂与伽蓝堂、钟楼与藏殿等的配置和演变关系。“左伽蓝，右祖师”的配置形式，在北宋应已普遍，而北宋到南宋，“左伽蓝，右祖师”所依附的主殿，亦由法堂变为佛殿，相信这一变化是与伽蓝中心由法堂转为佛殿的演变相同步的。“左伽蓝，右祖师”这一同形两殿对称而置的配置形式，对后世伽蓝布局的影响甚大，开元明以后伽蓝构成上中轴两侧数对同形建筑对称而置的先声。至于“左钟右藏”本是寺院的传统形式，相当于初唐的日本法隆寺布局已是此式，北宋初汴京相国寺也有“左钟曰楼，右经曰藏”之制。随着北宋以后经藏的再盛及南宋以来轮藏的普及，形成江南禅寺独特的“左钟右藏”对峙于山门两侧的布局形式，实例可见于五山十刹图所记天童、灵隐伽蓝。此制元代因之，元代天童寺山门宝阁两侧即是“左鸿钟，右轮藏”的配置（《天童寺志》）。而明代以后，江南禅寺配置上的左鸿钟多由左观音所取代，即由“左鸿钟，右轮藏”的形式，转为“左观音，右轮藏”的形式[一]。

伽蓝布局上轮藏这一要素的突出，是禅寺构成上的一个显要特色。轮藏虽早在南北朝时即已出现，但其进入禅寺并在伽蓝布局上占据重要一席，当是在南宋以后。北宋《禅苑清规》中对轮藏尚是只字未提，而在南宋五山十刹图中，则可以看到轮藏在布局上居显要地位。所以说，轮藏的普及与流行是与南宋禅寺的兴盛密切相关的。

在汉地佛教诸宗寺院中，禅宗寺院的伽蓝形式，最具章法，它宗伽蓝亦多袭之，甚至道观亦然，南宋道观洞霄宫布局即仿禅寺形式[二]。历史上道教在许多方面，因袭佛教是显而易见的事实。南宋时期禅寺伽蓝形制，不但成为后世禅寺布局的基础，而且决定和影响了其后整个汉地寺观布局的基本格局。

三　南宋禅寺的廊院形制

廊院制度是中国佛寺组群最典型的特征之一，寺院中枢或主体部分的布局其及其特色，正是在廊院的限定和组织下展开和形成的。回廊区分出布局上不同的区域，并赋予相应殿堂特定的地位和意义，故廊院形式是寺院布局的一个重要内容。

成熟的中国佛寺模式，深受宫殿建筑的影响。佛寺廊院应来自于对宫殿形制的模仿，并逐渐形成自身的特色。佛寺廊院制度在唐代已相当成熟，我们从敦煌壁画中可见其大致形象，而日本奈良时代寺院，更有具体的旁证。其一般形式是以回廊环绕诸殿，主体多是重阁，回廊四角设角楼，正面设门，作楼阁形。此廊院形式辽宋以后渐呈纵深院落形式，然基本精神几无大变，唯在具体形式和内容上有相应的演化，形成宋代禅寺廊院形制的特色。

关于廊院形式中东西回廊连接的对象和延伸的范围，在唐代廊院上，基本上是佛殿居廊院中，东西回廊由山门绕至佛殿后的讲堂两侧。也有回廊分别与佛殿和讲堂相连，形成前后两进廊院的形式，日本和朝鲜的早期之例可以为证。

北方宋、金寺院大都保持着隋唐以来的门楼廊院环布的传统廊院形式。江南五代吴越国灵隐寺廊院，中轴上置山门、觉皇殿、千佛阁和法堂、方丈，回廊自山门左右向后绕至方丈[三]，廊院范围甚广，应是多进廊院的形式。前述这种早期的廊院形式，两宋禅寺仍有沿用，从日本丛林古图及文献中亦可得到映证，如日本中世泉涌寺及三圣寺廊院形式即同此式（图 4、5)。

由上分析推测，中土在北宋及南宋初期禅寺廊院构成的主要形式是：东西两廊自山门两侧向后绕至法堂两侧，佛殿居廊院中，其典型形式如日

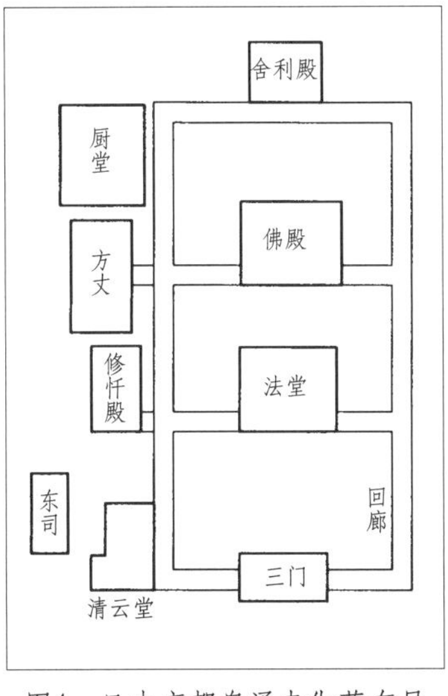

图4　日本京都泉涌寺伽蓝布局（14世纪中期）

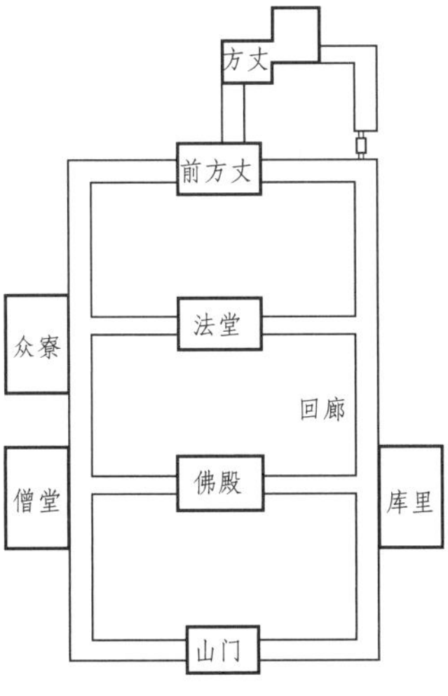

图5　日本京都三圣寺伽蓝布局（14世纪初）

[一] 据《金陵梵刹志》记载，明代禅寺中轮藏地位显著，大致中刹以上寺院，几乎皆有轮藏殿，且每每与观音殿相对置，形成左观音殿、右轮藏殿的伽蓝配置格局，并有直接置于大雄宝殿的东西两侧，从而取代了早先的祖师、伽蓝二殿的地位。同时左经藏、右轮藏，在明初禅寺上亦是一多见的配置形式，这时经藏殿与轮藏殿不仅在布局上对称而置，且在形制上亦取相同的形式和规模。据《帝京景物略》所记明代大隆福寺二藏殿为“左殿藏经，右殿转轮”。明初营建的南京大报恩寺，亦经藏殿与轮藏殿并存，且二殿尺度、形式相同，同形相对而置。

[二] 历史上道观是仅次于佛寺的宗教建筑，南宋时道观布局有仿禅寺形式。洞霄宫是道教建筑史上南方的著名代表，在浙江临安县大涤中峰下。北宋大中祥符五年(1012年)，奉敕改旧天柱观为洞霄宫，是当时道教中心，宋代极盛，元末毁。其规制在宋元人邓牧所编《洞霄图志·宫观门》内有详细记述。由记载可见，其建筑名称及布局形式皆与禅寺相似，主体为廊院式，由南至北中轴上排列有：外山门－山门－虚皇坛－三清殿－法堂－方丈，正殿三清殿东西对置库院和斋堂。参见孙宗文《南方道教建筑艺术初探》一，载《古建筑园林技术》22。

[三]《灵隐寺志》卷五·累朝檀越：“钱忠懿王弘俶继之建本寺，屋宇一千三百余间，回廊自山门左右绕至方丈”。

本福冈圣福寺古图（图 6）所示。而东西回廊连至佛殿两侧，并将法堂排斥在廊院之外的作法，应是此后的演变形式。

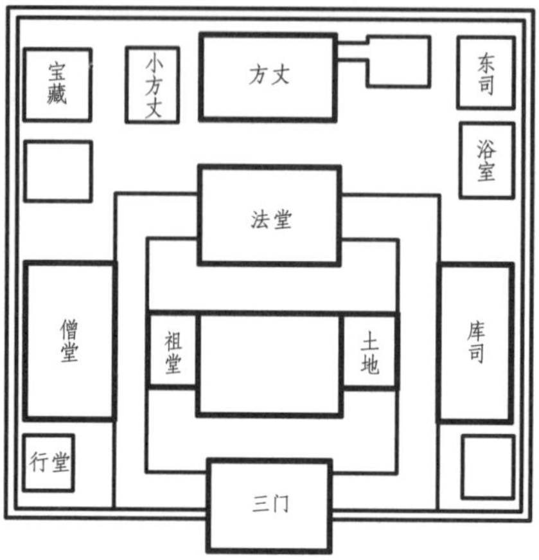

图6　日本福冈圣福伽蓝布局

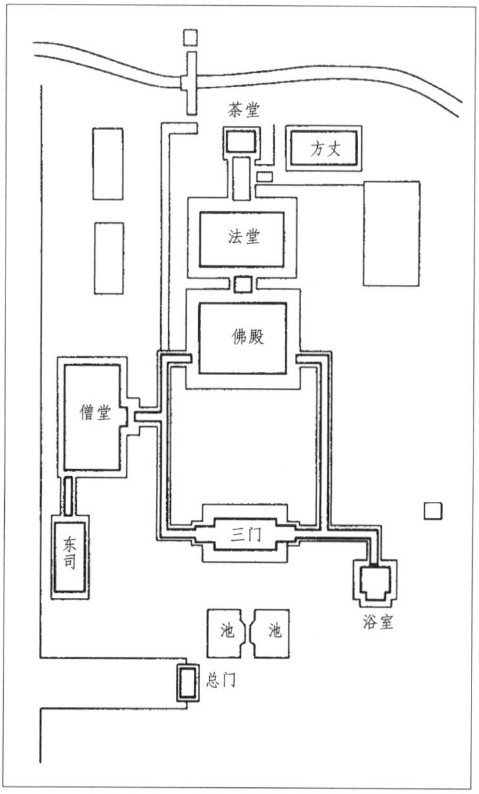

图7　日本京都东福寺伽蓝布局复原（室町时代）

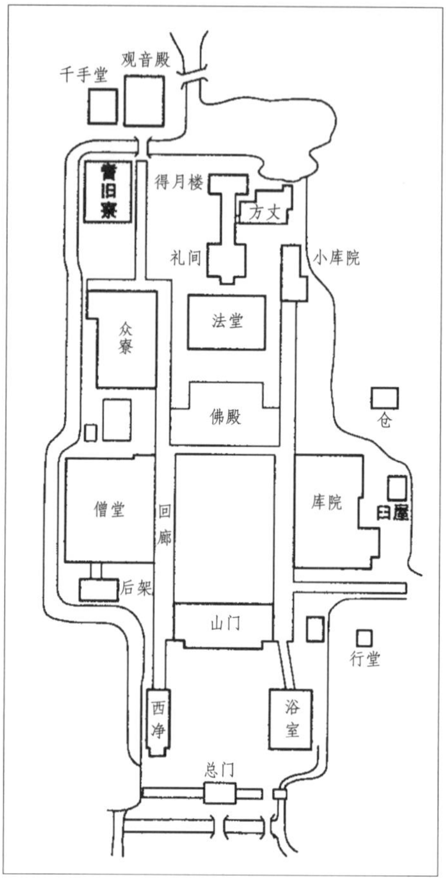

图8　日本镰仓建长寺伽蓝布局复原（镰仓时代）

南宋以后禅寺廊院范围逐渐缩小，回廊后部退缩至佛殿两侧，廊院形式在组合关系上亦有相应的变化。大致形式是东西回廊由重层山门两侧向后伸展，经过两侧的库院和僧堂，连至佛殿两侧，从而形成佛殿前庭的中心廊院形式，以此强调和突出佛殿于总体伽蓝配置中的中心地位。日本丛林如京都东福寺、镰仓建长寺的廊院形式即为此式（图 7、8）。

南宋禅寺廊院虽无具体实例留存，然作为参照，一方面日本中世禅寺布局可以为证，另一方面由五山十刹图所记灵隐、万年寺的伽蓝配置上也可察廊院的大致形式。五山十刹图所记廊院似仍存多进廊院的作法，然显而易见的是其构成上以佛殿前庭为中心的廊院形式。此外还有元代金陵大龙翔集庆寺，东西回廊之间，以坡道连廊，与高大佛殿相联（图9）。

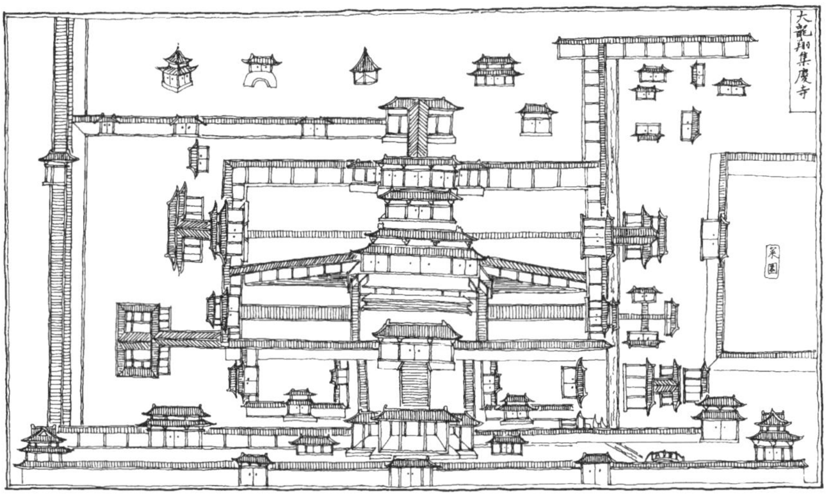

图9　金陵大龙翔集庆寺（摹本《至正金陵新志》）

唐宋以来廊院古制，在构成上为封闭内向型廊院，即回廊外墙封闭，由山门进出廊院，禁杂人入内[一]，东西回廊墙上绘制壁画。南宋禅寺如天童、灵隐诸寺廊院莫不如此。后世廊院或消失，或东西两廊空透开敞，早期廊院的封闭内向的中庭感淡化消失。后世由开敞空透连廊所形成的廊院形式，在本质上已不同于早期的封闭内向型廊院。

日本中世禅宗大寺的组群布局，仿南宋江南禅寺形制，以廊院配置为基本形式[二]。丛林大刹如建仁寺、东福寺、南禅寺、天龙寺、相国寺、三圣寺等中均可见廊院制度的运用。其回廊始自三门，延至佛殿，连系诸堂。日本中世以后在临济寺院上，回廊消失，曹洞寺院则一直保持着完备的回廊形制。

此外，宋元禅寺中见有在前后殿间设柱廊相连的作法，实际上即工字殿的形式[三]。一般是佛殿与法堂，或法堂与方丈之间的两殿相连。此或可

[一] 传播南宋禅的先驱日僧荣西所著《兴禅护国论》卷下第八禅宗支目门云："谓寺大小虽异，皆一样模祇园精舍之图，四面有廊无胁门，只开一门，而有监门人，薄暮闭之，天明开之，特制止比丘尼、女人、凶人夜宿矣。佛法之灭亡，只起于女事等故也"（《古事类苑》宗教部，吉川弘文馆）。这表明南宋禅寺中枢部分的廊院，以回廊围绕封闭监管，禁杂人入内。

[二] 日本禅寺廊院之制中世时虽大刹普遍运用，但后世于临济寺院中消失，现今只见于曹洞宗禅寺，如永平寺和瑞龙寺等。

[三] 关于工字殿的作法，实际上北宋即已见雏形。刘敦桢先生称："工字殿的起源，据《石林燕语》所载北宋文德殿，在大庆、紫宸两殿间，以廊相通，谓之'过殿'。及李有《古玩杂记》所载南宋净慈寺田字殿，均足证宋代已有数殿联为一体的方法。至元代，工字形平面更为盛行，如元大都的大明殿和延庆阁后面，俱有寝宫，以廊连接。"载《刘敦桢文集》二。然元大都大朝大明殿后的另一组工字形殿，似应为延春阁，其以柱廊与寝殿、香阁组成工字殿群，两庑并有钟鼓楼列左右。参见郭湖生关于《元大都》，载《建筑师》75。

视为廊院的一种特殊演化形式，即可看作是多进廊院构成中，后进廊院的简化形式。金代北方寺院在正殿与后殿间见有添置柱廊这一作法，元代大龙翔集庆寺也见工字殿形式。日本禅寺在法堂与佛殿之间，也往往以柱廊相连，即使及至日本近世的大德寺、妙心寺，其佛殿、法堂间以及法堂、寝堂间，也仍有设柱廊相连。

由回廊所构成的廊院中庭，是禅寺配置上的一要素。禅寺中庭作法，亦有相应特色。传统的中庭一般不植树木，而禅寺佛殿前主庭左右对植树木，成显著特色。渡宋日僧作五山十刹图，对此特色亦加关注，加以图记。比较日本禅寺中庭，如建长寺及相国寺诸古图所示，多不走样地承袭了这一特点。庭前所置树木，以柏树为一般形式。禅寺庭前植柏似有其缘由和寓意，禅宗故实中多有提及：长翁如净禅师“嗣法于雪窦鉴禅师，参庭前柏子语有省，呈颂曰：西来祖意庭前柏，鼻孔寥寥对眼睛”[一]。南宋天童山门前万工池畔有所谓狮子柏，文献中有记载，五山十刹图中亦有写实[二]。

[一]《天童寺志》卷三。

[二]《天童寺志》卷二记天童元末明初状况：“树之奇古者有狮子柏。……狮子柏者，旧传有柏在万工池上，晋义兴祖师所植，曰：此柏垂池，吾当再出。”万工池成于宋绍兴初，故柏为晋义兴所植不实，然南宋时有柏在万工池上，五山十刹图天童伽蓝配置中亦有记，可见图极为写实。

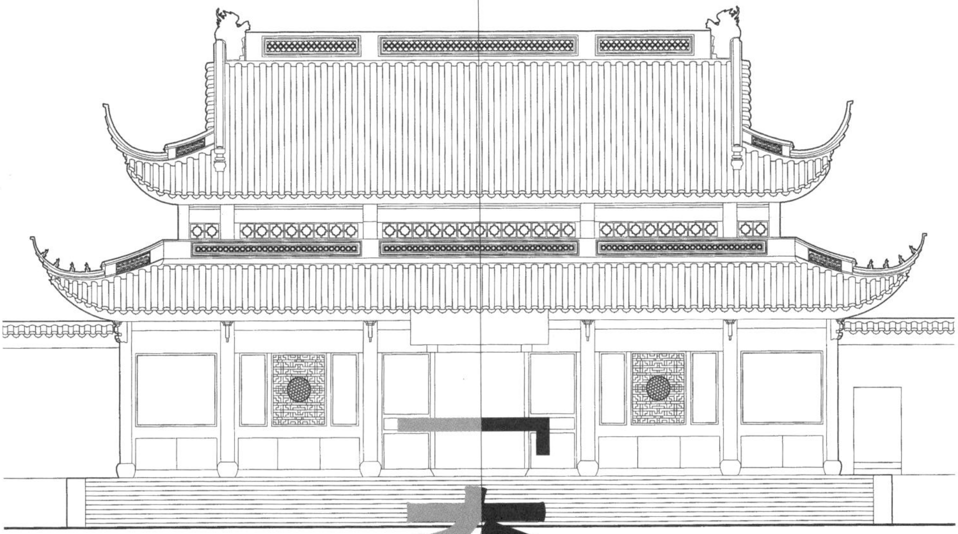

「奇构巧筑」

柒

【湘中地区传统民居中的挑檐做法分析】

——以双峰县石壁堂及诸民居为例

舒晟岚 · 同济大学建筑与城市规划学院

笔者于2007年7月对湘中地区双峰县几大典型民居群落石壁堂、伟训堂、体仁堂等进行考察与研究。经仔细考察测绘，发现其诸多特有的空间布局特点及建筑构造做法，既能很好地适应当地的地理气候条件，形成自成一格的规律体系，又能在处理具体问题时，具有灵活可变的特质。

因其独特的地理环境、经济条件和生活生产需要等因素，连续的檐廊成为此类建筑的一大特征元素。窥一斑可知全豹，笔者欲以石壁堂作为典型案例展开细致研究，同时兼合伟训堂、体仁堂、柏荫堂等，旨在通过对其各处披檐的详细解读，并由此作为切入点，了解其作为一种类型的做法特点，并分析此类民居建筑内部，所反映的等级关系。

一　湘中地区地理状况及建筑基本形式

湘中盆地暑热期较长，又以长沙、衡阳为甚，为长江中下游地区的高温中心之一。同时年降水量在1200～1700毫米，故为一多雨潮湿日照丰富之所。

建筑群组合方式：湘中民居以院落组合为主要空间组织形式，以中轴线展开建筑布局。在主轴线上顺势布置一到两进院落，一般往两侧对称地横向发展，形成两套旁路院落。随着家族的扩大，可以此类推逐步地向两侧增建（图1）。

正屋：面朝主入口，包括当心间的堂和两侧的房，堂惯称“堂屋”，

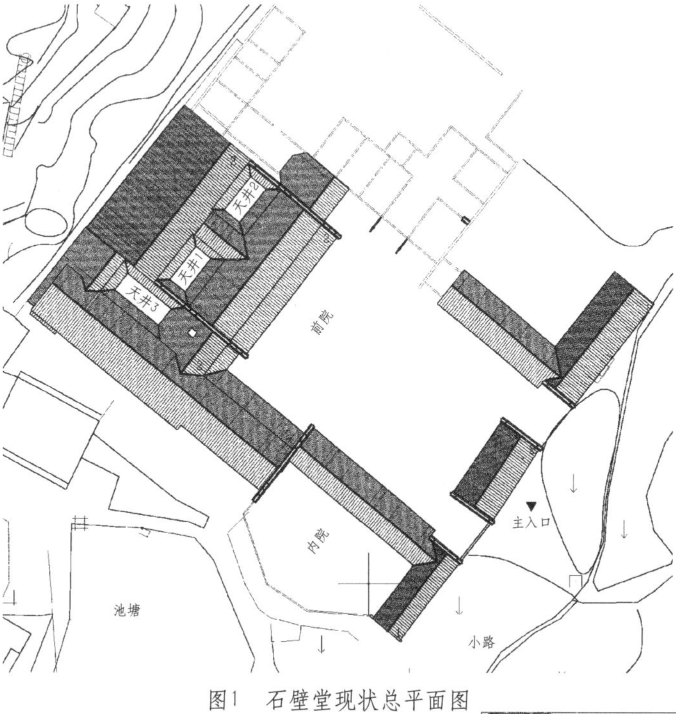

图1　石壁堂现状总平面图

是住宅中最主要的房间，常作为家庭内部公共活动的半室外场所，便于纳凉与诸如红白喜事、祭祀之类的集会。为了便于更好通风纳凉，正屋一般较高敞。经过对几个实例的测量，正屋脊檩下皮距离室内地面的高度一般在 9 ～ 10 米左右。

敞院：入口至正屋之间较大的开敞院子，便于采光通风以及一系列的室外生产活动和家务劳作，在农村住宅中，也可作为晒谷的空地（图 2）。湘中一般多称为“禾场坪”或“晒谷坪”。

图2　石壁堂敞院与正屋南立面

横屋与天井：东西向布置与正屋垂直，是住宅中较为次要房间。天井由正屋和横屋围合而成得与外部空间互相分隔又相互渗透的半闭合空间，起到采光与调节局部小气候的作用（图 3）。天井的位置和数量可以根据地形以及实际建筑的布局进行有机的变化。而天井与天井之间，既存在着彼此空间上的分隔，又有通道的联系。

檐廊：炎热多雨的气候环境是湘中地区民居形成较多室外与半室外活动空间的主要

图3　内天井

原因。而多雨又不方便开展户外活动，因此在湘中民居建筑有较深远出檐。一方面，深远的出檐有利于保护土胚山墙，第二，南方阳光辐射较强烈，有利于遮阳庇荫，第三，为了保证雨天能够正常地开门开窗，同时在房屋与房屋之间走动，因此，一般由一组檐廊在整组建筑中环通。

湘中民居比较高敞，一般不适宜直接利用将屋面出挑深远来起到遮蔽的作用。独立地形成一套檐廊系统，成了湘中地区大型民居建筑的一个重要特征。

二　研究个案的选定

选取石壁堂此案例，意义在于以下几方面：

第一，原真且完整。石壁堂位于双峰县梓门桥茶亭村，由茶商朱紫桂所建。从现状的保留状况较完整，后期搭改建较少，建筑之间彼此关系较明确，原有构件的形制基本原样真实保留，具有可研究性。

第二，典型性。在当地众多的实例中，石壁堂内各种形制在现有建筑中的各个位置基本都有出现，使得对其的研究非常具有典型性。

第二，现实意义。石壁堂本是一个轴线对称的院落。原有左、中、右三路院落，因人为和自然等原因，东路院落遭到破坏，仅剩一些支离破碎的断壁残垣。而与其对称的西路院落，基本保持完整。因此，对于此个案的深入研究，亦有助于对缺佚部分形制的判定，为其将来保护修复，提供科学的依据。

图5　石壁堂横屋檐廊

三　挑檐传统构造的共性特点

湘中地区的典型作法为一种当地称之为“七字挑”的构造手法（图 4、5），在竖直的二维面上的层层垒叠，在形式与用材上又富有变化，不同的建筑各不相同，而同一组建筑中的各处，亦有差异。在研究其不同形式之前，首先分析其可归为同一种构造类型的共性特点。

1．檩

湘中民居的结构承力体系是以砖墙承重，檩条直接搁置在开间两端的承重砖墙上，一般无抬梁式的纵向构架联系。做法与尺寸比较自由，常根据实际情况现场酌情调整，檩距的大致尺寸在 1.5 檩径至 2.5 檩径之间。

在出檐部分，檩条承托深远的屋面。在建筑中所处位置的不同，挑出的檩条数也常各不相同。但一般而言，挑出的第一根檩条常常紧挨着墙垣，尤其在出挑腰檐时，便于搁置木桷。

2．挑梁

由一组挑梁和短柱构成“七字挑”。首先，从与墙体的交接关系来看，在平面上的位置与每一开间相对应，每一

图4　石壁堂入口倒座戏台挑檐

挑挑出的挑梁直接穿入室内埋入墙中，依靠砖墙的重量将其压住，以杠杆的原理防止其倾覆，从而挑檩承檐。

其次，在与短柱的交接上，挑梁同时也起到了联系构件的作用，一般出挑的檩条由短柱来支撑，在上一层的短柱架于此层的挑梁之上，短柱与短柱或短柱与墙体之间依靠挑梁拉结。

图7　石壁堂一残墙

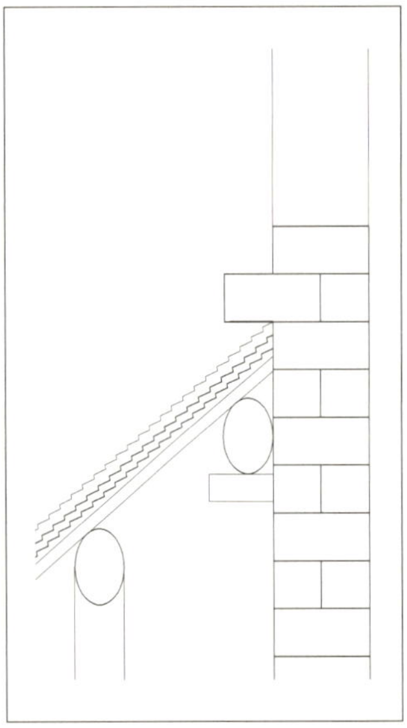

图6　叠涩出挑图示

第三，“七字挑”的受力上，最下方一跳承载力最强，同时也出挑最远，直接承载出挑最外侧的一根檩条，中间不加短柱。从最外侧向内退，次一级，用短柱（或有檐柱）支撑上方檩条，同时，以次一级的挑梁与墙连接，再以此一级的挑梁为基座，循环往复，完成每一根出挑檩条的承接。而最靠近墙体的一根檩条，往往直接由挑梁直接从墙体伸出承载。因此可知，出挑的檩条中，除最里和最外的檩条是以挑梁直接承力之外，其余的檩条则是通过短柱，传力到挑梁上。

3．屋面与墙面交接

檐廊的屋面基本上有两种情况，第一，从整体建筑屋面延展而下，出挑若干檩条，构成一完整坡面；第二，则是在当地被形象地称之为“腰檐”的做法。整体建筑屋面收得较高，不做出挑，在两层高的建筑二层开窗之下，向外出挑一层披檐，如此既满足檐廊的遮蔽作用，又为二层室内空间保证了采光。

在腰檐的构造手法上一个问题就是披檐与建筑墙面的交接，以防止雨水从交缝处灌入。当地的做法是在二层的窗台高度，在砌墙时，向外叠涩出半砖的宽度（图6、7），如同一层盖瓦般凌驾于披檐屋面之上，盖住了两者的交缝，如此交接构造颇有四两拨千斤之感。

四　挑檐系统中具体各处的不同做法

在整个石壁堂内，檐廊可以完全环通。各处的做法却有差异。为便于梳理，将分析顺序定为主轴线上自南向北各个建筑逐个研究，其次是敞院和天井空间内的披檐做法。

1．入口倒座南北两侧

入口倒座的南立面为整个建筑群的主立面，北立面面向敞院，二层为戏台。

南立面（图8），出挑3檩，檩间距约为2檩径，出挑距离1.2米左右，约为7檩径，虽不是所有挑檐中出檐最深远的，但是是装饰最浓重的，无疑反映出此处地位的重要性。装饰的花板不仅起到装饰的作用，显示着家族的财力与地位，同时，它代替了与挑梁相交接的短柱的功能，起到了承托的作用。装饰的图案多以瑞兽的形象出现。

北立面（图9），戏台出挑4檩，檩间距约为2檩径，出檐距离1.8米左右，约为10檩径。不带有装饰，由短柱和伸入墙内的挑梁构成承托体系。

因倒座不存在二层室内空间采光的问题，因此，南北两个立面均为建筑屋面直接延伸而下，而非另起一层腰檐。

2．面朝院子正屋及横屋正立面

正屋的南立面及两侧横屋正立面面向室外最公共的空间，除了满足最基本的遮阳避雨的功能之外，因其所处的位置，它同时具有装饰和仪式性的作用，它更多的是面对外来的宾客，较之入口是一张更为正式的名帖，彰显着主人的财力与身份地位。挑檐的深远度和等级，亦理所应当地高于入口正立面。

正屋南立面（图10）出挑7檩，檩间距约

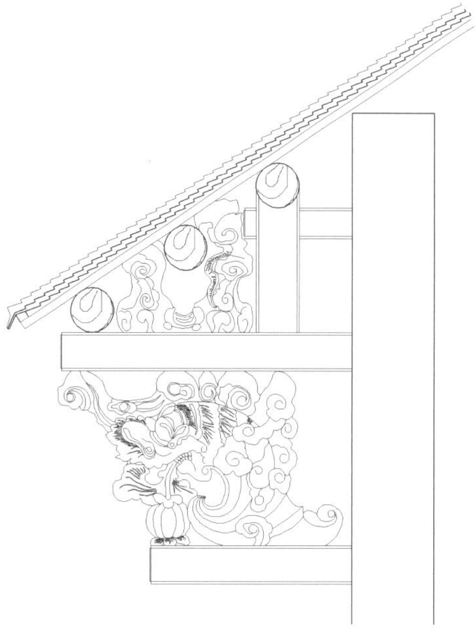

图8 入口南立面挑檐剖面

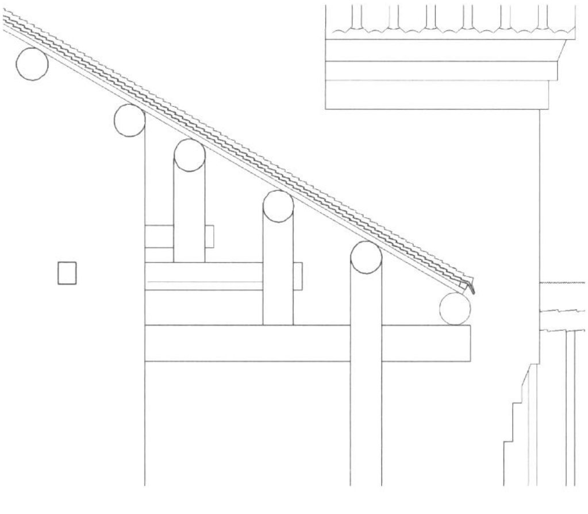

图9 入口北立面戏台挑檐剖面

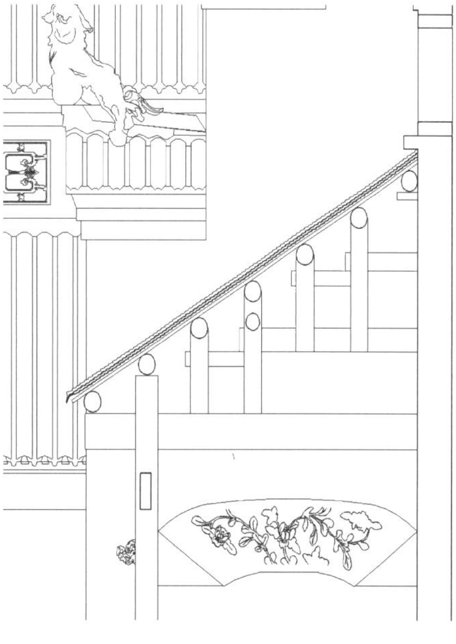

图10 正屋当心间檐廊剖面

为二檩径，出挑距离 3.3 ～ 3.5 米左右，约折合为 19 檩径，檐廊外侧有檐柱，位于出挑次最外侧的檩条轴线位置。檐柱与墙体之间有兼装饰与联系构件作用的月梁。因堂屋两侧房间二层有采光需要，因此采用腰檐的形式。

横屋正立面的等级在正屋的基础上再降一级，同样有檐柱与月梁（图 11）。出挑降

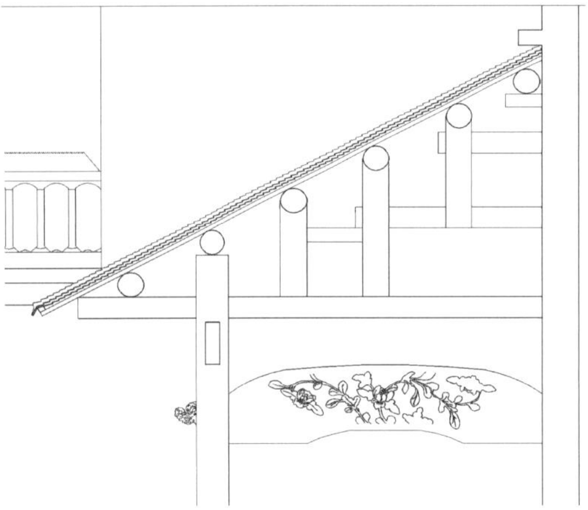

图11　横屋檐廊剖面

到 6 檩，檩间距约为 2 檩径，出挑距离 2.6 ～ 2.8 米，约折合为 15 ～ 16 檩径。

3. 北立面（背立面）

正屋背立面直接从屋檐向外侧出挑（图 12），出挑 4 檩，檩间距约为 2 檩径，出挑距离在 1.6 米至 1.7 米左右，约为 9 ～ 10 檩径。由墙内挑出的挑梁支撑，在北立面的出檐构件上，不带有任何的装饰。

4. 风雨长廊

从入口而进，若不笔直穿越院子，可以沿着两侧的风雨长廊进入横屋（图 13、14）。

两侧的风雨长廊虽与两侧横屋位于同一轴线上，但出檐较少，没有檐柱和月梁，可以认为是进入主体建筑前的铺垫阶段。

风雨长廊，出挑 3 檩，檩间距约为 2 檩径，挑距离 1.1 ～ 1.3 米左右，约折合为 7 檩径。

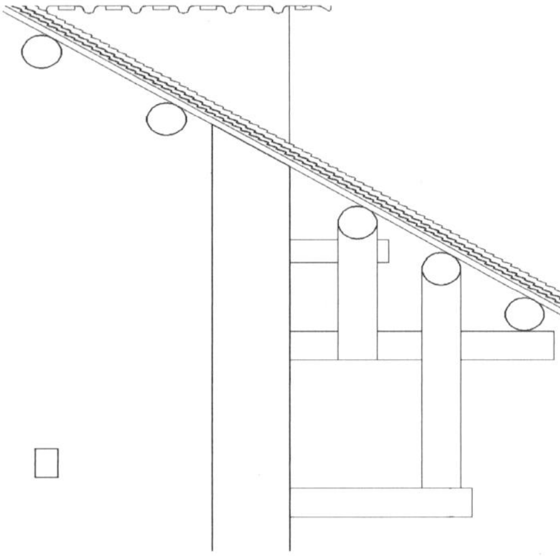

图12　北立面挑檐剖面

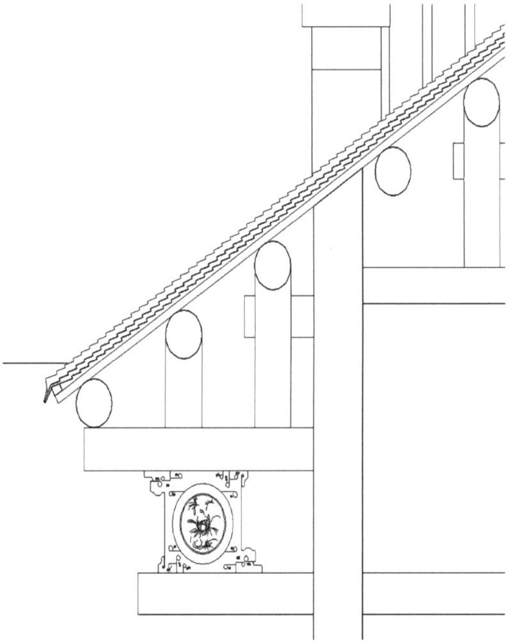

图13　风雨长廊挑檐剖面

图14　石壁堂东侧风雨长廊

有花板代替短柱起支撑与装饰的作用。因是单层建筑，出檐直接是从建筑屋面直接延伸而下。

5. 天井四周披檐

在横屋与正屋交接围合出建筑内部的天井，与中心的院子不同，其功能一般不如前者公开开放，属于家庭内部活动的需要。由于一般具有二层使用空间，多采用“腰檐”的做法。

披檐出挑距离一般在1.5米至1.8米左右，约为9～10檩径。两个正交方向分别出挑四檩和三檩，出檐4檩方向的檩条两端插入承重墙，而出檐3檩方向的檩条两端直接架于其之上，非直接插入墙中，两个方向的檩条层层交叠垒起，上搁置木桷，在檐口相交于同一水平高度，整个披檐体系在下方形成完整的迴廊（图15、16）。

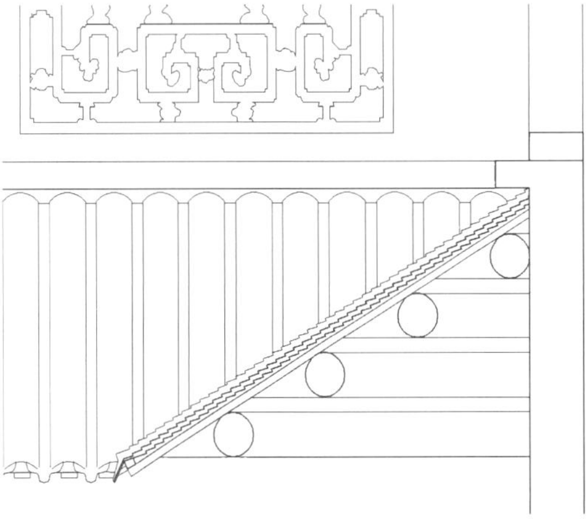

图15　天井披檐剖面－出挑4檩

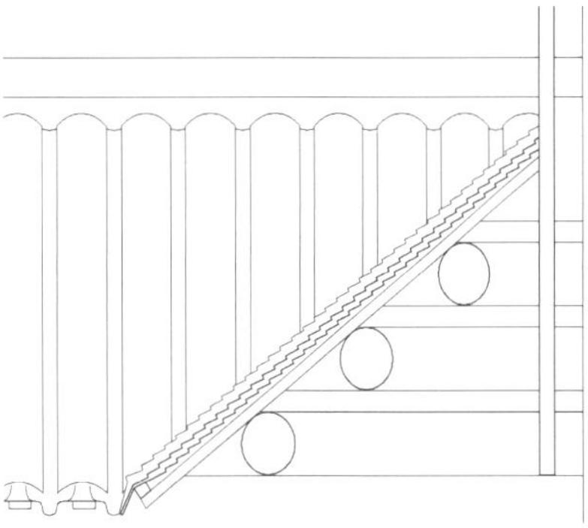

图16　天井披檐剖面－出挑3檩

天井处的披檐在两根挑梁之间用花板取代短柱支撑，兼具装饰与承力的作用。

6. 几种特殊处理

出以上分类对不同位置的檐廊的基本构造做法，在需要变化的位置，灵活的结构体系亦有变通之法。

（1）转角处理

一般出檐将檩条直接搭入墙中作为的檐廊收头。在天井的腰檐，兜通的迴廊在转交部位出现结构的交接，前文已述。承力的木构件在交接时鲜做榫卯的处理，一般采用高度错位搁置搭接的方式，可以不削弱木构件的承载能力，保持木料的最大受力强度。

在石壁堂中，仅出现阴角的转角处理，而阳角的转角，在石壁堂周边基本同时期同一家族建造的伟训堂和体仁堂有出现。原则基本相似，与阴角不同的区别在于，下方的一个檩条终端已出墙轴，于是在正交两方向次外根檩条相交处增加一个檐柱。

（2）屋檐与腰檐的交接

在石壁堂的偏天井南面为朝北的书房，为得到更好的采光，在室内开天窗，同时取消二层的楼板，是一个通高的高敞空间，不适合设置位于二层窗台之下的腰檐，但在室外需与其他三面围合成一个完整的迴廊（图 17）。

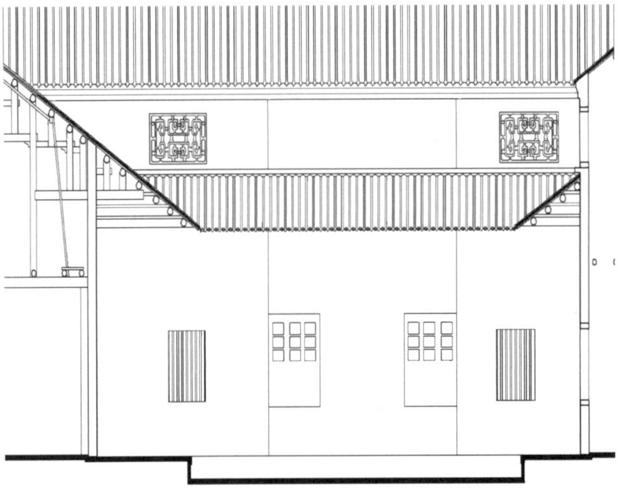

图17　书房与天井剖面

因此书房的屋面采用两面不等坡，向天井一面的屋面较长远，以完成与两侧正交方向的两层屋面的交接，檩两端直接搁置入两侧墙。

五　建筑内部各处等级地位的显现

湘中地区传统民居，高下有等，内外有别，长幼有序，以及中为尊、东为贵、西次之、后为卑，重左轻右等礼仪制度。具体落实到具有特征性的檐廊形式中可见，披檐的形式、出挑檩数、带有装饰与否的不同亦反应着建筑组群内部的等级尊卑秩序。概而言之，可归纳为以下诸规则。

1．主路尊于边路

往东西两侧均衡对称扩张的建筑平面组合中，具有主路轴线对称的特点。中轴线的几进院落是最初建造也是最为重要和体面的，从入口到戏台到正屋，不仅装饰最隆重，便是出檐最深远的。而在主轴线上，第一进面向中心院子的院落，更是具有负责礼仪接待的功能，体现着主人的财富荣耀和身份地位，因此重中之重地享有整体建筑组群中最高等级的出檐方式，一般表现在有廊柱帮助达到更大出檐深度、用月梁作装饰等。

2．正屋尊于横屋

正屋与横屋共同围合而成了整体建筑组群中最大的中心敞院，具有礼仪接待之功用，其四周的檐廊做法整体上等级高于其余位置，除入口倒座外，其余三面的做法亦有细微的差异，其中正屋檐廊的等级高于横屋的等级。正屋与横屋在这里都采用了檐柱与月梁，而差异主要表现在出挑的檩数和出挑的深度上。

3．建筑正立面尊于背立面

入口正立面虽出檐不深远，但其拥有最为隆重的装饰图案，而倒座北立面戏台和整体建筑的北立面，则比较朴素，用明确的纵横支撑体系完成屋檐的出挑，仅起着基本的实用功能性作用，基本上为整体建筑组群中等级最朴实无华的出檐方式，出檐的深度亦最浅。

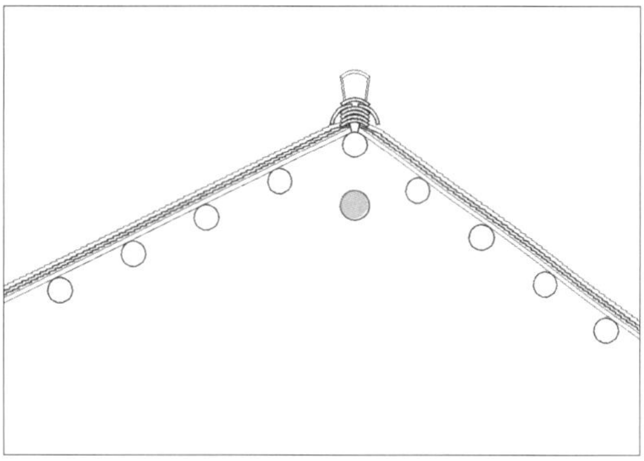

图18　堂屋“正梁”剖面

4．立面的当心间尊于次间

在整个建筑组群中最高等级的正屋和檐廊上，在同一位置同一形式的檐廊，在不同开间位置，等级亦有分别。

图19　绘双龙戏珠图的“正梁”

正屋的当心间“堂屋”在住宅中的最为重要，等级最高，当地建造的传统习惯，用特殊的构件——“正梁”以作强调。“前文已述，此地区的民居以墙承重，上直接搁置檩条，当地直接称檩条为“梁”。“正梁”虽称之为“梁”不具有任何的承重与连接的结构功能，是一种象征符号（图 18、19）。漆白漆，绘图吉利的彩画，上梁时需要选日、祈福等一系列的传统仪式。屋内“正梁”的位置位于脊檩的正下方，相距脊檩 2.5 檩径的位置，直径同脊檩。

檐廊方面，在正入口与正屋南立面的挑檐，是檐廊体系中等级最高的，在当心间也布置有“正梁”。因挑檐都是单坡向下，不存在“脊檩”的概念，“正梁”即布置于出挑的檩条根数中间的位置，即南立面出挑 7 檩，“正梁”位于第 4 檩之正下，正入口出挑 3 檩，“正梁”位于第 2 檩之正下。从此规则而至，如此等级位置的檐廊，出挑的檩数以奇数为宜。据现场实测，“正梁”相距其之上的檩条约 1.5 檩径，此“正梁”直径略小于脊檩。

5．敞院与内天井不分伯仲

风雨长廊与内院天井日常使用比较频繁，以实用功能为主要考量。两者之间，不分伯仲，所使用的花板尺寸、图案，皆有相似。

六　结语

等级尊卑观念在长久的传统观念中，扎根已深。反应在建筑问题上，常常关注的问题是，不同建筑之间所对应等级尊卑的差别。而同样的问题，具体到一个建筑或一个完整的院落组中，它的尊卑观念又是如何实现的呢，这是本文想探讨的问题。上文以对具有当地地理环境特征的建筑语言——披檐的做法作为切入点研究，粗微地整理了一个脉络，这是一个非常基础性的工作。却无可否认这是一个有趣的话题，鉴于研究时间与所知所见的局限，文中必有许多疏漏之处，将于日后的深入研究中进一步完善。

参考文献

[一] 黄家瑾、邱灿红:《湖南传统民居》[M],长沙,湖南大学出版社，2006 年版。

[二] 彭一刚:《传统村镇聚落景观分析》[M],北京,中国建筑工业出版社，1992 年版。

[三] 郭谦:《湘赣民系民居建筑与文化研究》[M],北京,中国建筑工业出版社,2005 年版;《湘中民居调查》[J]，建筑学报，1957 年 3 期。

[四] 寇广建:《湘南民居中的天井空间研究》[J],《南方建筑》，2005 年 3 期。

[五] 肖湘东、陈伟志:《湘西民居院落空间特色》[J],《江苏建筑》，2007 年 1 期。

【山西省奇构梁架（一）】

——左权关帝庙戏台

滑辰龙 · 山西省古建筑保护研究所

一 前言

左权县关帝庙戏台，它位于山西省左权县城西关。始建年代不详，据构件特征判断为元明时代建筑。据碑刻记载:“清嘉庆二十一年（1816 年）、咸丰十一年（1861 年）”对该庙进行过多次修缮。戏台外观上乍一看只不过是斗拱有些特殊，登台仰望梁架不仅是当地誉称的“无梁台”，而且还挂了五圈垂莲柱，属一座奇特梁架结构的戏台（图 1、2）。以前曾改建为小学或幼儿园教师的办公室，梁架又被顶棚遮挡，2007 年修缮屋顶才发现。

二 戏台结构

关帝庙戏台，坐南朝北，单檐歇山式灰瓦顶，面宽三间，进深一间。戏台座高大，中砌券洞，平面近似亞字形。券洞前（北）半段为两伏两镟结构，后半段一伏一漩，中间凹处置板门，门朝南开，此处经发掘无踏道，仅搭置两块长盖板。

（一）柱网：戏台前、后檐柱通过戏台面直插地面，四面柱头上各施一根通材大木梁，前、后檐明间柱只起支顶作用，没有卯榫与构件联结；角柱头与明间柱头共施一根雀替，起到了稳固柱头的作用。东、西山中柱是这次修缮为安全而增置的。

图1　左权县东岳庙戏台南立面

（二）檐部斗拱共分为五种：均为外檐三踩单昂，昂头做成如意形，里拽七踩三翘；材宽 92 毫米， 单材

图2 戏台梁架

图3 戏台平身科

高138毫米，足材高193毫米。

1．明间柱头科，三踩单昂，昂上承十八斗、厢拱（向后斜抹）、菱形三才升、替木与檐檩，中出弧式蚂蚱头加卷云的耍头。里拽三翘，头翘置十八斗，承拽枋；二翘头承抹角梁下皮，无十八斗；三翘头跨抹角梁承垂莲柱，垂莲柱头施小额枋与平板枋，无十八斗；槽心施正心瓜拱、槽升子承柱头枋。

2．明间平身科，平面呈米字形，外拽正心出昂，昂头施十八斗；45度出斜昂，昂头施菱形十八斗；上承把臂厢拱、菱形三才升、替木、檐檩（图3、4）。

里拽为三翘，头翘挑垂莲柱，柱头施十八斗；45度出斜翘，翘头施菱形十八斗，其上承一拽架枋。正二翘头置十八斗，45度出二斜翘，上置菱形十八斗，承二拽枋，二拽枋伸向次间与抹角梁交接。正三翘头挑垂莲柱，柱头施额枋与平板枋，无十八斗；45度出斜三翘，置菱形三才升，承小额枋与平板枋，这两枋木伸向次间角部，压在抹角梁上皮。里拽正三翘上施挑杆，其作用为下压拱翘上联金檩。槽心结构与柱头科同。（图5、6）。

3．角科，平面呈米字型，外拽三踩单昂（图7）。

（1）正昂后带山槽正心瓜拱，昂头施十八斗，上纵向承耍头后带正心枋，横向承把臂厢拱、三才升、替木、檐檩。

（2）角昂，上置贴耳升，承由昂、花牙子、角耍头、角梁、仔角梁。

（3）内斜昂，后带侧斜昂，昂头置菱形十八斗，上承把臂厢拱、菱形三才升、替木、檐檩。

（4）侧昂，后带檐槽正心瓜拱，昂头施十八斗，上纵承耍头后带正心枋，横承把臂厢拱、三才升、替木、檐檩。

（5）侧斜昂，后带内斜昂，昂头置菱形十八斗，上承把臂厢拱、菱形三才升、替木、檐檩。

（6）里拽：角45度出三翘，头翘置贴耳

图5 戏台平身科里拽侧仰视

图6 戏台平身科里拽正立面

升承里拽枋，二翘头挑垂莲柱，仅翘联结里二拽枋。三翘挑垂莲柱，但垂莲柱挑杆垂直延伸搭在槽心柱头枋上；二翘与三翘之间抹角枋，三翘外置抹角梁，其上置驼峰，承角梁、续角梁。

4．山面前、后平身科，外拽三踩单昂，座斗为菱形，30度出斜昂，昂头置菱形十八斗，其上中斜出弧式蚂蚱头加卷云的耍头（图8）。里拽出三斜翘，头翘置十八斗，承拽枋；二翘承抹角梁，无十八斗；三翘越过抹角梁挑垂莲柱，柱头施小额枋与平板枋，无十八斗；槽心与柱头科同。

图4 戏台平身科外拽侧仰视

5．两山中平身科，外拽三踩单昂，昂头承十八斗，其上与柱头科同。里拽出三翘，头翘挑垂莲柱，上置十八斗，承里一拽枋。二翘置十八斗，承里二拽枋。三翘挑垂莲柱，柱头施小额枋与平板枋，

（三）藻井斗拱，有八攒角科，两攒平身科，仅内侧出拽架，均为七踩，座斗下施平板枋、小额枋、垂莲柱。材宽62毫米，单材高95毫米，足材高130毫米（图9）。

图7　戏台角科与柱头科

面出枋头，大斗前后出翘，垂莲柱两侧施叉手，下端插在金檩上。

（四）隔架斗拱：位于前、后坡金檩下，施两朵平身隔架科与两朵角隔架科。

1．平身隔架科：大斗内侧出翘与藻井斗拱下的垂莲柱相交。槽心施正心瓜拱、槽升子，承随檩枋、金檩。角隔架科与平身隔架科同。

图8　戏台山面斜平身科

图9　戏台藻井仰视

1．藻井平身科，结构为七踩单拱，头翘施十八斗，承里拽瓜拱、菱形三才升、拽枋。二翘承十八斗、里拽瓜拱，拽枋。三翘头挑垂莲柱，垂莲柱头置小额枋、平板枋，出耍头。槽心施正心瓜拱、槽升子、正心枋。

2．藻井转角斗拱，结构与平身科同，不同之处：单材瓜拱另一半为拽枋，斜135度出翘。

3．脊檩下藻井斗拱，共施两攒，其结构为：脊中线下大额枋过在藻井角科的三翘拽枋，其上施平板枋、斗拱，斗拱的槽心施正心瓜拱，槽升子、替木、脊檩；斗拱下的大额枋、平板枋部位施垂莲柱。垂莲柱下部四

2．丁华抹颏斗拱：位于山金檩脊瓜柱上，大斗结构与脊下藻井斗拱同，大斗前后出拱头并施叉手，上顶脊檩、下端置于山金檩上。

（五）梁架：仅四角施抹角梁，抹角梁上置驼峰，角梁后尾搭在驼峰中，角梁头侧与明间大额枋、平板枋相交，其上施角隔架科，其正心瓜拱、槽升子承随檩枋、金檩。前后坡金檩中施两朵平身隔架科。山金檩位于两抹角梁中线上，在角隔架科与前后坡金檩交圈。山金檩中施角背、脊瓜柱，柱头承平板枋与大额枋，平板枋上施丁华抹颏斗拱承脊檩，前后施叉手，上端顶脊檩，下端靠近金檩。脊檩与前后坡金檩均为较长的一根通材

（图 10）。仅脊檩山面出际，檩头施博风板、悬鱼。角梁上施仔角梁、续角梁，续角梁后尾搭在金檩交接处（图 11）。

垂莲柱与拽枋：架内下一圈垂莲柱 8 根，在一翘头 4 根，在角内二翘头 4 根。二圈垂莲柱 14 根，均在三翘头。三圈垂莲柱 8 根，均在山面金檩下的大额枋部位，现仅存 4 根。二圈与的三圈额枋没联系。四圈垂莲柱 10 根，均在藻井大斗下的大额枋部位。四圈垂莲柱被三圈大斗出翘悬挑。五圈垂莲柱 10 根，均在藻井斗拱三翘头下的大额枋部位。脊中线下悬挂两根垂莲

图10　戏台梁架脊部

图11　戏台梁架角部

柱，能起到稳固与联结作用。藻井的枋木围成四层变异八角形。檐科斗拱内拽枋木围成三层四角形。

（六）屋顶：四檐施圆椽与飞椽，望板部分为栈条。正脊、垂脊为脊筒子，戗脊因结构而较长，博脊重修时砌在博风板外。

三　价值

关帝庙戏台最大特点是在结构上明间省去两根五架梁与平梁，山金檩又被藻井斗拱遮蔽，是一座典型的三间式无梁建筑，虽几经残损修缮，但仍蕴涵着很高的文物价值。

历史价值：戏台梁柱为元代典型特征，斗拱的如意翘头具有明代艺术特征，这些都携带了戏台几经修缮的信息，它的历史价值是为山西无梁建筑又增添了一种奇特结构。

艺术价值：明间平身科平面呈米字形，如意昂局部纤巧柔美整体华美多姿，山面平身科座斗为菱形，30度出斜昂，造型别具一格。梁架为藻井斗拱，并在接点部位装饰垂莲柱，枋木斗拱层层叠叠，为戏台更增加了形式美。

科学价值：戏台檐柱深埋两米，这是稳固柱根的措施。前、后檐明间柱头角根柱头共施一根雀替，起到了稳固柱头的作用。前、后檐柱头与两山柱头各施一根通材大木梁，这是一组最关键的构件，不仅在整体上对柱架有很强的约束力，而且使梁架具有很高的抗震性能。梁架采用多层枋木围合的变异八角形结构，具有很高的稳固性。两山出际部位采用披水脊，减轻了抹角梁的荷载。在接点部位装饰垂莲柱，一是为了在柱头开卯榫，避免减弱细枋的强度。二是最下两层垂莲柱还起平衡外檐重力的作用。以上措施均具有较高的科学价值。

四　结语

戏台虽是单间四柱亭台的扩展，藻井也是八角形一对边的拉伸，但简洁了屋顶纵向空间，并增添许多稳固措施。经时间验证，柱架、梁架稳固，证明这种奇构梁架是成功的。

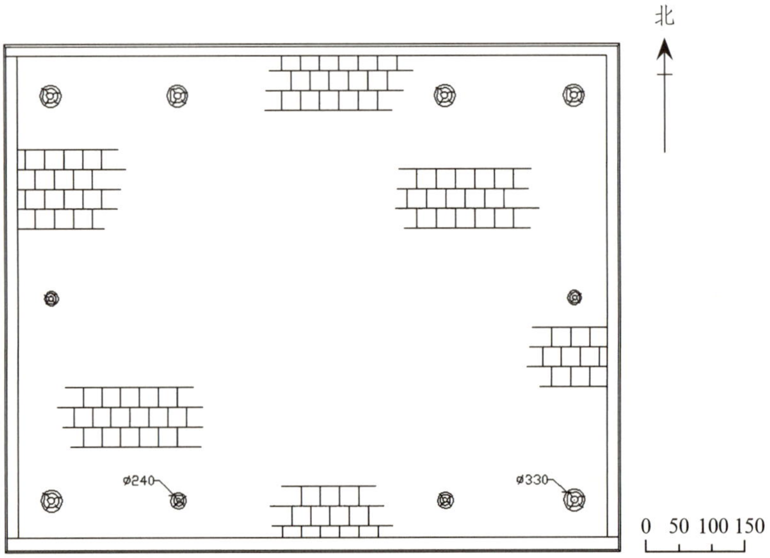

平面图

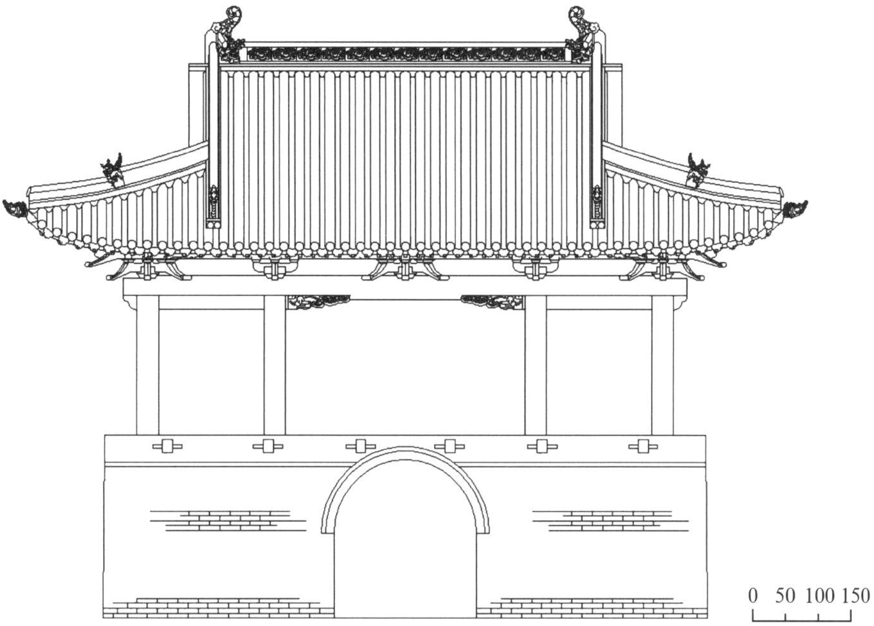

正（北）立面

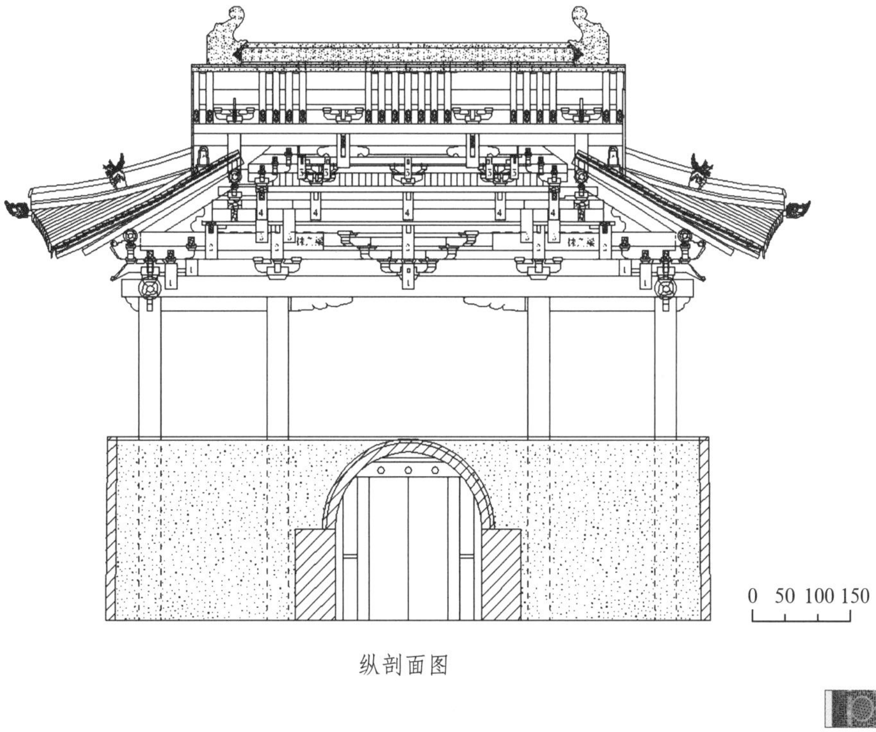

纵剖面图

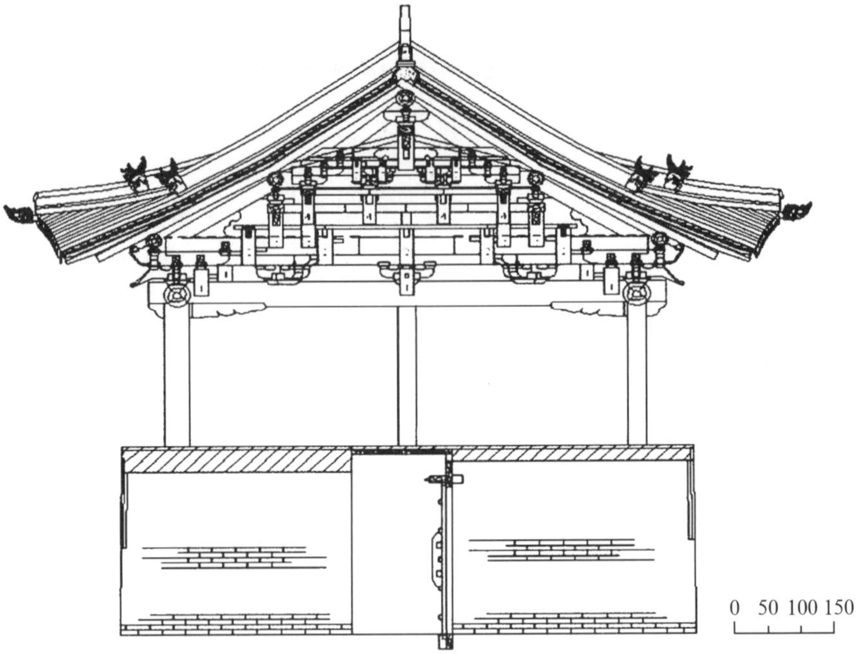

横剖面图

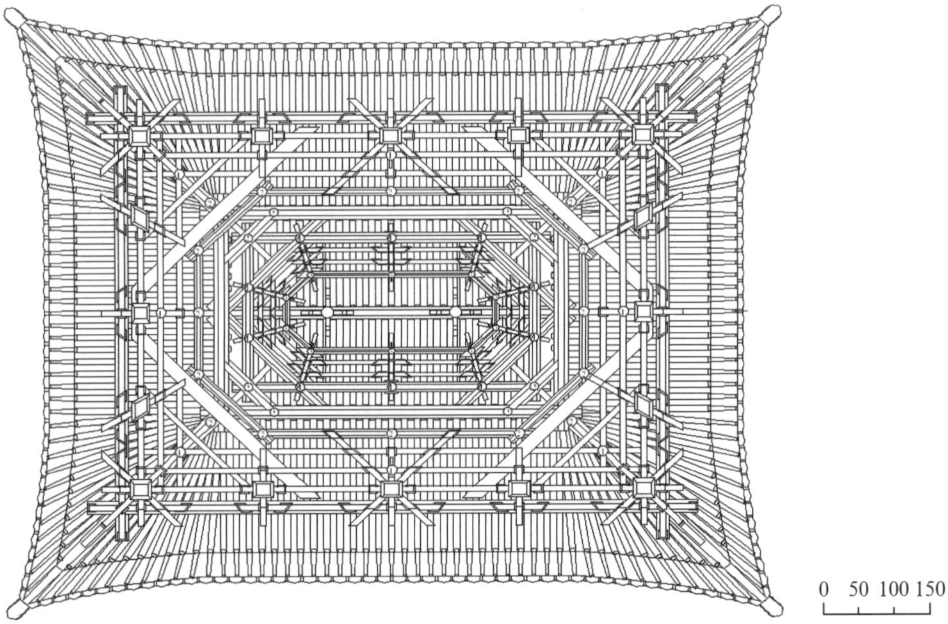

仰视图

【征稿启事】

为了促进东方建筑文化和古建筑博物馆探索与研究，由宁波市文化广电新闻出版局主管，保国寺古建筑博物馆主办，清华大学建筑学院为学术后援，文物出版社出版的《东方建筑遗产》丛书正式启动。

本丛书以东方建筑文化和古建筑博物馆研究为宗旨，依托全国重点文物保护单位保国寺，立足地域，兼顾浙东乃至东方古建筑文化，以多元、比较、跨文化的视角，探究东方建筑遗产精粹。其中涉及建筑文化、建筑哲学、建筑美学、建筑伦理学、古建筑营造法式与技术；建筑遗产保护利用的理论与实践；东方建筑对外交流与传播，同时兼顾古建筑专题博物馆的建设与发展等。

本丛书每年出版一卷，每卷约20万字。每卷拟设以下栏目：遗产论坛，建筑文化，保国寺研究，建筑美学，佛教建筑，历史村镇，中外建筑，奇构巧筑。

现面向全国征稿：

1. 稿件要求观点明确，论证科学严谨、条理清晰，论据可靠、数字准确并应为能公开发表的数据。文章行文力求鲜明简练，篇幅以6000—8000字为宜。如配有与稿件内容密切相关的图片资料尤佳，但图片应符合出版精度需要。引用文献资料需在文中标明，相关资料务求翔实可靠引文准确无误，注释一律采用连续编号的文尾注，项目完备、准确。

2. 来稿应包含题目、作者（姓名、所在单位、职务、邮编、联系电话），摘要、正文、注释等内容。

3. 主办者有权压缩或删改拟用稿件，作者如不同意请在来稿时注明。如该稿件已在别处发表或投稿，也请注明。稿件一经录用，稿酬从优，出版后即付稿费。稿件寄出3个月内未见回音，作者可自作处理。稿件不退还，敬请作者自留底稿。

4. 稿件正文（题目、注释例外）请以小四号宋体字A4纸打印，并请附带光盘。来稿请寄：宁波江北区洪塘街道保国寺古建筑博物馆，邮政编码：315033。也可发电子邮件：baoguosi1013@163.com。请在信封上或电邮中注明“投稿”字样。

5. 来稿请附详细的作者信息，如工作单位、职称、电话、电子信箱、通讯地址及邮政编码等，以便及时取得联系。